系列教材编审委员会名单

主　　任　常　青　李　峰
副 主 任　王贤纲　张艳君
委　　员（以姓氏笔画为序）
　　　　　　王　林　王　茹　王利民　王贤纲　方　懿　仪明武
　　　　　　成彦霞　刘春平　闫碧莹　许红霞　孙微微　李　峰
　　　　　　李　慧　李铁云　李文祥　肖　飞　张艳君　张海玲
　　　　　　侯小伟　赵　姝　赵丽霞　赵新苓　施晓婷　郭俊锁
　　　　　　常　青　韩　兵　韩雅楠　董丽坤　魏凤琴

"十四五"职业教育国家规划教材

物理化学

闫碧莹　主　编
董丽坤　副主编

化学工业出版社
·北京·

本书全面贯彻党的教育方针，落实立德树人根本任务，在教材中有机融入党的二十大精神。本书针对高职高专学生知识水平的基本现状，结合教师多年物理化学的教学经验，以强化学生实践操作能力为目的，以现代化多媒体教学为手段，服务于教学做一体化教学模式。本书编撰过程中，精简理论，加大实训，打破了常规的物理化学理论体系，删去理论性较强的化学平衡热力学和多组分系热力学，把二者的理论基础分别合并于化学热力学系统以及相平衡热力学系统。全书理论内容包括：化学热力学、化学动力学、相平衡热力学、界面现象及分散性质、电化学系统和电解质溶液。

本书针对理论模块，同时配套实训内容，把理论教学与实践教学融为一体，具有一定的创新性，可作为高职高专院校化学、化工、材料等相关专业学生物理化学课程的教材。

图书在版编目（CIP）数据

物理化学/闫碧莹主编．—北京：化学工业出版社，2013.10（2025.2重印）

高职高专"十二五"规划教材　中央财政重点支持建设专业校企合作系列教材

ISBN 978-7-122-18443-6

Ⅰ.①物…　Ⅱ.①闫…　Ⅲ.①物理化学-高等职业教育-教材　Ⅳ.①O64

中国版本图书馆CIP数据核字（2013）第217057号

责任编辑：袁俊红　唐旭华　叶晶磊　　　　装帧设计：尹琳琳

责任校对：宋　夏

出版发行：化学工业出版社（北京市东城区青年湖南街13号　邮政编码100011）
印　　装：三河市航远印刷有限公司

787mm×1092mm　1/16　印张15¼　字数366千字　2025年2月北京第1版第11次印刷

购书咨询：010-64518888　　　　　　　　售后服务：010-64518899
网　　址：http://www.cip.com.cn
凡购买本书，如有缺损质量问题，本社销售中心负责调换。

定　价：45.00元　　　　　　　　　　　　　　　版权所有　违者必究

本书编写人员

主　　编　闫碧莹

副 主 编　董丽坤

编写人员　（以姓氏笔画为序）

　　　　　　闫碧莹　许红霞　贾永卿　董丽坤　魏凤琴

前言

物理化学是一门研究物质的性质及物质变化规律的基础理论课。物理化学课程的特点是理论性极强，总体内容较为抽象，理解起来比较困难，但是物理化学内容有其自身的逻辑联系，必须经常进行归纳总结，才能使知识融会贯通。由于以往的教学中总是存在着这样或那样的弊端，为了有利于物理化学教学的顺利开展，适应高职高专院校教学做一体化教学模式的要求，编撰物理化学的项目化教学改革教材迫在眉睫。

通过改革，精选教学内容，引入现代化的先进教学手段，将物理化学的课堂教学和实践教学有机地结合起来，使学生用较少的学时高效率地掌握物理化学的精髓，并扩大知识面。学生通过本书学习，可理解物理化学的基本概念、基本理论，运用所学的物理化学理论去解决实际化工问题，培养理论联系实际的能力，提高自身综合素质。改革后的课程，打破了常规的物理化学理论体系，删去理论性较强的化学平衡热力学和多组分系统热力学，把二者的理论基础分别合并于化学热力学系统以及相平衡热力学系统。全书理论内容包括：化学热力学、化学动力学、相平衡热力学、界面现象及分散性质、电化学系统和电解质溶液。教学中除了学生必须掌握的常规理论知识外，还设计了17个实训项目，它们是恒温水浴性能测定、溶解热的测定、凝固点测定、蔗糖水解常数测定、电导率测定、乙酸乙酯皂化反应速率常数的测定、过氧化氢的催化分解、完全互溶双液系的平衡相图、饱和蒸气压的测定、洗衣粉的合成和餐具洗涤剂的制备、肥皂和洗衣粉性能比较、溶液表面吸附的测定、临界胶束浓度的测定、溶胶和乳状液的制备及性质研究、界面法测定离子迁移数、电导法测定弱电解质的解离常数、原电池电动势的测定及其应用。教学中根据实际情况，可以先讲理论后进行实训，也可先实训后补充理论课，具体问题具体分析，教学方法更加灵活多样。随着教学改革的进一步实施，相信物理化学课一定会取得更明显的教学成果，真正做到使学生学有所得，学以致用。

遵照教育部对教材编写工作的相关要求，本教材在编写、进一步完善过程中，注重融入课程思政，体现党的二十大精神，以潜移默化、润物无声的方式适当渗透德育，适时跟进时政，让学生及时了解最新前沿信息，力图更好地达到新时代教材与时俱进、科学育人之效果。

本书由闫碧莹主编、董丽坤副主编，参编人员包括：许红霞、贾永卿、魏凤琴。其中项目一由闫碧莹、魏凤琴完成，项目三、项目四及附录由闫碧莹完成，项目二由贾永卿、董丽坤完成，项目五由董丽坤、许红霞完成。

本书内容已制作成用于多媒体教学的电子课件，并在原有部分习题参考答案的基础上制作了全部习题参考答案详解，可免费提供给采用本书作为教材的院校使用。如有需要可联系：cipedu@163.com。

由于编者水平所限，教材中若有不妥之处，还请读者予以批评指正。

编 者

目录

绪 论 1
  一、物理化学的基本内容 1
  二、物理量和单位 2
  三、气体的 pVT 性质 3
  绪论扩展 4

项目一 化学热力学 7

理论基础一 热力学基本概念 7
  一、系统和环境 7
  二、系统的宏观性质 8
  三、系统的变化过程 8
  四、热和功 10
  五、状态函数和途径函数 12
  六、热力学能 13
  七、焓 13

理论基础二 热力学第一定律 13
  一、等容热和等压热 14
  二、摩尔等容热容和摩尔等压热容 14
  三、理想气体的热力学能及焓 16

理论基础三 热力学第二定律 17
  一、卡诺循环和卡诺定理 17
  二、熵函数 19
  三、热力学第二定律 20
  四、熵增加原理和熵判据 22
  五、熵的物理意义 23

理论基础四 热力学第三定律 25
  一、热力学第三定律 25
  二、亥姆霍兹函数和亥姆霍兹函数判据 25
  三、吉布斯函数和吉布斯函数判据 27
  四、变化的方向与平衡条件 28

理论基础五 热力学第一、第二、第三定律的应用 28
  一、在单纯 pVT 变化过程中的应用(在非体积功为零时讨论) 28
  二、在相变化过程中的应用(讨论的前提是非体积功为零) 30

  三、在化学变化过程中的应用 ………………………………………………… 31
  四、各种因素对化学平衡移动的影响 ……………………………………… 37
  五、溶解热和稀释热 ………………………………………………………… 39
  六、热力学基本方程 ………………………………………………………… 39
 实训一 恒温水浴性能测定 ……………………………………………………… 41
 实训二 溶解热的测定 …………………………………………………………… 45
 实训三 凝固点测定 ……………………………………………………………… 48
 项目设计一 …………………………………………………………………………… 51
 项目扩展一 …………………………………………………………………………… 54
 趣味实验一 …………………………………………………………………………… 54
 绪论扩展 ……………………………………………………………………………… 55
 小结一 ………………………………………………………………………………… 55
 习题一 ………………………………………………………………………………… 59

项目二 化学动力学 ……………………………………………………… 62

 理论基础一 化学动力学基本概念 …………………………………………… 62
  一、等容反应的反应速率 …………………………………………………… 62
  二、消耗速率和增长速率 …………………………………………………… 63
  三、反应机理与基元反应 …………………………………………………… 63
  四、反应级数和反应分子数 ………………………………………………… 64
 理论基础二 化学反应速率方程 ……………………………………………… 65
  一、化学反应速率方程的积分形式 ………………………………………… 65
  二、各种因素对化学反应速率的影响 ……………………………………… 68
 实训四 蔗糖水解常数测定 ……………………………………………………… 71
 实训五 电导率测定 …………………………………………………………… 74
 实训六 乙酸乙酯皂化反应速率常数的测定 ………………………………… 76
 实训七 过氧化氢的催化分解——催化剂及其催化作用 …………………… 79
 项目设计二 …………………………………………………………………………… 82
 项目扩展二 …………………………………………………………………………… 83
 趣味实验二 …………………………………………………………………………… 84
 小结二 ………………………………………………………………………………… 85
 习题二 ………………………………………………………………………………… 86

项目三 相平衡热力学 …………………………………………………… 88

 理论基础一 相平衡理论基本概念 …………………………………………… 88
  一、相和相律 ………………………………………………………………… 88
  二、克劳修斯-克拉佩龙方程 ……………………………………………… 89
  三、混合物或溶液的组成标度 ……………………………………………… 90
  四、道尔顿分压定律 ………………………………………………………… 91

五、溶液的气液两相平衡 …………………………………………………… 92
　理论基础二　拉乌尔定律和亨利定律 …………………………………………… 93
　　一、拉乌尔定律 …………………………………………………………… 93
　　二、亨利定律 ……………………………………………………………… 94
　　三、理想液态混合物与理想稀薄溶液 …………………………………… 95
　　四、理想液态混合物与理想稀薄溶液的应用 …………………………… 95
　理论基础三　相平衡状态图 ……………………………………………………… 97
　　一、二组分液态完全互溶系统的压力-组成图（$p\text{-}x$ 图）………… 98
　　二、二组分液态完全互溶系统的温度-组成图（$t\text{-}x$ 图）………… 100
　　三、杠杆规则 ……………………………………………………………… 101
　　四、有极值的气液平衡相图 ……………………………………………… 101
　　五、单组分系统相图 ……………………………………………………… 102
　实训八　完全互溶双液系的平衡相图 …………………………………………… 105
　实训九　饱和蒸气压的测定 ……………………………………………………… 109
　项目设计三 ………………………………………………………………………… 111
　项目扩展三 ………………………………………………………………………… 113
　趣味实验三 ………………………………………………………………………… 114
　小结三 ……………………………………………………………………………… 115
　习题三 ……………………………………………………………………………… 117

项目四　界面现象及分散性质 …………………………………… 119

　理论基础一　界面层的物理化学 ………………………………………………… 119
　　一、界面和界面现象 ……………………………………………………… 119
　　二、表面张力 ……………………………………………………………… 121
　　三、液体的界面现象 ……………………………………………………… 123
　　四、表面活性剂 …………………………………………………………… 130
　　五、固体的界面现象 ……………………………………………………… 135
　理论基础二　胶体系统 …………………………………………………………… 140
　　一、胶体化学的基本概念 ………………………………………………… 140
　　二、胶体分散系统 ………………………………………………………… 142
　　三、粗分散系统 …………………………………………………………… 148
　　四、纳米粒子 ……………………………………………………………… 150
　实训十　洗衣粉的合成和餐具洗涤剂的制备 …………………………………… 151
　实训十一　肥皂和洗衣粉的性能比较 …………………………………………… 155
　实训十二　溶液表面吸附的测定 ………………………………………………… 158
　实训十三　临界胶束浓度的测定 ………………………………………………… 163
　实训十四　溶胶和乳状液的制备及性质研究 …………………………………… 167
　项目设计四 ………………………………………………………………………… 170
　项目扩展四 ………………………………………………………………………… 174

趣味实验四 ……………………………………………………………………………… 174
小结四 …………………………………………………………………………………… 176
习题四 …………………………………………………………………………………… 179

项目五　电化学系统和电解质溶液 …………………………………………… 181

理论基础一　电解质溶液及其导电性质 …………………………………………… 182
一、电解质溶液 ……………………………………………………………………… 182
二、法拉第定律 ……………………………………………………………………… 182
三、离子迁移数 ……………………………………………………………………… 183
四、电导、电导率和摩尔电导率 …………………………………………………… 185

理论基础二　电池的电动势及其产生机理 ………………………………………… 188
一、原电池的书写惯例 ……………………………………………………………… 188
二、原电池的电动势 ………………………………………………………………… 188
三、界面电势差 ……………………………………………………………………… 189
四、电化学平衡 ……………………………………………………………………… 191
五、能斯特方程 ……………………………………………………………………… 191
六、电动势的应用 …………………………………………………………………… 191

理论基础三　原电池和电解池 ……………………………………………………… 193
一、原电池 …………………………………………………………………………… 193
二、电解池 …………………………………………………………………………… 195
三、电解池与原电池的区别与联系 ………………………………………………… 196

实训十五　界面法测定离子迁移数 ………………………………………………… 197
实训十六　电导法测定弱电解质的解离常数 ……………………………………… 201
实训十七　原电池电动势的测定及其应用 ………………………………………… 204
项目设计五 ……………………………………………………………………………… 207
项目扩展五 ……………………………………………………………………………… 208
趣味实验五 ……………………………………………………………………………… 209
小结五 …………………………………………………………………………………… 210
习题五 …………………………………………………………………………………… 212

附录 …………………………………………………………………………………… 215

附录Ⅰ　希腊字母表 ………………………………………………………………… 215
附录Ⅱ　常用的数学公式 …………………………………………………………… 215
附录Ⅲ　元素相对原子质量表 ……………………………………………………… 216
附录Ⅳ　部分物质的标准摩尔生成焓、标准摩尔生成吉布斯函数、标准摩尔熵及摩尔等压
　　　　热容 ………………………………………………………………………… 218
附录Ⅴ　部分有机化合物的标准摩尔燃烧焓 ……………………………………… 221
附录Ⅵ　水在不同温度下的饱和蒸气压 …………………………………………… 222
附录Ⅶ　水溶液中一些电极的标准电极电势 ……………………………………… 223

附录Ⅷ　物理化学主要研究方法 ………………………………………………… 224

部分习题参考答案 …………………………………………………… 226
　习题一参考答案 …………………………………………………… 226
　习题二参考答案 …………………………………………………… 226
　习题三参考答案 …………………………………………………… 227
　习题四参考答案 …………………………………………………… 227
　习题五参考答案 …………………………………………………… 228

参考文献 …………………………………………………………… 229

绪 论

化学与物理学之间有着紧密的联系。一方面，化学反应时常伴有物理变化（如体积的变化、压力的变化、热效应、电效应、光效应等），同时电磁场等物理因素的作用也都可能引起化学变化或影响化学变化的进行。另一方面，分子中电子的运动，原子的转动、振动，原子相互间的作用力等微观物理运动形态，则直接决定了物质的性质及化学反应能力。人们在长期的实践过程中注意到这种相互联系，并且加以总结，逐步形成一门独立的学科分支叫做物理化学。物理化学是从物质的物理现象和化学现象的联系入手来探求化学变化基本规律的一门科学，在实训方法上也主要是采用物理学中的方法。

一、物理化学的基本内容

物理化学课程的基本内容包括：化学热力学、量子力学、结构化学、统计热力学、界面性质、化学动力学、胶体分散系统与粗分散系统、电解质溶液与电化学系统等。但就内容范畴及研究方法来说可以概括为五个主要方面。

1. 化学热力学

化学热力学研究的对象是由大量粒子（原子、分子或离子）组成的宏观物质系统。它主要以热力学第一、第二定律为理论基础，引出或定义了系统的热力学能（U），焓（H），熵（S），亥姆霍兹函数（A），吉布斯函数（G），再加上可由实验直接测定的系统的压力（p），体积（V），温度（T）等热力学参量共八个最基本的热力学函数。它应用演绎法，经过逻辑推理，导出一系列的热力学公式及结论作为热力学基础，而将这些公式或结论应用于物质系统的 pVT 变化、相变化（物质的聚集状态的变化）、化学变化等物质系统的变化过程，解决这些变化过程的能量效应（功与热）和变化过程的方向与限度（化学平衡规律）等问题，亦即研究解决有关物质系统的热力学平衡的规律，构成化学热力学。

2. 化学动力学

化学动力学主要研究各种因素（包括浓度、温度、催化剂、溶剂、光、电等）对化学反应速率影响的规律及反应机理。如前所述，化学热力学是研究物质变化过程的能量效应及过程的方向与限度；它不研究完成该过程所需要的时间及实现这一过程的具体步骤，即不研究有关速率的规律。而解决这后一问题的科学，则称为化学动力学。所以可以概括为：化学热力学是解决物质变化过程的可能性，而化学动力学则是解决如何把这种可能性变为现实的科学。一种化学制品的生产，必须从化学热力学原理及化学动力学原理两方面考虑，才能全面地确定生产的工艺路线和进行反应器的选型与设计。

3. 界面性质与分散性质

物质在通常条件下，以气、液、固等聚集状态存在，当两种以上聚集态共存时，则在不同聚集态（相）间形成界面层，它是两相之间的厚度约为几个分子大小的薄层。由于界面层上不对称力场的存在，产生了与本体相不同的许多新的性质——界面性质。若将物质分散成细小微粒构成高度分散的物质系统或将一种物质分散在另一种物质之中形成非均相的分散系统，则会产生许多界面现象。如，日常生活中接触到的晨光、夕霞、彩虹、闪电、乌云、白雾、雨露、冰雹、蓝天、碧海、冰山、雪地、沙漠、草原、黄水、绿洲等自然现象和景观，以及生产实践和科学实验中常遇到的纺织品的染色、防止粉尘爆炸、灌水采油、浮选矿石、防毒面具防毒、固体催化剂加速反应、隐形飞机表层的纳米材料涂层、分子筛和膜分离技术等，这些现象应用技术都与界面性质及分散性质有关。总之，有关界面性质和分散性质的理论与实践被广泛地应用于石油工业、化学工业、轻工业、农业、农学、医学、生物学、催化化学、海洋学、水利学、矿冶以及环境科学等多个领域。

4. 量子力学

量子力学的研究对象是由个别的电子和原子核组成的微观系统。量子力学是研究这种微观系统的运动状态，包括在指定空间的不同区域内粒子出现的概率以及它的运动的能级。实践证明，对微观粒子的运动状态的描述不能应用经典力学（经典力学即以牛顿第一、第二、第三定律为支撑的牛顿力学理论），经典力学的理论对这种系统是无能为力的，这是由微观粒子的运动特征所决定的。微观运动的三个主要特征是能量量子化、波粒二象性和测不准关系。这些事实决定电子等微观粒子的运动不服从经典力学规律，它所遵从的力学规律构成了量子力学。

5. 统计热力学

统计热力学就其研究的对象来说与热力学是一样的，也是研究由大量微观粒子（原子、分子、离子等）组成的宏观系统。统计热力学认为，宏观系统的性质决定于它的微观组成、粒子的微观结构和微观运动状态，宏观系统的性质所反映的必定是大量微观粒子的集体行为，因而可以用统计学原理，利用粒子的微观量求大量粒子的统计平均值，进而推求系统的宏观性质。

二、物理量和单位

物理化学中涉及许多物理量。量是物理量的简称，凡是可以定量描述的物理现象都是物理量。一方面，量反映了属性的大小、轻重、长短或多少等概念；另一方面，量又反映了现象、物体和物质在性质上的区别。

从量的定义中可以看出，量有两个特征：一是可定性区别，二是可定量确定。定性区别是指量在物理属性上的差别，按物理属性可把量分为诸如几何量、力学量、电学量、热学量等不同类的量；定量确定是指确定具体的量的大小，要定量确定就要在同一类量中选出某一特定的量作为一个称之为单位的参考量，则这一类中的任何其他量都可用一个数与这个单位的乘积表示，而这个数就称为该量的数值。由数值乘单位就称为某一量的量值。

量可以是标量，也可以是矢量或张量。对量的定量表示，既可以使用符号（量的符号），也可以使用数值与单位之积，一般可表示为

$$A = \{A\}[A]$$

式中，A 为某一物理量；$[A]$ 为物理量 A 的某一单位；而 $\{A\}$ 是量 A 以单位 $[A]$ 表示的数值。例如，体积 $V=10\mathrm{m}^3$，V 是物理量体积的符号，m^3 是物理量体积的单位，10 是该体积以单位 m^3 表示时所对应的数值。物理量要同时用数值和单位来描述，否则不能产

生任何物理意义。

三、气体的 pVT 性质

1. 气体的性质

气体、液体和固体是物质的三种主要聚集状态，符号分别为 g, l, s。其中气体和液体统称为流体，符号用 fl 表示；液体和固体统称为凝聚相，符号用 cd 表示。三种状态中，固体虽然结构较复杂，但粒子排布的规律性较强，对它的研究已经有了较大的进展；液体的结构最复杂，人们对其认识还很不充分；气体则最为简单，最容易用分子模型进行研究，故对它的研究最多，也最为透彻。

气体是物理化学研究的重要对象之一，其在物理化学中具有极其重要的作用，在学习物理化学课程之前，首先要明确气体的基本性质。对于一定质量的某种气体，用气体的压力、体积和温度就可以描述它所处的状态和性质。这种用来描述气体状态的物理量，叫做气体的状态参量。气体的状态由温度、压力和体积共同决定。对于一定量的某种气体，当描述它的三个状态参量都不变时，说明气体已经处在一定的状态——平衡态；当其中某个状态参量发生变化时，必然会导致另外一个或两个状态参量随之而变。

(1) 气体的压力　由于分子的热运动，气体分子不断地与容器壁碰撞。气体的压力就是气体对单位面积容器壁所产生的作用力，用符号 p 表示。压力的国际单位为 Pa（帕），常用单位有 atm，cmHg，mmHg，换算关系为 1atm=76cmHg=760mmHg=101325Pa。

(2) 气体的体积　就是气体所占空间的大小，用符号 V 表示。因为气体分子能够充满整个容器的空间，通常气体的体积等于容器的容积。体积的国际单位是 m^3，常用单位有 dm^3（或 L），cm^3（或 mL）。其换算关系是 $1m^3=10^3dm^3$（或 L）$=10^6cm^3$（或 mL）。

(3) 气体的温度　即气体的冷热程度。温度有两种表示方法。国际单位制用热力学温度表示，其符号为 T，单位是 K（开尔文）。实际生活中还常用摄氏温度表示，符号为 t，单位是 ℃（摄氏度）。热力学温度和摄氏温度的关系式是 $T/K=t/℃+273.15$。

值得注意的是，在今后物理化学课程的学习中所有基本公式中的温度均指热力学温度。

2. 理想气体状态方程

无论物质处于哪一种聚集状态，都有许多宏观性质，如压力 p，体积 V，温度 T，密度 ρ，热力学能 U 等。众多宏观性质中，p,V,T 三者是物理意义非常明确又易于直接测量的基本性质。对于一定量的纯物质，只要其中任意两个量确定后，第三个量即随之确定，此时就说物质处于一定的状态。处于一定状态的物质，各种宏观性质都有确定的值和确定的关系。联系 p,V,T 之间关系的方程称为状态方程。状态方程的建立常成为研究物质其他性质的基础。

对于气体在低压及较高温度下的行为，在历史上曾经归纳出一些经验定律，如波义耳-马略特定律，查理-盖·吕萨克定律等。从这些经验定律可以导出低压下气体的 p,V,T 之间的关系式。即

$$pV=nRT \tag{0-1}$$

式中，n 是物质的量，单位是 mol；p 是压力，单位是 Pa；V 是气体的体积，单位是 m^3；T 是热力学温度，单位是 K；R 是摩尔气体常数，实践证明与气体种类无关，通常计

算中取 $R = 8.314 \text{J} \cdot \text{mol}^{-1} \cdot \text{K}^{-1}$。

$V_\text{m} = \dfrac{V}{n}$，则 V_m 为摩尔体积，即 1mol 物质所占有的体积，常用单位是 $\text{m}^3 \cdot \text{mol}^{-1}$。在外界条件相同的情况下，气体的摩尔体积相同。在标准状况（273.15K，101.325kPa）下，1mol 任何理想气体所占的体积都约为 22.4 L，这个体积叫做该气体的摩尔体积，单位是 $\text{L} \cdot \text{mol}^{-1}$，即标准状况下气体摩尔体积为 22.4$\text{L} \cdot \text{mol}^{-1}$，较精确的是：$V_\text{m} = 22.41410 \text{L} \cdot \text{mol}^{-1}$。

式(0-1)$\div n$，得

$$pV_\text{m} = RT \quad (0\text{-}2)$$

将物质的量的定义公式 $n = \dfrac{m}{M}$ 代入式(0-1)，得

$$pV = \dfrac{m}{M}RT$$

即

$$M = \dfrac{mRT}{pV} \quad (0\text{-}3)$$

将密度的定义公式 $\rho = \dfrac{m}{V}$ 代入式(0-3)，得

$$M = \dfrac{\rho RT}{p}$$

即

$$\rho = \dfrac{pM}{RT} \quad (0\text{-}4)$$

将式(0-1)～式(0-4)称为理想气体状态方程及其各种形式。其中，通过式(0-3)计算气体的摩尔质量（M），可用 M 来判断气体的种类；式(0-4)可用于求气体的密度。

3. 理想气体

把在任何温度、任何压力下都能严格遵从理想气体状态方程（$pV = nRT$）的气体叫做理想气体。理想气体实际上是一个科学的抽象概念，客观上并不存在，它只能看作是实际气体在压力很低时的一种极限情况。但是引入理想气体这样一个概念是很有用的，一方面是它反映了任何气体在低压下的共性；另一方面，理想气体的 p，V，T 关系比较简单，根据理想气体公式来处理问题所导出的一些关系式，只要适当的予以修正就能用于非理想气体或实际气体。

理想气体在宏观上必须严格遵守理想气体状态方程，其微观特征是：①气体分子不占有体积，分子本身大小可以略去不计。②气体分子之间无相互作用力，分子彼此间的碰撞以及分子与器壁的碰撞是完全弹性的碰撞，即在碰撞前后总动量不损失。

在本书中，为了教学研究的方便，若无特殊指明，气体均为理想气体。

绪论扩展

物理化学发展史

随着无机化学和有机化学的发展，化学家对化学现象的了解日益丰富、深化，加之经典物理学的成熟，使得探索化学反应规律性的理论研究被提到了日程上来。原子-分子学说、

气体分子运动学说、元素周期律和经典热力学的确立和形成，为物理化学的建立和发展开辟了道路。

从18世纪开始，对燃烧现象的认识以及利用燃烧反应产生的热作为动力的蒸汽机的产生促进了热力学和热化学的研究。到了19世纪，伏特（Anastasio Volta）发明电池和法拉第（Michael Faraday）发现电解定律促进了电化学的发展；古德贝格（Cato Maximillian Guldberg）和瓦格（PeterP Waage）确立质量作用定律促进了化学动力学的发展；格雷姆（Thomas Graham）提出胶体的概念促进了胶体化学的发展。一般认为，物理化学作为一门学科的正式形成，是从1877年德国化学家奥斯特瓦尔德（Friedrich Wilhelm Ostwald）和荷兰化学家范特霍夫（Jacobus Henricus Van't Hoff）创刊《物理化学杂志》开始的。

19世纪到20世纪初是化学热力学的发展和成熟时期，热力学第一定律和热力学第二定律被广泛应用于各种化学系统，特别是溶液系统的研究。在此期间，阿仑尼乌斯（Svante August Arrhenius）提出了电解质的电离学说，路易斯（Gilbert Newton Lewis）提出了处理非理想系统的逸度和活度概念以及测定方法，吉布斯（Josiah Willard Gibbs）提出了多相平衡系统的研究方法和相律，范特霍夫研究了化学平衡，能斯特（Walther Hermann Nernst）发现了热定理，德拜（Peter Joseph Wilhelm Debye）和休克尔（Erich Armand Arthur Joseph Hückel）提出了强电解质溶液的离子互吸理论，塔菲尔（J Tafel）提出了氢的超电势理论。到了20世纪20年代，经典热力学即平衡态热力学已经完善。20世纪70年代初，普里戈金（Ilya Prigogine）等提出耗散结构理论促进热力学从平衡态扩充到对非平衡态的研究。

化学动力学的研究起源于19世纪末，阿仑尼乌斯首先提出了化学反应活化能的概念。20世纪初，博登斯坦（Max Bodenstein）和能斯特提出了链反应机理，欣谢尔伍德（Sir Cril Hinshelwood）和谢苗诺夫（Nikolay Semyonov）发展了自由基链式反应动力学。20世纪60年代，随着激光技术的出现和实验技术的不断提高，动力学从宏观走向微观和超快速反应动力学的研究方向。微观动力学和激光化学是目前最活跃的研究领域之一。在实验中不但能控制化学反应的温度和压力等条件，同时还能对反应物分子的内部量子态、能量和空间取向实行控制。目前的反应时间分辨率已达到飞秒数量级。若时间分辨率再提高2~3个数量级，人类将有可能彻底认识和操控反应过程。

20世纪是结构化学的重要发展时期，物理化学研究已深入到微观的原子和分子世界，改变了对分子内部结构的复杂性茫然无知的状况。20世纪初，劳厄（Max Theodor Felix Von Laue）和布拉格（William Henry Bragg）对X射线晶体结构的研究奠定了近代结晶化学的基础。鲍林（Linus Carl Pauling）等提出的杂化轨道理论以及氢键和电负性等概念，路易斯提出的共享电子对的共价键概念，鲍林和斯莱特（John Clarke Slater）完善的化学键价键方法，穆利肯（Robert Sanderson Mulliken）和洪特（Friedrich Hund）发展的分子轨道方法等使价键法和分子轨道法成为近代化学键理论的基础。20世纪50年代以后，实验技术的发展促进了从基态稳定分子进入各种激发态结构的研究。同时，在测定复杂生物大分子晶体结构，如青霉素、维生素B_{12}、蛋白质、胰岛素的结构和脱氧核糖核酸的螺旋体构型等方面获得成功。电子能谱的出现又使结构化学研究能够从物体的体相转到表面相，对于固体表面和催化剂而言，这是一个非常有效的研究方法。结构化学的研究对象正从一般键合分子扩展到准键合分子、范德华分子、原子簇、分子簇和非化学计量化合物。

随着计算机技术的发展，物理化学的分支——量子化学应运而生。1926年，量子力学研究的兴起，不但在物理学中掀起了高潮，对物理化学研究也给以很大的冲击，它促进了对分子微观结构的认识。福井谦一（Fukui Kenichi）提出的前线轨道理论以及伍德沃德（Robert Burns Woodward）和霍夫曼（Roald Hoffmann）提出的分子轨道对称守恒原理的建立是量子化学的重要发展。波普尔（John Anthony Pople）发展的半经验和从头计算法为量子化学的广泛应用奠定了基础。目前，量子化学已成为研究分子和材料性质的重要方法之一。

材料的性能不仅与结构有关，同时还与分散度有关。传统上，人们比较重视宏观物质和分子分散的微观系统的研究，对分子聚集体构成的介观领域（如胶体和粗分散系统）亦有所研究，但侧重在液相和气相分散系，而对固相分散系重视不够。到了20世纪80年代以后，人们才对这个领域重视起来，发现了许多奇异现象。目前，三维尺寸在1～100nm的纳米系统已成为材料、化学、物理等学科的前沿研究热点。

中国物理化学的发展历史以1949年中华人民共和国成立为界，大致可以分为两个阶段。在20世纪30～40年代，尽管当时物质条件薄弱，但老一辈物理化学家不仅在化学热力学、电化学、胶体和表面化学、分子光谱学、X射线结晶学、量子化学等方面做出了相当的成绩，而且培养了许多物理化学方面的人才。自那以后经过几十年的努力，在各个高等学校设置物理化学教研室进行人才培养的同时，还在中国科学院各有关研究所和各重点高等学校建立了物理化学研究室，在结构化学、量子化学、催化、电化学、分子反应动力学等方面取得了可喜的成绩。

项目一

化学热力学

教学目标：
① 明确热力学基本概念；
② 理解热力学第一定律的表达方式，掌握状态函数的特点；
③ 理解热力学第二定律的两种表述（克劳修斯说法和开尔文说法）；
④ 理解理想气体的等温过程、等压过程、等容过程和绝热过程中 p, V 和 T 的变化，学会计算这些过程中 Q, W, ΔU, ΔH, ΔS, ΔA, ΔG 的数值；
⑤ 熟练运用盖斯定律和基希霍夫公式，能够利用化学反应的标准摩尔生成焓、标准摩尔生成吉布斯函数和标准摩尔熵数据计算化学反应的 $\Delta_r H_m$, $\Delta_r G_m$ 和 $\Delta_r S_m$；
⑥ 能够利用熵判据和吉布斯函数判据解决自发过程的方向性问题。

技能目标：
① 掌握贝克曼温度计的正确使用方法，学会测绘恒温水浴的灵敏度曲线；
② 练习测定硝酸钾的积分溶解热。

理论基础一 热力学基本概念

一、系统和环境

在化学热力学中，必须首先确定研究目标，把一部分物质与其余的物质分隔开（其界面可以是实际的，也可以是想象的），才能对其进行科学研究。系统就是热力学研究的对象，是大量分子、原子、离子等物质微粒组成的宏观集合体。系统与系统之外的周围部分存在边界。在系统以外与系统密切相关且影响所能及的部分则称为环境。环境就是与系统通过物理界面（或假想的界面）相隔开并与系统密切相关的周围部分。

根据系统与环境之间发生物质的质量与能量的传递情况，系统分为三类。

(1) 敞开系统　系统与环境之间通过界面既有物质质量的传递也有能量（以热和功的形式体现）的传递。敞开系统又称为开放系统。

(2) 封闭系统　系统与环境之间通过界面只有能量的传递，而无物质的质量传递。因此封闭系统中物质的质量是守恒的。封闭系统是物理化学教学中最常用到的，今后若无特别说明所提到的系统都认为是封闭系统。

(3) 隔离系统　系统与环境之间既无物质的质量传递也无能量的传递。因此隔离系统中物质的质量是守恒的，能量也是守恒的。隔离系统也称为孤立系统。

二、系统的宏观性质

物质性质分为宏观性质和微观性质。热力学系统是大量分子、原子、离子等微观粒子组成的宏观集合体。这个集合体所表现出来的集体行为，如压力 p、体积 V、温度 T、热力学能 U、焓 H、熵 S、亥姆霍兹函数 A、吉布斯函数 G 等叫热力学系统的宏观性质。换言之，宏观性质（或简称热力学性质）是指可用来描述系统性质的一系列宏观物理量。微观性质则是指原子、分子等粒子的结构、运动状况以及它们之间的相互作用等。热力学中所讨论的系统的宏观性质通常简称为性质。

按性质的数值是否与物质的数量有关，将宏观性质分为两类。

（1）**强度性质** 其数值与系统中所含物质的量（或物质的数量）无关，无加和性，如温度 T、压力 p、密度 ρ、摩尔质量 M 等。

（2）**广度性质** 其值与系统中所含物质的量有关，与物质的数量成正比，有加和性，如质量 m、物质的量 n、体积 V、热力学能 U、焓 H 等。

通常情况下，$\dfrac{\text{一种广度性质}}{\text{另一种广度性质}}=$强度性质，例如 $\rho=\dfrac{m}{V}$，$M=\dfrac{m}{n}$，$V_\mathrm{m}=\dfrac{V}{n}$。

物理量名称中会经常用到一些术语，以下列出了本教材中几个常用术语。

① 术语"摩尔的"加在广度量的名称前时，表示该量除以物质的量所得之商。如摩尔质量 $M \stackrel{\text{def}}{=\!=} m/n$。

② 形容词"体积的"加在广度量的名称前时，表示该量除以体积所得之商。如物理化学中常见的体积质量 $\rho \stackrel{\text{def}}{=\!=} m/V$，体积表面 $A_V \stackrel{\text{def}}{=\!=} A/V$ 等。

③ 形容词"质量的"或"比"加在一广度量的名称之前，表示该量除以质量所得之商。物理化学中常见的有质量表面（或比表面积）$a_\mathrm{m} \stackrel{\text{def}}{=\!=} A/m$、质量体积 $v \stackrel{\text{def}}{=\!=} V/m$、质量热容 $c \stackrel{\text{def}}{=\!=} C/m$ 等。

三、系统的变化过程

系统从某一状态变化到另一状态的经历，称为过程。过程前的状态称为始态，过程后的状态称为**终态**。系统的变化过程分为单纯 pVT 变化过程、相变化过程和化学变化过程。系统中发生化学反应，致使组成发生变化的过程称为化学变化过程。系统中发生聚集状态的改变（如液体的汽化、液体的凝固、固体的熔化、气体的液化等）称为相变化过程。若系统中没有发生任何相变化和化学变化，只有单纯的温度（T）、压力（p）、体积（V）的变化，则称为单纯 pVT 变化过程。

单纯 pVT 变化过程为本课程学习的重点内容，几种常见的 pVT 变化过程如下。

（1）**等温过程** 系统由状态Ⅰ变到状态Ⅱ，过程的始态和终态以及整个变化过程中的温度始终保持不变且等于环境温度。即

$$T=T_\mathrm{su}=\text{常数}$$

角标"su"表示"环境"，例如 T_su，p_su 分别表示环境的温度和压力；另外环境施加于系统的压力称为外压，也可用 p_ex 表示，"ex"表示"外"。

（2）**等压过程** 系统在变化过程中，始态和终态压力相等且等于环境的压力。即

$$p = p_{su} = 常数$$

(3) 等容过程　系统在变化过程中保持体积不变。在刚性容器中发生的变化都是等容过程。即

$$V = 常数$$

(4) 绝热过程　系统在变化过程中与环境间没有热的交换。热交换量极少时可近似看作是绝热过程。绝热过程与环境间的能量传递仅可能有功的形式，而无热的形式，即

$$Q = 0$$

(5) 循环过程　系统从始态出发，经过一系列变化后又回到了原来状态的过程叫循环过程。循环过程中，所有状态函数的改变量都等于零，如 $\Delta T = T_2 - T_1 = 0$，$\Delta p = 0$，$\Delta U = 0$ 等。

(6) 对抗恒定外压过程　系统在体积膨胀或压缩的过程中所对抗的环境的外压 $p_{ex} =$ 常数。如图1-1所示。

(7) 自由膨胀过程（向真空膨胀过程）　系统在体积膨胀的过程中所对抗的环境的压力 $p_{ex} = 0$。如图1-2所示，左球内充有气体，右球内呈真空，活塞打开后气体向右球膨胀，叫自由膨胀过程（或叫向真空膨胀过程）。

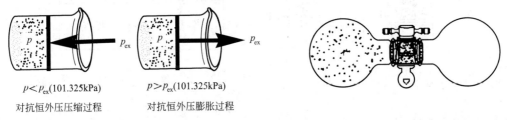

图1-1　对抗恒定外压过程　　　　图1-2　自由膨胀过程

(8) 可逆过程　设系统经过程 L 由始态 I 变到终态 II（见图1-3），环境由始态 A 变到终态 B，假如能够设想一过程 L'，使系统和环境都恢复原来的状态，则原来的过程 L 称为可逆过程。反之，如果不可能使系统和环境都完全复原，则原过程 L 称为不可逆过程。

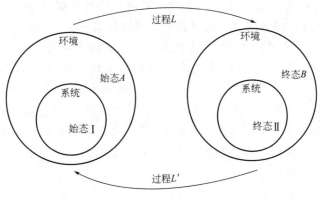

图1-3　可逆过程示意图

(9) 准静态过程　如图1-4所示，以等温条件下气体的膨胀过程为例。假设有一个活塞密封的贮有一定量气体的气缸，截面积为 A，与一定温度下的热源相接触。活塞无质量，可以自

由活动,且与器壁间没有摩擦力。开始时活塞上放有三个砝码,使气缸承受的环境压力 $p_{su}=p_1$,即气体的初始压力为 p_1。以下分别讨论几种不同的等温条件下气体的膨胀过程。

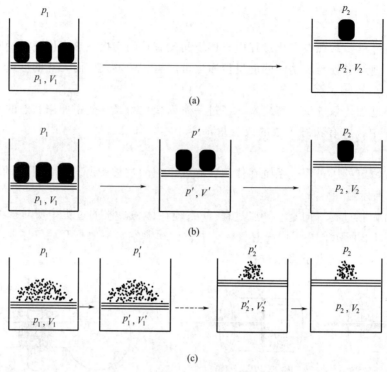

图 1-4 准静态过程

① 将活塞上的砝码同时取走两个,如图 1-4(a)所示,环境的压力由 p_1 降到 p_2,气体在 $p_{su}=p_2$ 的条件下体积由 V_1 膨胀到 V_2,系统变化前后温度都是 T。

② 将活塞上的砝码分两次逐一取走,如图 1-4(b)所示,环境的压力由 $p_{su}=p_1$ 经 $p_{su}=p'$ 到 $p_{su}=p_2$,气体体积由 V_1 经 V' 到 V_2。

③ 将活塞上放置一堆与三个砝码等质量的无限微小的砂粒,如图 1-4(c)所示。开始时气体处于平衡态,内外压力都是 p_1,取走一粒砂后,外压降低 dp,体积膨胀 dV,气体压力降为 $p_1'=p_1-dp$,这时内外压力又相等,气体达到新的平衡状态。再将外压降低 dp(即再取走一粒砂),气体又膨胀 dV,依此类推,直到体积膨胀到 V_2,内外压力都是 p_2(所剩的一小堆砂粒相当于一个砝码的质量)。在过程中任一瞬间,系统的压力 p 与环境的压力 p_{su} 相差极为微小,可以看作 $p=p_{su}$。由于每次膨胀的推动力极小,系统与环境无限趋近于热平衡,过程的进展无限缓慢,所经历的时间无限长,可近似看作静止不动的过程。此过程自始至终是由一连串无限邻近且无限接近于平衡的状态构成,被称为准静态过程。

无摩擦力的准静态膨胀过程和准静态压缩过程都是可逆过程。热力学中涉及的可逆过程都是无摩擦力的准静态过程。

四、热和功

1. 热

热和功是系统与环境之间交换能量的两种形式。由于系统与环境之间温度的不同而导致的能量交换形式称为热。热以符号 Q 表示，单位为 J（焦耳，简称焦）。规定当系统吸热时，Q 取正值，即 $Q>0$；系统放热时，Q 取负值，即 $Q<0$。

2. 功

在热力学中，把除热以外其他各种形式传递的能量都叫做功，用符号 W 表示，单位也为 J。同样，功也有正负之分。规定，系统对环境做功，W 取负值，即 $W<0$；外界对系统做功时，W 取正值，即 $W>0$。

物理化学中把功分为体积功和非体积功。体积功（又称为膨胀功）是在一定的环境压力下，系统的体积发生变化时与环境交换的能量。除了体积功以外的一切其他形式的功，如电功、表面功、机械功等统称为非体积功（又称非膨胀功）。非体积功以符号 W' 表示。在化学热力学中将重点研究体积功的求算问题。

功和热都是系统传递的能量形式，都具有能量的单位，但都不是状态函数，它们的变化值与具体的变化途径有关。所以，微小的变化值用符号"δ"表示，以区别于状态函数用的全微分符号"d"。如图1-5所示，在一

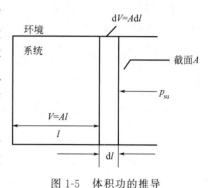

图 1-5 体积功的推导

个带有活塞的气缸中密封有一定量的气体，活塞截面积为 A，在外压 p_{su} 的作用下，活塞的位移改变了 $\mathrm{d}l$。根据功的定义有

$$\delta W \stackrel{\mathrm{def}}{=\!=\!=} F\mathrm{d}l = -p_{su}A\mathrm{d}l = -p_{su}\mathrm{d}V$$

于是，体积功的定义式表示为

$$\delta W \stackrel{\mathrm{def}}{=\!=\!=} -p_{su}\mathrm{d}V \tag{1-1}$$

积分得

$$W = \sum \delta W = -\int_{V_1}^{V_2} p_{su}\mathrm{d}V \tag{1-2}$$

系统在各种变化过程中的体积功的求算都可由式(1-2)推导出来。

(1) 等容过程 体积不变，$\mathrm{d}V=0$

$$W = -\int_{V_1}^{V_2} p_{su}\mathrm{d}V = 0$$

(2) 自由膨胀过程 环境为真空，$p_{su}=0$

$$W = -\int_{V_1}^{V_2} p_{su}\mathrm{d}V = 0$$

(3) 对抗恒定外压过程 环境的压力恒定，$p_{su}=$ 常数

$$W = -\int_{V_1}^{V_2} p_{su}\mathrm{d}V = -p_{su}(V_2-V_1) = -p_{su}\Delta V$$

(4) 等压过程 系统的压力始终与环境的压力相等，$p=p_{su}=$ 常数

$$W = -\int_{V_1}^{V_2} p_{su}\mathrm{d}V = -\int_{V_1}^{V_2} p\mathrm{d}V = -p(V_2-V_1) = -p\Delta V$$

(5) 可逆过程 系统与环境无限趋近于平衡，$p_{su}=p\pm\mathrm{d}p\approx p$

$$W = -\int_{V_1}^{V_2} p_{su}\mathrm{d}V = -\int_{V_1}^{V_2} (p\pm\mathrm{d}p)\mathrm{d}V = -\int_{V_1}^{V_2} p\mathrm{d}V$$

对于理想气体的等温可逆过程，由 $pV=nRT$ 得

$$W = -\int_{V_1}^{V_2} p\,dV = -\int_{V_1}^{V_2} \frac{nRT}{V}dV = -nRT\int_{V_1}^{V_2}\frac{dV}{V} = -nRT\ln\frac{V_2}{V_1} = -nRT\ln\frac{p_1}{p_2}$$

五、状态函数和途径函数

系统的状态是指系统所处的样子。热力学中采用系统的宏观性质来描述系统的状态，所以系统的宏观性质也称为系统的状态函数。状态函数的特点是当系统的状态变化时，状态函数的改变量只决定于系统的始态和终态，而与变化的中间过程或途径无关。即状态函数的改变量=终态函数值－始态函数值，如 $\Delta T = T_2 - T_1$，$\Delta p = p_2 - p_1$，$\Delta V = V_2 - V_1$。

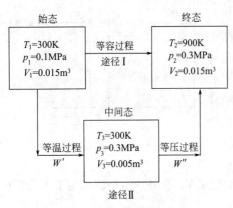

图 1-6 状态函数和途径函数

另外有一些物理量表示的函数，不能由始终态数值相减得到系统变化过程中的改变量，必须考虑系统的具体变化过程才能计算其数值，这类函数称为途径函数。系统从始态到终态所经历的具体步骤称为途径。实现同一始终态的过程可以有不同的途径，并且一个途径可由一个或几个步骤所组成。若一途径由几个步骤组成时，还要经过某些实际的或假想的中间状态。物理化学中有两个重要的途径函数，它们是热量 Q 和功 W。

如图 1-6 所示，1mol 理想气体的单纯 pVT 变化过程可由同一始态经两条不同途径达到同样的终态。不论是经途径Ⅰ还是途径Ⅱ，达到终态时其状态函数的改变量是一致的。

$$\Delta T = T_2 - T_1 = 900K - 300K = 600K$$
$$\Delta p = p_2 - p_1 = 0.3MPa - 0.1MPa = 0.2MPa$$
$$\Delta V = V_2 - V_1 = 0.015m^3 - 0.015m^3 = 0m^3$$

而途径函数的改变量则不尽相同，途径Ⅰ为等容过程，可直接应用公式计算体积功；途径Ⅱ先经历一个等温过程，又经历一个等压过程，其体积功为两个过程做功之和。

$$W_1 = -\int_{V_1}^{V_2} p_{su}dV = 0$$

$$W_2 = W' + W'' = (-nRT_1\ln\frac{V_3}{V_1}) + [-p_2(V_2 - V_3)]$$
$$= (-1mol \times 8.314 J \cdot mol^{-1} \cdot K^{-1} \times 300K\ln\frac{0.005m^3}{0.015m^3}) +$$
$$[-0.3 \times 10^6 Pa \times (0.015m^3 - 0.005m^3)]$$
$$= 2740.16 J$$

明显 $W_1 \neq W_2$，说明虽然始态和终态完全一致，但是过程经历的具体途径不同，所得到的途径函数的数值就是不相同的。而状态函数的变化量则不因途径不同而改变，状态函数的这一特点，在热力学中有广泛的应用，逐步形成了物理化学中有关化学热力学的独特的研究方法——状态函数法。状态函数法的特点有两个：

① 只研究物质变化过程所涉及的宏观性质，而不考虑物质微观结构；

② 只研究物质变化过程的始态和终态，而不考虑中间具体细节。

在化学热力学中先后涉及五大状态函数，它们分别是热力学能（U）、焓（H）、熵

（S）、亥姆霍兹函数（A）和吉布斯函数（G）。

六、热力学能

通常，系统的总能量（E）是由三部分组成的：系统整体运动的动能（T）、系统在外力场中的势能（V）和热力学能（U）。化学热力学研究的系统都是宏观静止的，不涉及系统的整体势能和整体动能，即只研究热力学能。热力学能（也称为内能），是指系统内部的一切能量（包括系统内分子的平动能、转动能、振动能、电子结合能、原子核能以及分子之间相互作用的势能等）的总和。符号为 U，单位为 J。

热力学能本身为广度性质，具有加和性。一定量的物质在确定的状态时，虽然其热力学能的绝对值是不知道的，但是热力学能是状态函数，当系统从始态（其热力学能为 U_1）经一过程变化到终态（其热力学能为 U_2）时，无论经历什么途径，过程的热力学能改变量（$\Delta U = U_2 - U_1$）是一个确定可知的数值。简言之，即热力学能的绝对值（U）不可知，热力学能变（ΔU）可求。

七、焓

因为热力学能（U）、压力（p）和体积（V）都是状态函数，其数值的变化量都是只由系统的始态和终态决定，若将（$U+pV$）合并起来考虑，则其数值也应只由系统的始终状态决定。在热力学上把（$U+pV$）的组合定义为一个新的函数——焓，并用符号 H 表示，则 H 也是状态函数。

$$H \stackrel{\text{def}}{=\!=} U + pV \tag{1-3}$$

由于不能确定系统热力学能的绝对值，所以也不能确定焓的绝对值。焓是状态函数，属于广度性质，与热力学能一样具有能量的单位 J。焓没有明确的物理意义，不能把它误解为是"系统中所含的热量"，定义这样一个函数，完全是因为它在物理化学中具有很强的实用性。状态函数焓的出现，为处理热化学问题提供了许多方便之处。

理论基础二　热力学第一定律

热力学第一定律的实质是能量守恒。它是在人类长期生产经验和科学实验的基础上于 19 世纪中叶确立的，是建立热力学能这个函数的依据。它既说明了热力学能、热和功可以互相转化，又表述了它们转化时的定量关系。所以这个定律是能量守恒定律在热现象领域内所具有的特殊形式。确切地说，热力学第一定律是能量守恒定律在涉及热现象宏观过程中的具体表述。所谓能量守恒与转化定律，即"自然界的一切物质都具有能量，能量有各种不同形式。能够从一种形式转化为另一种形式，在转化中能量的总值不变"。简言之，"在隔离系统中，能量的形式可以转化，但能量的总值不变"。

在封闭系统中，由于系统与环境之间的能量传递有热和功两种形式，根据能量守恒定律，必有

$$\Delta U = Q + W \tag{1-4}$$

对于微小的变化过程

$$dU = \delta Q + \delta W \tag{1-5}$$

dU 称为热力学能的微小增量，δQ 和 δW 分别称为微量的热和微量的功。式(1-4) 和式(1-5) 即为封闭系统的热力学第一定律的数学表达式，文字上可表述为：

① 封闭系统中的热力学能，不会自行产生或消灭，只能以不同的形式等量的相互转化；

② 也可以用"第一类永动机不能制成"来表述热力学第一定律。

所谓第一类永动机是指不需要环境供给能量而可以连续对环境做功的机器。制造这种机器显然与能量守恒定律相矛盾，是不可能的。

一、等容热和等压热

系统在等容且非体积功为零的过程中与环境交换的热称为等容热，其符号为 Q_V。等容过程中由于体积功 $W = -\int_{V_1}^{V_2} p_{su} dV = 0$，若非体积功 $W' = 0$，则总功 $W_V = W + W' = 0$。根据热力学第一定律 $\Delta U_V = Q_V + W_V$（公式中的下角标"V"表示等容），得

$$Q_V = \Delta U_V \tag{1-6}$$

系统在等压且非体积功为零的过程中与环境交换的热称为等压热，其符号为 Q_p。等压过程中 $p_1 = p_2 = p_{su} = p$（其中 p_1 为系统始态压力，p_2 为系统终态压力，p_{su} 为环境压力，p 为系统的压力），体积功 $W = -p(V_2 - V_1) = -(pV_2 - pV_1) = -(p_2V_2 - p_1V_1)$，若非体积功 $W' = 0$，则总功 $W_p = W + W' = W$。所以

$$Q_p + W_p = Q_p - (p_2V_2 - p_1V_1) \tag{1-7}$$

而

$$\Delta U_p = U_2 - U_1 \tag{1-8}$$

将式(1-7) 和式(1-8) 带入热力学第一定律 $\Delta U_p = Q_p + W_p$（公式中的下角标"p"表示等压），得

$$U_2 - U_1 = Q_p + W_p = Q_p - (p_2V_2 - p_1V_1)$$

整理得

$$Q_p = (U_2 + p_2V_2) - (U_1 + p_1V_1) = \Delta(U + pV)$$

又根据焓的定义式

$$H \stackrel{\text{def}}{=\!=} U + pV$$

可得

$$Q_p = \Delta H_p \tag{1-9}$$

热显然不是状态函数，从确定的始态变化到确定的终态，若途径不同时，热的数值也不同。然而式(1-6) 和式(1-9) 表明，当不同的途径均满足等容且非体积功为零，等压且非体积功为零的特定条件时，不同途径的热分别与过程的热力学能变或焓变相等，故不同途径的等容热相等，不同途径的等压热相等，而不再与途径有关。等容热、等压热的这种性质为热力学数据的建立、测定及应用，提供了理论上的依据。

二、摩尔等容热容和摩尔等压热容

1. 热容

对于一个没有相变化和化学变化且不做非体积功的均相封闭系统，升高单位热力学温度

时所吸收的热称为热容。用符号 C 表示，单位是 $J \cdot K^{-1}$，用公式表示为

$$C \stackrel{\text{def}}{=} \frac{\delta Q}{dT}$$

热容是广度性质，与物质的数量有关。系统在等容过程中的热容称为等容热容，用 C_V 表示；在等压过程中的热容称为等压热容，用 C_p 表示。

2. 摩尔热容

热容除以物质的量得到摩尔热容，符号是 C_m，下角标"m"表示"摩尔的"，单位为 $J \cdot K^{-1} \cdot mol^{-1}$。

$$C_m \stackrel{\text{def}}{=} \frac{C}{n} = \frac{1}{n} \frac{\delta Q}{dT}$$

摩尔热容是强度性质，与物质的数量无关。

3. 摩尔等容热容和摩尔等压热容

由于热是过程变量（途径函数），使用热容还必须指明条件，如等容或等压。因摩尔热容与升温条件（等容或等压）有关，所以有摩尔等容热容 $C_{V,m}$ 和摩尔等压热容 $C_{p,m}$。系统在等容过程中的摩尔热容称为摩尔等容热容，用 $C_{V,m}$ 表示；在等压过程中的摩尔热容称为摩尔等压热容，用 $C_{p,m}$ 表示。

$$C_{V,m} \stackrel{\text{def}}{=} \frac{C_V}{n} = \frac{1}{n} \frac{\delta Q_V}{dT} \tag{1-10}$$

$$C_{p,m} \stackrel{\text{def}}{=} \frac{C_p}{n} = \frac{1}{n} \frac{\delta Q_p}{dT} \tag{1-11}$$

分别对式(1-10) 和式(1-11) 分离变量得

$$\delta Q_V = n C_{V,m} dT$$
$$\delta Q_p = n C_{p,m} dT$$

两边积分得

$$Q_V = \int_{T_1}^{T_2} n C_{V,m} dT$$

$$Q_p = \int_{T_1}^{T_2} n C_{p,m} dT$$

根据式(1-6) 和式(1-9)，可得

$$\Delta U_V = Q_V = \int_{T_1}^{T_2} n C_{V,m} dT$$

$$\Delta H_p = Q_p = \int_{T_1}^{T_2} n C_{p,m} dT$$

这两个公式首先适用于气体分别在等容、等压条件下单纯发生温度改变时计算热力学能变和焓变的过程，其次对液体、固体单纯发生温度变化（不分等容、等压）时也可近似应用。因此公式中 ΔU_V 和 ΔH_p 的角标"V"和"p"可以省略，写成

$$\Delta U = \int_{T_1}^{T_2} n C_{V,m} dT \tag{1-12}$$

$$\Delta H = \int_{T_1}^{T_2} n C_{p,m} dT \tag{1-13}$$

当物质的量 n 以及 $C_{V,m}$ 和 $C_{p,m}$ 均为常数时，式(1-12) 和式(1-13) 还可以进一步写成

$$\Delta U = \int_{T_1}^{T_2} nC_{V,m} \mathrm{d}T = nC_{V,m}(T_2 - T_1) \tag{1-14}$$

$$\Delta H = \int_{T_1}^{T_2} nC_{p,m} \mathrm{d}T = nC_{p,m}(T_2 - T_1) \tag{1-15}$$

在相同温度下，同一物质的 $C_{V,m}$ 和 $C_{p,m}$ 常常数值不同，按照两种热容的定义推导可得

$$C_{p,m} - C_{V,m} = 0（适用于固体或液体） \tag{1-16}$$

$$C_{p,m} - C_{V,m} = R（适用于理想气体） \tag{1-17}$$

式(1-17) 中的 R 就是理想气体状态方程中的摩尔气体常数，其数值为 8.314J·mol^{-1}·K^{-1}。统计热力学还可以证明在通常温度下，对理想气体来说：

① 气态单原子分子系统，$C_{V,m} = \dfrac{3}{2}R$，$C_{p,m} = \dfrac{5}{2}R$；

② 气态双原子分子系统，$C_{V,m} = \dfrac{5}{2}R$，$C_{p,m} = \dfrac{7}{2}R$；

③ 气态多原子分子系统，$C_{V,m} = 3R$，$C_{p,m} = 4R$。

以上数据在物理化学解题过程中，若缺少数据，可作为隐含条件使用。

三、理想气体的热力学能及焓

科学家焦耳在1843年通过一系列实验得出了著名的焦耳定律。如图 1-7 所示，焦耳用旋塞将一个装有一定量空气的铜容器 A 与另一个抽真空的铜容器 B 连上，将其放入有绝热壁的恒温水浴中，水中插有温度计。当旋塞开启后，气体自容器 A 流入空容器 B 中，待两边压力平衡时，焦耳发现温度计示数没有变化。这个实验被称为焦耳实验。

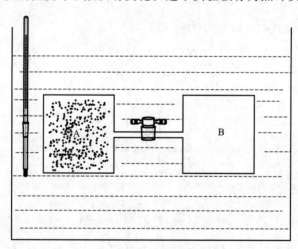

图 1-7　焦耳实验

实验说明：在气体膨胀过程中，系统和环境之间没有热交换，即 $Q=0$；又因为此过程向真空膨胀，故 $W=0$；因此根据热力学第一定律，该过程 $\Delta U = Q + W = 0$。也就是说，低压气体向真空膨胀时，温度不变，热力学能亦不变，但压力降低了，体积增大了。由此得到结论：在一定温度时，低压气体的热力学能 U 为一定值，而与压力、体积无关。这就是著名的焦耳定律。后人经过一系列的数学推导进一步证实：定量的、组成恒定的理想气体的热力学能及焓都仅是温度的函数，而与压力、体积无关。所以，对于定量的、组成恒定的理想气体等温过程来说，$\Delta U = 0$，$\Delta H = 0$，$Q = -W$。

理论基础三 热力学第二定律

热力学第二定律是在蒸汽机发展的推动下建立起来的。本来的目的，是为了解决热功转化的方向与限度的问题。蒸汽机是一种将燃料燃烧放出的热转化为机械功的装置，工作原理见图1-8，它的特点是必须在两个不同温度的热源之间运转。整个过程中系统从高温热源吸热（$Q_1>0$），对环境做功（$W<0$），并放热给低温热源（$Q_2<0$）。

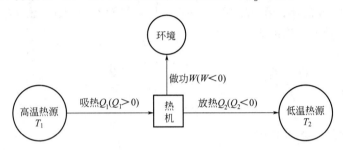

图1-8 热机工作原理示意图

一、卡诺循环和卡诺定理

把通过工作介质从高温热源吸热、向低温热源放热并对环境做功的循环操作的机器称为热机。热机是将热转化为功的机器。将热机在一次循环中对环境所做的功的绝对值与其从高温热源吸收的热量之比称为热机效率，其符号为 η。

$$\eta \stackrel{\text{def}}{=\!=} \frac{|W|}{Q_1} = \frac{-W}{Q_1} \tag{1-18}$$

1824年，法国年青工程师卡诺分析了热机工作的基本过程，设计了一部在两个等温热源间工作的理想热机。该热机以气缸中的理想气体为工作介质，由两个温度不同的等温可逆过程（膨胀和压缩）和两个绝热可逆过程（膨胀和压缩）共4个可逆步骤构成一个循环——卡诺循环。这种理想热机称为卡诺热机（或可逆热机）。如图1-9所示，卡诺循环分四步完成。

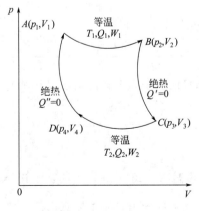

图1-9 卡诺循环

① 等温可逆膨胀过程（$A \longrightarrow B$）：等温条件下 $\Delta U_1 = 0$

$$Q_1 = -W_1 = -\left(-nRT_1 \ln \frac{V_2}{V_1}\right) = nRT_1 \ln \frac{V_2}{V_1}$$

② 绝热可逆膨胀过程（$B \longrightarrow C$）：绝热条件下 $Q' = 0$

③ 等温可逆压缩过程（$C \longrightarrow D$）：等温条件类似于过程①，$Q_2 = -W_2 = nRT_2 \ln \frac{V_4}{V_3}$

④ 绝热可逆压缩过程（$D \longrightarrow A$）：绝热条件下 $Q'' = 0$

对于整个循环来说，系统由始态 A 最终又回到始态 A，即始态和终态相同，所以 $\Delta U = U_A - U_A = 0$，再根据热力学第一定律 $\Delta U = Q + W$，得到 $Q = -W$，且 $Q = Q_1 + Q_2 + Q' + Q'' = Q_1 + Q_2$。于是卡诺热机的效率为

$$\eta = \frac{-W}{Q_1} = \frac{Q_1 + Q_2}{Q_1} = \frac{nRT_1 \ln \frac{V_2}{V_1} + nRT_2 \ln \frac{V_4}{V_3}}{nRT_1 \ln \frac{V_2}{V_1}} = \frac{T_1 \ln \frac{V_2}{V_1} - T_2 \ln \frac{V_3}{V_4}}{T_1 \ln \frac{V_2}{V_1}} \tag{1-19}$$

在理想气体绝热可逆过程中，定义

$$\gamma \stackrel{\text{def}}{=} \frac{C_{p,\text{m}}}{C_{V,\text{m}}} \tag{1-20}$$

则 γ 称为理想气体的热容比。由热力学推导可得

$$pV^\gamma = 常数 \tag{1-21a}$$

$$TV^{\gamma-1} = 常数 \tag{1-21b}$$

$$p^{1-\gamma}T^\gamma = 常数 \tag{1-21c}$$

式(1-21a)～式(1-21c)统称为理想气体绝热可逆方程。其应用条件为：封闭系统，非体积功为零（$W' = 0$），理想气体，绝热可逆过程。

过程②和过程④分别为理想气体的绝热可逆膨胀过程和绝热可逆压缩过程，根据理想气体绝热可逆方程(1-21b)可得到两个等式：

$$T_1 V_2^{\gamma-1} = T_2 V_3^{\gamma-1} = 常数$$

$$T_1 V_1^{\gamma-1} = T_2 V_4^{\gamma-1} = 常数$$

两式相除，得

$$\frac{V_2}{V_1} = \frac{V_3}{V_4} \tag{1-22}$$

将式(1-22)代入热机效率式(1-19)得

$$\eta = \frac{-W}{Q_1} = \frac{Q_1 + Q_2}{Q_1} = \frac{T_1 - T_2}{T_1} \tag{1-23}$$

由此可见，卡诺热机效率只取决于高温热源与低温热源的温度，与工作物质无关。两者温度比越大，效率越高。式(1-23)进一步整理，得

$$\frac{Q_1}{T_1} + \frac{Q_2}{T_2} = 0 \tag{1-24}$$

式中 $\frac{Q_1}{T_1}$ 和 $\frac{Q_2}{T_2}$ 称为过程的热温商。式(1-24)表明：卡诺循环的可逆热温商之和等于零。此式对于热力学第二定律中熵函数的导出具有重要意义。

卡诺定理指出：所有工作于两个一定温度的热源之间的热机，以可逆热机的效率为最

大。即

$$\eta \leqslant \frac{T_1-T_2}{T_1} \begin{pmatrix} <, 不可逆热机 \\ =, 可逆热机 \end{pmatrix} \tag{1-25}$$

二、熵函数

在卡诺循环过程中，得到

$$\frac{Q_1}{T_1}+\frac{Q_2}{T_2}=0$$

如图 1-10 所示，对于一个任意的可逆循环，系统由状态 A 沿途径 α 变化到状态 B，再沿途径 β 回到状态 A，完成一个循环。现在以一系列绝热可逆线（虚线）和等温可逆线（小实线）将该任意可逆循环分割成许多由两条绝热可逆线（相邻虚线）和两条等温可逆线（相对实线）构成的小卡诺循环。两个相邻的小卡诺循环之间的绝热可逆线（虚线），都是前一个小卡诺循环的绝热可逆膨胀线和后一个小卡诺循环的绝热可逆压缩线的部分重叠。由于重叠部分相互抵消，使这些小卡诺循环的总和形成了沿着该任意可逆循环曲线的封闭折线，如图 1-11 所示。当绝热可逆线（虚线）和等温可逆线（实线）无限多，因而无限小的卡诺循环无限多时，封闭折线实际上就和任意可逆循环曲线相重合。即折线经历的过程和曲线经历的过程相同。因此，任何一个可逆循环，均可用无限多个小的卡诺循环之和代替。

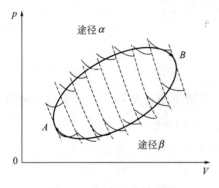

图 1-10　任意可逆循环图

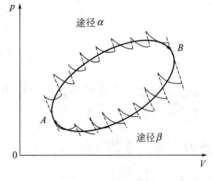

图 1-11　可逆循环

每一个小卡诺循环的热温商之和都等于零，于是有

$$\frac{\delta Q_1}{T_1}+\frac{\delta Q_2}{T_2}=0$$

$$\frac{\delta Q_3}{T_3}+\frac{\delta Q_4}{T_4}=0$$

$$\frac{\delta Q_5}{T_5}+\frac{\delta Q_6}{T_6}=0$$

$$\cdots$$

上列各式相加得

$$\frac{\delta Q_1}{T_1}+\frac{\delta Q_2}{T_2}+\frac{\delta Q_3}{T_3}+\frac{\delta Q_4}{T_4}+\cdots=0$$

可简写成

$$\sum_i \left(\frac{\delta Q_i}{T_i}\right)_r=0$$

即
$$\oint\left(\frac{\delta Q}{T}\right)_r = 0$$

式中角标"r"代表"可逆",符号 $\oint$ 代表环程积分。整个闭环由途径 α（$A\to B$）和途径 β（$B\to A$）两部分组成,对环积分进一步运算可得

$$\oint\left(\frac{\delta Q}{T}\right)_r = \int_A^B\left(\frac{\delta Q}{T}\right)_{r,\alpha} + \int_B^A\left(\frac{\delta Q}{T}\right)_{r,\beta} = 0$$

移项,得

$$\int_A^B\left(\frac{\delta Q}{T}\right)_{r,\alpha} = -\int_B^A\left(\frac{\delta Q}{T}\right)_{r,\beta}$$

即

$$\int_A^B\left(\frac{\delta Q}{T}\right)_{r,\alpha} = \int_A^B\left(\frac{\delta Q}{T}\right)_{r,\beta}$$

这表明,从 A 到 B 经由两个不同的可逆过程,它们各自的热温商的总和相等。由于所选用的可逆循环以及曲线上 A,B 两点都是任意的,因此对于其他的可逆过程也可得到同样的结论。所以,在两个指定状态之间,可逆过程的热温商之和与途径无关,仅由始态 A 和终态 B 所决定。显然它具有状态函数的特点。这个状态函数由克劳修斯在1865年定名为**熵**,符号为 S,定义为

$$dS \stackrel{def}{=\!=} \left(\frac{\delta Q}{T}\right)_r \tag{1-26a}$$

$$\Delta S \stackrel{def}{=\!=} \int_A^B \left(\frac{\delta Q}{T}\right)_r \tag{1-26b}$$

熵是状态函数,广度性质,其单位为 $J\cdot K^{-1}$。在接下来的学习中,对熵的物理意义会有进一步的认识。

三、热力学第二定律

根据卡诺定理式(1-25)有

$$\eta \leqslant \frac{T_1 - T_2}{T_1} \begin{pmatrix} <, \text{ir} \\ =, \text{r} \end{pmatrix}$$

"r"代表"可逆","ir"代表"不可逆"。

将式(1-19)

$$\eta = \frac{-W}{Q_1} = \frac{Q_1 + Q_2}{Q_1}$$

代入可得

$$\frac{Q_1 + Q_2}{Q_1} \leqslant \frac{T_1 - T_2}{T_1} \begin{pmatrix} <, \text{ir} \\ =, \text{r} \end{pmatrix}$$

整理得

$$\frac{Q_1}{T_1} + \frac{Q_2}{T_2} \leqslant 0 \begin{pmatrix} <, \text{ir} \\ =, \text{r} \end{pmatrix} \tag{1-27}$$

设有下列循环,如图1-12所示,系统经过不可逆过程（ir）由 A 到 B,然后经过可逆过程（r）由 B 到 A。因为前一步是不可逆的,所以就整个循环来说仍旧是一个不可逆循环。

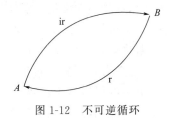

图 1-12 不可逆循环
r—可逆，ir—不可逆

根据式(1-27) 则有

$$\int_A^B \left(\frac{\delta Q}{T}\right)_{ir} + \int_B^A \left(\frac{\delta Q}{T}\right)_r < 0$$

移项整理得

$$\int_A^B \left(\frac{\delta Q}{T}\right)_{ir} < \int_A^B \left(\frac{\delta Q}{T}\right)_r = \Delta S$$

即

$$\Delta S = \int_A^B \left(\frac{\delta Q}{T}\right)_r$$

$$\Delta S > \int_A^B \left(\frac{\delta Q}{T}\right)_{ir}$$

两式可合并为

$$\Delta S \geqslant \int_A^B \frac{\delta Q}{T} \binom{>,\text{ir}}{=,\text{r}} \tag{1-28a}$$

对于微小的变化过程，

$$dS \geqslant \frac{\delta Q}{T}\binom{>,\text{ir}}{=,\text{r}} \tag{1-28b}$$

式(1-28a) 和式(1-28b) 被称为克劳修斯不等式，它表明：①不可逆过程的熵变大于不可逆过程的热温商，δQ 是实际过程中的热效应，T 是环境的温度；②在可逆过程中用等号，此时环境的温度等于系统的温度，δQ 也是可逆过程中的热效应。故式(1-28a)、式(1-28b)用来判别过程的可逆性，可作为热力学第二定律的数学表达形式。

热力学第二定律的经典表述主要有以下三种。

① 克劳修斯说法（1850 年）。不可能把热由低温物体转移到高温物体，而不留下任何其他变化。

② 开尔文说法（1851 年）。不可能从单一热源吸热使之完全变为功，而不留下任何其他变化。

③ 第二类永动机不能制成。

所谓第二类永动机是一种能够从单一热源吸热，并将所吸收的热全部转为功而无其他影响的机器。为了区别于第一类永动机，所以称为第二类永动机。它并不违反能量守恒定律，但却永远造不成。倘若第二类永动机能够造成，就可以无限制地把一个物体的能量以热的形式提取出来，使其变为功而没有其他变化。但是无数次的实验都失败了，经验告诉人们这是不可能的事。蒸汽机做功需要在两个不同温度的热源之间工作，工作物质在循环过程中从一个高温热源中吸热（Q_1），其中只有一部分转变为功（W），另一部分热量（Q_2）传递到温度较低的热源中去，实际的热机效率永远小于1。

应当明确，克劳修斯说法并不意味着热不能由低温物体传到高温物体；开尔文说法也不是说热不能全部转化为功，强调的是不可能"不留下任何其他变化"。例如，开动制冷机（如冰箱）可使热由低温物体传到高温物体，但环境消耗了电能；理想气体在可逆等温膨胀过程中，系统从单一热源吸的热全部转变为对环境做的功，但系统的状态发生了变化（膨胀了）。对第二定律的两种说法进行分析，可得出结论：当热从高温物体传给低温物体，或者功转变为热（例如摩擦生热）后，将再也不能简单地逆转而完全复原了。自然界中所有实际发生的宏观过程，都是无需借助外力（环境做功）就可以自动发生的过程，称为自发过程。自发过程的逆过程则不能自动进行。

1. 高温物体向低温物体的传热过程

如图 1-13 所示，物体 A 的温度为 T_1，物体 B 的温度为 T_2，$T_1 > T_2$。两物体接触后，有热量从物体 A 自动地流向物体 B，直到两物体的温度相等 $T_1' = T_2'$。相反的过程，热量从物体 B 流向物体 A，使 A 的温度更高，B 的温度更低的过程，不可能自动发生。

2. 高压气体向低压气体的扩散过程

如图 1-14 所示，A，B 两球间以活塞相隔开，两球中充以同种气体，温度相同，A 球中气体压力为 p_1，B 球中气体压力为 p_2，$p_1 > p_2$。打开活塞使两球连通后，A 球中的气体要自动地扩散到 B 球中，直到两球中的压力相等 $p_1' = p_2'$。相反的过程，B 球中的气体流向 A 球中，使 A 球中气体的压力更高，B 球中气体的压力更低的过程，不可能自动发生。

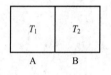

图 1-13　传热过程

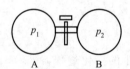

图 1-14　气体扩散过程

3. 水与酒精的混合过程

一杯纯酒精液体倒入一杯清水中，水分子与酒精分子会自动穿插混合成均匀液体。反过程，酒精的水溶液自动分离成纯水和纯酒精的过程不会自动进行。

4. 锌与硫酸铜溶液的化学反应

在一定温度下，Zn 可以自动地将 $CuSO_4$ 溶液中的 Cu^{2+} 还原成 Cu，而 Zn 自身氧化成 Zn^{2+}。在同样条件下，相反的过程，即 Cu 与 Zn^{2+} 反应生成 Cu^{2+} 和 Zn 的过程却不可能自动发生。

$$Zn + Cu^{2+} \longrightarrow Zn^{2+} + Cu$$

总结以上自然规律，得到结论：一个自发变化发生之后，不可能使系统和环境都恢复到原来的状态而不留下任何影响，也就是说自发变化是有方向性的，是不可逆的。一切不可逆过程皆是系统由概率小的状态变到概率大的状态。热力学第二定律的实质即断定自然界中一切实际发生的过程都是不可逆的。

四、熵增加原理和熵判据

1. 熵增加原理

在绝热情况下 $\delta Q = 0$，由克劳修斯不等式(1-28)

$$\Delta S \geqslant \int_B^A \frac{\delta Q}{T} \binom{>,\text{ir}}{=,\text{r}} \quad \text{或} \quad dS \geqslant \frac{\delta Q}{T} \binom{>,\text{ir}}{=,\text{r}}$$

可以得出结论：

$$\Delta S_{\text{绝热}} \geqslant 0 \binom{>,\text{ir}}{=,\text{r}} \quad \text{或} \quad dS_{\text{绝热}} \geqslant 0 \binom{>,\text{ir}}{=,\text{r}} \tag{1-29}$$

式(1-29)表明：绝热条件下系统发生不可逆过程时，其熵值增大；系统发生可逆过程时，其熵值不变；不可能发生熵值减小的过程。即系统经绝热过程由一状态达到另一状态熵值不减少，这就是熵增加原理。

其中 $dS=0$ 表示可逆过程，$dS>0$ 表示不可逆过程，$dS<0$ 的过程是不可能发生的。但可逆过程毕竟是一个理想过程，因此在绝热条件下，只可能发生 $dS>0$ 的过程。即一切可能发生的实际过程都使系统的熵增大，直至达到平衡态。

2. 熵判据

若系统与环境之间不绝热，系统可以发生熵减小的过程。但将系统与环境合在一起形成一个隔离系统看待时，隔离系统与其外界当然是绝热的。因此，作为隔离系统，则只能发生熵增过程，而不可能发生熵减的过程。因此，熵增加原理可表示为

$$\Delta S_{\text{隔离}} \geqslant 0 \binom{>,\text{ir}}{=,\text{r}} \quad \text{或} \quad dS_{\text{隔离}} \geqslant 0 \binom{>,\text{ir}}{=,\text{r}} \tag{1-30}$$

式(1-30)称为隔离系统熵判据（也叫平衡的熵判据）。它表明：①在隔离系统中发生任意有限的或微小的状态变化时，若 $\Delta S_{\text{隔离}}=0$ 或 $dS_{\text{隔离}}=0$，则该隔离系统处于平衡态；②导致隔离系统熵增大，即 $\Delta S_{\text{隔离}}>0$ 或 $dS_{\text{隔离}}>0$ 的过程有可能自发发生。换言之，隔离系统的熵有自发增大的趋势。当达到平衡后，宏观的实际过程不再发生，熵不再继续增加，即隔离系统的熵达到某个极大值。对于一个隔离系统，外界对系统不能进行任何干扰，在这种情况下，如果系统发生不可逆的变化，则必定是自发的。因此，可用隔离系统熵判据来判断自发变化的方向。

五、熵的物理意义

在定义了熵函数 S 之后，对熵的意义已有初步认识，即熵是状态函数，当系统处于热力学平衡态时就有确定的熵值，它是一广度性质，单位为 $J \cdot K^{-1}$。系统处于不同的热力学平衡态时熵值也不同，那么其数值的大小究竟代表什么意义呢？

由熵的定义式

$$\Delta S \stackrel{\text{def}}{=\!=\!=} \int_A^B \left(\frac{\delta Q}{T}\right)_{\text{r}}$$

可知熵的变化用可逆过程的热温商来计算。由于热力学温度 T（单位为 K）总是正值，因而吸热（$Q>0$）使熵增加（$\Delta S>0$），放热（$Q<0$）使熵减小（$\Delta S<0$）。

1. 物质发生聚集状态的改变过程

当物质由低温下的固体加热熔化变为高温下的液体，再由液体蒸发变成更高温度下的气体时，总是伴随着吸热（$Q>0$），由于整个过程都在吸热，因而这是熵不断增大的过程。

$$\left.\begin{array}{l}\Delta S = S_{\text{液}} - S_{\text{固}} > 0 \\ \Delta S' = S_{\text{气}} - S_{\text{液}} > 0\end{array}\right\} \Rightarrow S_{\text{气}} > S_{\text{液}} > S_{\text{固}}$$

固体中的分子（原子或离子）按一定方向、距离规则地排列，分子只能在其平衡位置附近振动。在熔化时，分子的能量大到可以克服周围分子对它的引力，而离开原来的平衡位置成为液体。在沸腾时，液体分子完全克服其他分子对它的束缚，成为能在整个空间自由运动的气体。从固体到液体再到气体的变化，物质分子的有序度连续减小，无序度连续增大。

2. 物质发生热量的传导过程

当系统温度低于环境温度时，由于温度差的存在系统会从环境吸热（$Q>0$）。热传导的结果使得系统自身温度升高，因此

$$\Delta S = S_{高温} - S_{低温} > 0 \Rightarrow S_{高温} > S_{低温}$$

对于热的传递过程，从微观角度看，系统处于低温时，分子相对集中于低能级上。吸热后温度升高，低温物体中部分分子将从低能级转移到较高能级，分子在各能级上的分布较为均匀，即从相对有序变为相对无序。热是分子混乱运动的一种表现。因为分子互撞的结果使得混乱的程度只会增加，直到混乱度达到最大限度为止（即达到在给定情况下所允许的最大值）。当等压或等容条件下升温时，系统的熵增加；另一方面，系统温度升高，必然引起系统中物质分子的热运动程度加剧，即使得系统内的物质分子的无序度增大，显然系统的熵值增大是与其无序度增大相联系的。

3. 气体的膨胀过程

如图 1-15 所示，打开活塞气体发生膨胀，是使体积变大、压力变小的过程也是自发的不可逆过程。因而整个过程的熵增大，无序度也增大。

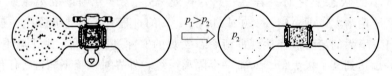

图 1-15　气体膨胀过程

$$\Delta S = S_{低压} - S_{高压} > 0 \Rightarrow S_{低压} > S_{高压}$$

4. 气体的混合过程

对于两种不同气体的混合过程，如图 1-16 所示，在刚性绝热的系统内有用隔板隔开的两种气体 N_2 和 O_2，将隔板抽去之后，气体瞬间自动混合，最后达到均匀的平衡状态。无论再等多久，系统也不会自动分开恢复原状。

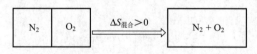

图 1-16　气体混合过程

气体由纯物质变为混合物，无疑无序度增大。这种由比较不混乱的状态到比较混乱的状态，即混乱程度增加的过程，就是自发过程的方向。根据隔离系统熵判据，自发过程 $\Delta S>0$。所以隔离系统气体的混合过程，是熵增大的过程，即

$$\Delta S_{混合} > 0$$

上述几个例子都是不可逆过程，都是熵增加过程，也都是从有序到无序的变化过程。可见有秩序的运动会自动地变为无秩序的运动，而无秩序的运动却不会自动地变为有秩序的运动。无序度增大的过程是熵增大的过程。热力学第二定律主要讨论变化的方向性和限度问

题,并指出凡是自发变化都是不可逆的。这里所涉及的自发、不可逆等概念只能适用于大数量分子所构成的系统,从热力学第二定律所得到的结论也只能适用于这样的系统。对于粒子数不够多的系统,则热力学第二定律不能适用,这就是热力学第二定律的统计特性。

可以说:熵值是系统内部物质分子的无序度(或叫混乱度)的量度。一切不可逆过程都是向无序度增加的方向进行。系统的无序度(或混乱度)愈大,则其熵值愈高。即熵值大的状态,对应于比较无秩序的状态;熵值小的状态,对应于比较有秩序的状态。在隔离系统中,由比较有秩序的状态向比较无秩序的状态变化,是自发变化的方向。这体现了热力学第二定律所阐明的不可逆过程的本质。

理论基础四　热力学第三定律

一、热力学第三定律

1906 年,能斯特根据理查兹测得的可逆电池电动势随温度变化的数据,提出了称之为"能斯特热定理"的假设。1911 年,普朗克对热定理做了修正,后人又对他们的假设进一步修正,形成了热力学第三定律。因此热力学第三定律是科学实验的总结。

热力学第三定律的经典表述有几种不同的说法。

① 能斯特说法(1906 年)。随着绝对温度趋于零,凝聚系统等温反应的熵变趋于零。后人将此称之为能斯特热定理,亦称为热力学第三定律。

② 普朗克说法(1911 年)。凝聚态纯物质在 0K 时的熵值为零。

③ 修正的普朗克说法(1920 年)。纯物质完美晶体在 0K 时的熵值为零。

按照普朗克修正说法,热力学第三定律的数学表达式可表述为

$$S^*(完美晶体, 0K) = 0 \tag{1-31}$$

"*"表示纯物质。完美晶体即晶体中的原子或分子只有一种有序排列形式。例如 CO 形成的晶体,在温度较高时,有些分子可能在晶体中反向排列为"COOCOCCOCO…",则熵要增大。当温度趋于 0K 时,理论上应变为完全有序的规则排列,形成一种完美的晶体"COCOCOCOCO…"。

二、亥姆霍兹函数和亥姆霍兹函数判据

假设某封闭系统经历一个等温过程,则整个过程中温度可看作常数,即 $T_1 = T_2 = T = $ 常数。根据热力学第二定律

$$\Delta S \geqslant \int_A^B \frac{\delta Q}{T} \begin{pmatrix} >, \mathrm{ir} \\ =, \mathrm{r} \end{pmatrix}$$

有

$$\Delta S \geqslant \frac{1}{T}\int_A^B \delta Q = \frac{Q}{T}$$

因而

$$T\Delta S \geqslant Q \tag{1-32}$$

根据热力学第一定律

$$\Delta U = Q + W$$

有
$$Q = \Delta U - W \tag{1-33}$$
结合式(1-32)、式(1-33)可得
$$T\Delta S \geqslant \Delta U - W$$
从而
$$\Delta U - T\Delta S \leqslant W \tag{1-34}$$
又因为
$$T_1 = T_2 = T = 常数$$
所以
$$T\Delta S = T(S_2 - S_1) = T_2 S_2 - T_1 S_1 = \Delta(TS)$$
即
$$T\Delta S = \Delta(TS) \tag{1-35}$$
故结合式(1-34)、式(1-35)可得
$$\Delta U - \Delta(TS) \leqslant W \tag{1-36}$$
整理得
$$\Delta(U - TS) \leqslant W \tag{1-37}$$

因为 U，T，S 都是状态函数，可以断定它们的组合 $(U-TS)$ 也是状态函数，其数值应由系统的始态和终态决定。定义
$$A \stackrel{\text{def}}{=\!=} U - TS \tag{1-38}$$
则根据式(1-37)得
$$\Delta A_T \leqslant W \begin{pmatrix} <, \text{ir} \\ =, \text{r} \end{pmatrix} \tag{1-39a}$$
$$\mathrm{d}A_T \leqslant \delta W \begin{pmatrix} <, \text{ir} \\ =, \text{r} \end{pmatrix} \tag{1-39b}$$

A 称为亥姆霍兹函数或亥姆霍兹自由能。它是由德国物理学家亥姆霍兹首先提出并定义的。A 为状态函数，广度性质，与 U 具有相同的单位（J）。由于热力学能 U 的绝对值无法确定，因此亥姆霍兹函数 A 的绝对值也无法确定。

在等温、等容且非体积功为零（$W' = 0$）时，体积功 $W = -\int_{V_1}^{V_2} p_{\text{su}} \mathrm{d}V = 0$，由式(1-39a)、式(1-39b)得到
$$\Delta A_{T,V} \leqslant 0 \begin{pmatrix} <, \text{ir} \\ =, \text{r} \end{pmatrix} \tag{1-40a}$$
$$\mathrm{d}A_{T,V} \leqslant 0 \begin{pmatrix} <, \text{ir} \\ =, \text{r} \end{pmatrix} \tag{1-40b}$$

式(1-40a)、式(1-40b)被称为亥姆霍兹函数判据。亥姆霍兹函数在可逆过程中不变，在不可逆过程中减小。亥姆霍兹函数判据表明在等温、等容且非体积功为零（$W'=0$）的条件下：

① 系统亥姆霍兹函数减少（$\Delta A < 0$）的过程能够自发进行，直到减至该情况下所允许的最小值，即 $\Delta A_{T,V} = 0$ 时，系统达到平衡为止；

② 亥姆霍兹函数不变，即 $\Delta A_{T,V} = 0$ 时处于平衡状态；

③ 不可能自动发生亥姆霍兹函数增大（$\Delta A > 0$）的过程。

因此利用亥姆霍兹函数可以在上述条件下判别自发变化的方向。

三、吉布斯函数和吉布斯函数判据

在等温且非体积功为零（$W'=0$）时，已推导得到式(1-36)
$$\Delta U - \Delta(TS) \leqslant W$$
另外，在等温($T_1=T_2=T=$常数)，等压($p_1=p_2=p=$常数)，且非体积功为零($W'=0$)时，体积功
$$W = -\int_{V_1}^{V_2} p_{su} dV = -p(V_2-V_1) = -(p_2V_2 - p_1V_1) = -\Delta(pV)$$
于是
$$\Delta U - \Delta(TS) \leqslant -\Delta(pV)$$
整理得
$$\Delta(U+pV) - \Delta(TS) \leqslant 0$$
根据焓的定义式
$$H \stackrel{def}{=\!=} U + pV$$
可得
$$\Delta H - \Delta(TS) \leqslant 0$$
即
$$\Delta(H - TS) \leqslant 0$$
在此，又可以定义一个新的状态函数
$$G \stackrel{def}{=\!=} H - TS \tag{1-41}$$
则
$$\Delta G_{T,p} \leqslant 0 \begin{pmatrix} <, \text{ir} \\ =, \text{r} \end{pmatrix} \tag{1-42a}$$

$$dG_{T,p} \leqslant 0 \begin{pmatrix} <, \text{ir} \\ =, \text{r} \end{pmatrix} \tag{1-42b}$$

G 叫做吉布斯函数，也叫做吉布斯自由能。因为 H，T，S 都是状态函数，所以 G 也是状态函数，广度性质，有着与 H 相同的单位（J）。

式(1-42a) 和式(1-42b) 称之为吉布斯函数判据。它指明，等温等压且非体积功为零（$W'=0$）时，吉布斯函数在可逆过程中不变，在自发的不可逆过程中减小。吉布斯函数判据表明：在等温、等压且 $W'=0$ 的条件下：

① 自发变化总是向吉布斯函数减少（$\Delta G<0$）的方向进行，直到减至该情况下所允许的最小值，即 $\Delta G_{T,p}=0$ 时，系统达到平衡为止；

② 吉布斯函数不变（$\Delta G_{T,p}=0$）时处于平衡状态；

③ 不可能自动发生吉布斯函数增大（$\Delta G>0$）的过程。

在上述条件下，利用吉布斯函数可以判别自发变化的方向。由于通常化学反应大都是在等温、等压下进行的，所以吉布斯函数判据比亥姆霍兹函数判据更有用。

应该注意，并不是说在等温、等压下 $\Delta G>0$ 的变化是不可能发生的，而是说它不会自动发生。通常情况下（即在等温、等压，不做其他功的条件下），氢和氧可以自发地起反应变成水，这一反应的 $\Delta G<0$。逆反应的 $\Delta G>0$，因此逆反应不能自动发生。但是如果外界予以帮助，例如输入电功，可以使水电解而得到氢和氧。在有外界帮助有非体积功 W' 存在时，则可用 $\Delta G_{T,p} \leqslant W'$ 来判断过程是否可逆（即在不可逆的情况下，环境对系统所做的非

体积功大于系统吉布斯函数的增量)。

四、变化的方向与平衡条件

到此为止,已经介绍了七个热力学函数。它们是两大途径函数 Q,W,五大状态函数 U,H,S,A 和 G。在五个状态函数中,热力学能和熵是最基本的,其他三个状态函数是衍生的。在热力学中用以判别变化的方向和过程的可逆性的一些不等式,最初就是从讨论熵函数时开始的。

由于其应用条件必须是隔离系统,除了考虑系统自身的熵变以外,还要考虑环境的熵变,实际应用中(特别是在化工过程中)很不方便。本节定义了两个新的状态函数,即亥姆霍兹函数 A 和吉布斯函数 G。当非体积功为零 ($W'=0$) 时用

$$dA_{T,V} \leqslant 0 \binom{<,自发}{=,平衡}, \quad dG_{T,p} \leqslant 0 \binom{<,自发}{=,平衡}$$

作为等温等容和等温等压条件过程的平衡判据。应用亥姆霍兹函数判据和吉布斯函数判据时,只需要考虑系统自身的性质就够了,据此可以在更常见的条件下判别变化的方向和平衡条件。而其中吉布斯函数用得最多。A 和 G 这两个状态函数与在讨论热力学第一定律时定义的状态函数焓 ($H=U+pV$) 相类似,都是某些状态函数的组合,只是为了处理上的方便,将这种状态函数的特殊组合简捷地定义为一个新的状态函数。

理论基础五 热力学第一、第二、第三定律的应用

在一定环境条件下,系统由始态变化到终态的经过称为过程。系统的变化过程分为单纯 pVT 变化过程、相变化过程和化学变化过程。学习热力学三大定律的应用,就是重点研究热力学七大函数 ($Q,W,\Delta U,\Delta H,\Delta S,\Delta A,\Delta G$) 分别在单纯 pVT 变化过程、相变化过程和化学变化过程中的求算问题。

一、在单纯 pVT 变化过程中的应用 (在非体积功为零时讨论)

由焦耳定律经过数学推导可得:定量的、组成恒定的理想气体的热力学能及焓都仅是温度的函数,即 $U=f(T)$,$H=f(T)$,而与体积、压力无关。所以式(1-12)和式(1-13)对理想气体的任何单纯 pVT 变化过程(包括等压、等容、等温及绝热等)均可适用。由于通常温度下,理想气体的 $C_{V,m}$ 和 $C_{p,m}$ 可视为常数,故有式(1-14)和式(1-15)。

式(1-14)适用于真实气体、液体、固体等容过程以及理想气体的任意 pVT 变化过程。式(1-15)适用于真实气体、液体、固体等压过程以及理想气体的任意 pVT 变化过程。根据熵函数的定义式,熵变等于可逆过程的热温商,因此 $\Delta S \stackrel{\text{def}}{=} \int_A^B \left(\frac{\delta Q}{T}\right)_r$ 就是计算熵变的基本公式。计算体积功的基础公式为 $W = -\int_{V_1}^{V_2} p_{su} dV$。系统在理想气体的各种 pVT 变化过程中关于 Q 和 W 的求算与变化的途径有关。

1. 理想气体等温过程 $dT=0$

$$\Delta H = nC_{p,m}(T_2 - T_1) = 0$$

$$\Delta U = nC_{V,m}(T_2 - T_1) = 0$$

$$W = -\int_{V_1}^{V_2} p_{su} dV = -\int_{V_1}^{V_2} p\, dV = -\int_{V_1}^{V_2} \frac{nRT}{V} dV$$

$$= -nRT \int_{V_1}^{V_2} \frac{dV}{V} = -nRT \ln\frac{V_2}{V_1} = -nRT \ln\frac{p_1}{p_2}$$

$$Q = -W = nRT \ln\frac{V_2}{V_1} = nRT \ln\frac{p_1}{p_2}$$

$$\Delta S = \int_A^B \left(\frac{\delta Q}{T}\right)_r = \frac{Q}{T} = nR \ln\frac{V_2}{V_1} = nR \ln\frac{p_1}{p_2}$$

对液体或固体的等温过程，因体积变化较小，可认为 $V_2 \approx V_1 \Longrightarrow \frac{V_2}{V_1} = 1$，所以

$$\Delta S_{凝聚相} = nR \ln\frac{V_2}{V_1} = nR \ln 1 = 0$$

由于亥姆霍兹函数 A 和吉布斯函数 G 都是在等温条件下推导出来的，因此只有在等温过程中才可能计算 ΔA 和 ΔG 的数值，其他的 pVT 变化中不涉及这两大函数的求算问题。根据式(1-39a)，在等温可逆过程中

$$\Delta A = W = -nRT \ln\frac{V_2}{V_1} = -nRT \ln\frac{p_1}{p_2}$$

$$\Delta G = \Delta(H - TS) = \Delta(U + pV - TS) = \Delta(A + PV)$$

$$= \Delta A + \Delta(PV) = \Delta A + nR\Delta T = \Delta A$$

即

$$\Delta A_T = \Delta G_T = -nRT \ln\frac{V_2}{V_1} = -nRT \ln\frac{p_1}{p_2}$$

也可应用 A 及 G 的定义，对等温过程有

$$\Delta A = \Delta U - T\Delta S \tag{1-43}$$

$$\Delta G = \Delta H - T\Delta S \tag{1-44}$$

式(1-43)和式(1-44)适用于封闭系统，非体积功为零，气体、液体、固体的等温变化（包括 pVT 变化、相变化及化学变化）。

2. 等容过程 dV= 0

$$W = -\int_{V_1}^{V_2} p_{su} dV = 0$$

$$Q_V = \Delta U = \int_{T_1}^{T_2} nC_{V,m} dT$$

$$\Delta S = \int_A^B \left(\frac{\delta Q}{T}\right)_r = \int_{T_1}^{T_2} \frac{nC_{V,m} dT}{T} = nC_{V,m} \ln\frac{T_2}{T_1}$$

3. 等压过程 $p_1 = p_2 = p = p_{su} =$ 常数（其中 p_1 为始态压力，p_2 为终态压力，p 为系统压力，p_{su} 为环境压力）

$$W = -\int_{V_1}^{V_2} p_{su} dV = -\int_{V_1}^{V_2} p\, dV = -p\int_{V_1}^{V_2} dV = -p(V_2 - V_1)$$

$$Q_p = \Delta H = \int_{T_1}^{T_2} nC_{p,m} dT$$

$$\Delta S = \int_A^B \left(\frac{\delta Q}{T}\right)_r = \int_{T_1}^{T_2} \frac{nC_{p,m}\mathrm{d}T}{T} = nC_{p,m}\ln\frac{T_2}{T_1}$$

4. 绝热过程

$$Q = 0$$
$$W = \Delta U = \int_{T_1}^{T_2} nC_{V,m}\mathrm{d}T$$
$$\Delta S = \int_A^B \left(\frac{\delta Q}{T}\right)_r = 0 \tag{1-45}$$

式(1-45)对于理想气体绝热过程，不管过程是否可逆均适用。

二、在相变化过程中的应用（讨论的前提是非体积功为零）

系统中发生的聚集状态的变化过程称为相变化过程，例如蒸发、冷凝、熔化、结晶、升华、凝华、晶型转变等。在相平衡条件下（等温、等压且非体积功为零时）进行的相变是可逆的相变化过程，称为可逆相变。本节主要研究各个状态函数在可逆相变中的求算问题。

在通常条件下，固体及液体中分子间空隙较小，所以其共同点是压缩性很小（这与气体不同），因此固体、液体统称为凝聚相。气体及液体的共同点是有流动性（这与固体不同），因此气体、液体统称为流动相。通常用符号 g, l, s 表示气态、液态及固态，例如 H_2O（g）表示水蒸气；也可用符号 α 或 β 泛指相态，即 α,β 代表气、液、固中的任意一种相态（或称聚集态）。

1. 相变焓

$$B(\alpha) \longrightarrow B(\beta)$$
$$H_\alpha \qquad\qquad H_\beta$$

若物质的量为 n 的物质 B 在恒定的压力、温度下由 α 相转变为 β 相，转变前物质 B 的焓为 H_α，转变后 B 的焓为 H_β，则过程的焓变称为相变焓，记为 $\Delta_\alpha^\beta H$。可知 $\Delta_\alpha^\beta H = H_\beta - H_\alpha$，摩尔相变焓 $\Delta_\alpha^\beta H_m = \Delta_\alpha^\beta H / n$，故相变焓与摩尔相变焓的关系为

$$\Delta_\alpha^\beta H = n\Delta_\alpha^\beta H_m$$

对于熔化、蒸发、升华及晶型转变这四种过程，分别以符号 fus, vap, sub 及 trs 来表示。即摩尔熔化焓为 $\Delta_{fus}H_m$，摩尔蒸发焓为 $\Delta_{vap}H_m$，摩尔升华焓为 $\Delta_{sub}H_m$，而摩尔凝固焓为 $\Delta_l^s H_m = -\Delta_s^l H_m = -\Delta_{fus}H_m$，摩尔冷凝焓为 $\Delta_g^l H_m = -\Delta_l^g H_m = -\Delta_{vap}H_m$，摩尔凝华焓为 $\Delta_g^s H_m = -\Delta_s^g H_m = -\Delta_{sub}H_m$ 等。

2. 相变热

相变化过程吸收或放出的热量称为相变热。系统的相变化在等温、等压下进行时，相变热也就是系统的等压热，此时相变热在数值上等于相变焓。

$$Q_p = \Delta_\alpha^\beta H$$

3. 相变化过程的体积功

若系统在等温、等压下由 α 相变到 β 相，则相变化过程的体积功可看作等压过程体积功，为

$$W = -p(V_2 - V_1) = -p(V_\beta - V_\alpha)$$

若 β 为气相，α 为凝聚相（液相或固相），因为 $V_\beta \gg V_\alpha$，则

$$W \approx -pV_\beta$$

若气相可视为理想气体，则进一步有

$$W = -pV_\beta = -nRT$$

4. 相变化过程的热力学能变

在等温、等压且非体积功为零的相变化过程中，根据热力学第一定律有

$$\Delta U = Q_p + W = \Delta_\alpha^\beta H - p(V_\beta - V_\alpha)$$

若 β 相为气相，且 β 相为理想气体，则

$$\Delta U = \Delta_\alpha^\beta H - pV_\beta = \Delta_\alpha^\beta H - nRT$$

5. 相变化过程中的熵变

因为可逆的相变化过程是在等温、等压且非体积功为零的条件下进行的，相变热等于相变焓，所以

$$\Delta_\alpha^\beta S = \int_A^B \left(\frac{\delta Q}{T}\right)_r = \frac{1}{T}\int_A^B \delta Q = \frac{Q_p}{T} = \frac{\Delta_\alpha^\beta H}{T} = \frac{n\Delta_\alpha^\beta H_m}{T}$$

6. 相变化过程的亥姆霍兹函数变和吉布斯函数变

等温、等压下的可逆相变可应用：

$$\Delta A_T = \Delta U - T\Delta S$$
$$\Delta G_T = \Delta H - T\Delta S$$

对于不可逆相变，计算 ΔA 及 ΔG 时，如同关于不可逆相变的 ΔS 计算方法一样，需设计一条可逆的途径进行计算，途径中包括可逆的 pVT 变化步骤及可逆的相变化步骤，步骤如何选要视所给数据而定。

三、在化学变化过程中的应用

系统中发生化学反应，致使组成发生变化的过程称为化学变化过程。没有达到平衡的化学反应，在一定条件下均有向一定方向进行的趋势，即该类反应过程均有一定的推动力。随着反应的进行，过程推动力逐渐减小，最后下降为零，这时反应达到最大限度，于是达到化学平衡状态。

化学反应可以同时向正、反两个方向进行，在一定条件下，当系统到达平衡状态时，正反两个方向的反应速率相等。不同的系统，达到平衡所需的时间各不相同，但其共同的特点是平衡后系统中各物质的数量均不再随时间而改变，而且产物和反应物的数量之间具有一定的关系。平衡状态从宏观上看表现为静态，而实际上是一种动态平衡。只要外界条件一经改变，平衡状态就必然要发生变化。

1. 化学反应常用术语

（1）化学计量数　化学反应

$$a\mathrm{A} + b\mathrm{B} \Longrightarrow y\mathrm{Y} + z\mathrm{Z}$$

叫做反应的计量方程，可简写成

$$\sum_R \nu_R R = \sum_P \nu_P P \quad \text{或} \quad 0 = \sum_P \nu_P P - \sum_R \nu_R R \tag{1-46}$$

式中，ν_R，ν_P 为反应物 R 及产物 P 的化学计量数。

式(1-46)可进一步简化为

$$0 = \sum_B \nu_B B$$

式中，B 是参与化学反应的物质（代表反应物 A,B 或产物 Y,Z），可以是分子、原子或离子。ν_B 即物质 B 的系数，称为反应的化学计量数，单位为 1。ν_B 对反应物为负，对产物为正，即 $\nu_A = -a$，$\nu_B = -b$，$\nu_Y = y$，$\nu_Z = z$。

(2) 反应进度 若设 $n_B(0)$ 与 $n_B(\xi)$ 分别表示反应前后（$\xi=0$ 和 $\xi=\xi$ 时）物质 B 的物质的量，则

$$\Delta n_B = n_B(\xi) - n_B(0) = \nu_B \xi$$

$$dn_B = \nu_B d\xi$$

于是

$$d\xi \stackrel{\text{def}}{=\!=} \frac{dn_B}{\nu_B} \tag{1-47}$$

$$\Delta \xi = \frac{\Delta n_B}{\nu_B} = \frac{n_B(\xi) - n_B(0)}{\nu_B} \tag{1-48}$$

在式(1-47) 和式(1-48) 中，ξ 称为反应进度，即化学反应的进行程度。$\xi=1\text{mol}$ 表示化学反应进行了 1mol 的反应进度。反应进度的单位为 mol，其值与化学反应计量方程的写法有关，因此应用反应进度的概念时必须指明化学反应的计量方程。

(3) 物质的热力学标准态的规定 许多热力学量，如 U, H, S, G 等的绝对值是无法测量的，能测量的仅是当温度、压力和组成发生变化时这些热力学函数的改变量 $\Delta U, \Delta H, \Delta S, \Delta G$ 等。因此必须为物质的状态确定一个以资比较的相对标准——热力学标准态，简称标准态。标准压力规定为 $p^{\ominus}=100\text{kPa}$，上标"$\ominus$"即为标准状态的符号。例如 $V_m^{\ominus}$，$H_m^{\ominus}$ 分别为物质的标准摩尔体积和标准摩尔焓。

气体的标准态：不管是纯气体 B 或气体混合物中的组分 B，都是在温度为 T，压力为 $p^{\ominus}$ 下并表现出理想气体特性的气体纯物质 B 的（假想）状态。

液体（或固体）的标准态：不管是纯液体（或固体）B 或是液体（或固体）混合物中的组分 B，都是在温度为 T，压力为 $p^{\ominus}$ 下液体（或固体）纯物质 B 的状态。

必须强调指出，物质的热力学标准态的温度 T 是任意的，未作具体的规定。不过，通常查表所得的热力学标准态的有关数据大多是在 $T=298.15\text{K}$ 时的数据。

(4) 化学反应的热力学能变和焓变 化学反应的热力学能[变]和焓[变]分别以 $\Delta_r U$ 和 $\Delta_r H$ 表示，符号中的下标"r"表示化学反应。反应的摩尔热力学能变 $\Delta_r U_m$ 和摩尔焓变 $\Delta_r H_m$ 一般可通过反应进度求得，即

$$\Delta_r U_m = \frac{\Delta_r U}{\Delta \xi} = \frac{\nu_B \Delta_r U}{\Delta n_B}$$

$$\Delta_r H_m = \frac{\Delta_r H}{\Delta \xi} = \frac{\nu_B \Delta_r H}{\Delta n_B}$$

$\Delta_r U_m$ 和 $\Delta_r H_m$ 的单位为 $\text{J} \cdot \text{mol}^{-1}$，要注意这里的"$\text{J} \cdot \text{mol}^{-1}$"是每摩尔反应进度而不是每摩尔物质的量，$\Delta_r U_m$ 和 $\Delta_r H_m$ 的数值都与化学反应计量方程的写法有关。

化学反应的标准摩尔热力学能变和标准摩尔焓变以 $\Delta_r U_m^{\ominus}(T)$ 和 $\Delta_r H_m^{\ominus}(T)$ 表示。定义为

$$\Delta_r H_m^{\ominus}(T) \stackrel{\text{def}}{=\!=} \sum_B \nu_B H_m^{\ominus}(B, \beta, T) \tag{1-49}$$

式中，$H_m^{\ominus}(B, \beta, T)$ 表示参加反应的物质 B 单独存在，相态为 β，温度为 T，压力为

$p^\ominus$ 下摩尔焓的绝对值。对于反应 $a\text{A}+b\text{B} \longrightarrow y\text{Y}+z\text{Z}$，则有

$$\Delta_r H_m^\ominus(T) = y H_m^\ominus(\text{Y},\beta,T) + z H_m^\ominus(\text{Z},\beta,T) - a H_m^\ominus(\text{A},\beta,T) - b H_m^\ominus(\text{B},\beta,T)$$

(5) **标准摩尔生成焓** 物质 B 的标准摩尔生成焓 $\Delta_f H_m^\ominus(\text{B},\beta,T)$（"f"表示生成）定义为在温度 T 下，由参考状态的单质生成物质 B 时的标准摩尔焓变。这里所谓的参考状态，一般是指每个单质在所讨论的温度 T 及标准压力 $p^\ominus$ 时最稳定的状态。但是也有例外，有些单质并不一定是最稳定的单质。例如 C(s) 的参考状态取的是石墨而不是金刚石，磷的参考状态单质取的是白磷 P(s,白) 而不是更稳定的红磷 P(s,红)。书写相应的生成反应的化学反应方程式时，要使 B 的化学计量数 $\nu_B = +1$。例如 $\Delta_f H_m^\ominus(\text{CH}_3\text{OH},\text{l},298.15\text{K})$ 是下述生成反应（由单质生成化合物的反应）的标准摩尔焓变的简写。

$$\text{C}(石墨,298.15\text{K},p^\ominus) + 2\text{H}_2(\text{g},298.15\text{K},p^\ominus) + \frac{1}{2}\text{O}_2(\text{g},298.15\text{K},p^\ominus)$$
$$=== \text{CH}_3\text{OH}(\text{l},298.15\text{K},p^\ominus)$$

当然，H_2 和 O_2 应具有理想气体的特性。所说的"摩尔"与一般反应的摩尔焓变一样，是指每摩尔反应进度。像这样注明具体反应条件（温度 T、压力 p、相态 β 等）的化学反应方程式叫热化学方程式。例如

$$2\text{C}_6\text{H}_5\text{COOH}(\text{s},298.15\text{K},p^\ominus) + 15\text{O}_2(\text{g},298.15\text{K},p^\ominus)$$
$$=== 6\text{H}_2\text{O}(\text{l},298.15\text{K},p^\ominus) + 14\text{CO}_2(\text{g},298.15\text{K},p^\ominus)$$
$$\Delta_r H_m^\ominus(298.15\text{K}) = -6445.0 \text{kJ} \cdot \text{mol}^{-1}$$

根据 B 的标准摩尔生成焓 $\Delta_f H_m^\ominus(\text{B},\beta,T)$ 的定义，标准参考态时最稳定单质的标准摩尔生成焓，在任何温度 T 时均为零。例如 $\Delta_f H_m^\ominus(\text{C}, 石墨, 298.15\text{K}) = 0$。

由教材和手册中可查得 B 的 $\Delta_f H_m^\ominus(\text{B},\beta,298.15\text{K})$ 数据，见本书附录。

(6) **标准摩尔燃烧焓** 物质 B 的标准摩尔燃烧焓 $\Delta_c H_m^\ominus(\text{B},\beta,T)$（"c"表示燃烧）定义为在温度 T 下，物质 B 完全氧化成相同温度下指定产物时的标准摩尔焓变。这里所谓指定产物，如 C，H 完全氧化的指定产物是 $CO_2(\text{g})$ 和 $H_2O(\text{l})$，对其他元素一般数据表上会注明，查阅时应加注意（见附录）。书写相应的燃烧反应的化学反应方程式时，要使 B 的化学计量数 $\nu_B = -1$。例如 $\Delta_c H_m^\ominus(\text{C},石墨,298.15\text{K})$ 是下述反应的标准摩尔焓变的简写。

$$\text{C}(石墨,298.15\text{K},p^\ominus) + \text{O}_2(\text{g},298.15\text{K},p^\ominus) \longrightarrow \text{CO}_2(\text{g},298.15\text{K},p^\ominus)$$

当然，O_2 和 CO_2 应具有理想气体的特性。所说的"摩尔"与一般反应的摩尔焓变一样，是指每摩尔反应进度。

根据 B 的标准摩尔燃烧焓的定义，标准状态下的 $H_2O(\text{l})$，$CO_2(\text{g})$ 的标准摩尔燃烧焓，在任何温度 T 时均为零。

由物质 B 的标准摩尔生成焓及标准摩尔燃烧焓的定义可知，$H_2O(\text{l})$ 的标准摩尔生成焓与 $H_2(\text{g})$ 的标准摩尔燃烧焓、$CO_2(\text{g})$ 的标准摩尔生成焓与 C(石墨) 的标准摩尔燃烧焓在数值上相等，但其物理含义不一样。

(7) **规定熵和标准熵** 根据热力学第二定律

$$\Delta S = S(T) - S(0\text{K}) = \int_{0\text{K}}^{T} \left(\frac{\delta Q}{T}\right)_r$$

而根据热力学第三定律，对于纯物质完美晶体有

$$S(0\text{K}) = 0$$

于是，单位物质的量的物质 B 在温度 T 时的熵为

$$S_m(B,T) = \frac{S(B,T)}{n} = \frac{1}{n}\int_{0K}^{T}\left(\frac{\delta Q}{T}\right)_r$$

把 $S_m(B,T)$ 叫物质 B 在温度 T 时的规定摩尔熵，而物质 B 处于标准状态（$p^{\ominus} = 100\text{kPa}$）下的规定摩尔熵又叫标准摩尔熵，用 $S_m^{\ominus}(B,\beta,T)$ 表示，单位是 $\text{J}\cdot\text{K}^{-1}\cdot\text{mol}^{-1}$。有了标准摩尔熵的概念，则化学反应的熵变可以写作 $\Delta_r S_m^{\ominus}(T)$。

(8) **化学反应的标准摩尔吉布斯函数变** 与反应的摩尔热力学能变 $\Delta_r U_m$ 和摩尔焓变 $\Delta_r H_m$ 相类似，化学反应的摩尔吉布斯函数变可表示为

$$\Delta_r G_m = \frac{\Delta_r G}{\Delta \xi}$$

当参与化学反应的各组分 B 均处于标准态时发生单位反应进度后系统的吉布斯函数的变化，常以 $\Delta_r G_m^{\ominus}$ 表示，称为化学反应的标准摩尔吉布斯函数变。

(9) **标准摩尔生成吉布斯函数** 物质 B 的标准摩尔生成吉布斯函数 $\Delta_f G_m^{\ominus}(B,\beta,T)$ 定义为：在温度 T 时，由参考态的单质生成物质 B 时的标准摩尔吉布斯函数变。这里所谓的参考状态，一般是指每个单质在所讨论的温度 T 及标准压力 $p^{\ominus}$ 时最稳定的状态。书写相应的生成反应的化学反应方程式时，要使 B 的化学计量数 $\nu_B = +1$。例如 $\Delta_f G_m^{\ominus}(\text{CH}_3\text{OH},l,298.15\text{K})$ 是下述反应的标准摩尔吉布斯函数变的简写。

$$\text{C}(石墨,298.15\text{K},p^{\ominus}) + 2\text{H}_2(g,298.15\text{K},p^{\ominus}) + \frac{1}{2}\text{O}_2(g,298.15\text{K},p^{\ominus})$$
$$== \text{CH}_3\text{OH}(l,298.15\text{K},p^{\ominus})$$

当然，H_2 和 O_2 应具有理想气体的特性。所说的"摩尔"与一般反应的摩尔焓变一样，是指每摩尔反应进度。按上述定义，显然稳定相态单质的 $\Delta_f G_m^{\ominus}(B,\beta,T) = 0$。

由教材和手册中通常可查得物质 B 的 $\Delta_f G_m^{\ominus}(B,\beta,298.15\text{K})$。

(10) **化学反应的标准平衡常数** 由于平衡常数 $K^{\ominus}$ 与标准态的选择有关，因此将它称为标准平衡常数。若反应

$$a\text{A}(g) + b\text{B}(g) == y\text{Y}(g) + z\text{Z}(g)$$

为理想气体混合物的反应，则当反应达到平衡时，其标准平衡常数 $K^{\ominus}$ 的表达式可写成

$$K^{\ominus} = \frac{\left(\dfrac{p_Y^{eq}}{p^{\ominus}}\right)^y \left(\dfrac{p_Z^{eq}}{p^{\ominus}}\right)^z}{\left(\dfrac{p_A^{eq}}{p^{\ominus}}\right)^a \left(\dfrac{p_B^{eq}}{p^{\ominus}}\right)^b} = \left(\frac{p_Y^{eq}}{p^{\ominus}}\right)^y \left(\frac{p_Z^{eq}}{p^{\ominus}}\right)^z \left(\frac{p_A^{eq}}{p^{\ominus}}\right)^{-a} \left(\frac{p_B^{eq}}{p^{\ominus}}\right)^{-b}$$

这是一个幂指数连乘的形式，可简写成

$$K^{\ominus} = \prod_B \left(\frac{p_B^{eq}}{p^{\ominus}}\right)^{\nu_B} \tag{1-50}$$

式中，p_B^{eq} 为化学反应中任一组分 B 的平衡分压，$\prod_B (p_B^{eq}/p^{\ominus})^{\nu_B}$ 为各反应物及产物 $(p_B^{eq}/p^{\ominus})^{\nu_B}$ 的连乘积，"$\prod$"为连乘符号，上角标"eq"表示平衡。标准平衡常数的定义式为

$$K^{\ominus}(T) \stackrel{\text{def}}{=} \exp\left[-\frac{\Delta_r G_m^{\ominus}(T)}{RT}\right] \tag{1-51}$$

式(1-51) 表示了标准平衡常数与化学反应的标准摩尔吉布斯函数之间的关系。与其他标准热力学量一样,标准平衡常数只是温度 T 的函数,其单位为1。标准平衡常数与温度的关系可用范特霍夫方程表示。

$$\frac{\mathrm{d}\ln K^{\ominus}(T)}{\mathrm{d}T} = \frac{\Delta_r H_m^{\ominus}(T)}{RT^2} \tag{1-52}$$

式(1-52) 称为范特霍夫方程。若温度变化不大,则 $\Delta_r H_m^{\ominus}$ 可近似看作与温度 T 无关的常数。此时,对式(1-52) 分离变量积分,得

$$\ln \frac{K^{\ominus}(T_2)}{K^{\ominus}(T_1)} = -\frac{\Delta_r H_m^{\ominus}}{R}\left(\frac{1}{T_2} - \frac{1}{T_1}\right) \tag{1-53}$$

式(1-53) 称为范特霍夫方程的定积分式。设 T_1 和 T_2 两个温度下的标准平衡常数为 $K^{\ominus}(T_1)$ 及 $K^{\ominus}(T_2)$,若已知反应的标准摩尔焓变 $\Delta_r H_m^{\ominus}$ 及某温度 T_1 时的标准平衡常数 $K^{\ominus}(T_1)$ 则可根据式(1-53) 求出任一温度 T_2 时的标准平衡常数 $K^{\ominus}(T_2)$,也可由已知两个不同温度的标准平衡常数 $K^{\ominus}(T_1)$ 和 $K^{\ominus}(T_2)$ 求反应的标准摩尔焓变 $\Delta_r H_m^{\ominus}$。

2. 反应的标准摩尔焓变的计算

(1) 利用盖斯定律计算 $\Delta_r H_m^{\ominus}(T)$ 1840 年,盖斯在总结了大量实验结果的基础上,提出盖斯定律。如图 1-17 所示,其内容为:一个化学反应不管是一步完成或经数步完成,反应的总标准摩尔焓变是相同的。

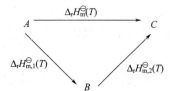

图 1-17 盖斯定律原理示意图

因此有

$$\Delta_r H_m^{\ominus}(T) = \Delta_r H_{m,1}^{\ominus}(T) + \Delta_r H_{m,2}^{\ominus}(T) \tag{1-54}$$

根据盖斯定律,利用热化学方程式的线性组合,可由已知反应的标准摩尔焓变 $\Delta_r H_{m,1}^{\ominus}(T)$ 和 $\Delta_r H_{m,2}^{\ominus}(T)$ 等,来求算未知反应的标准摩尔焓变 $\Delta_r H_m^{\ominus}(T)$。

(2) 利用标准摩尔生成焓 $\Delta_f H_m^{\ominus}(B,\beta,T)$ 计算 $\Delta_r H_m^{\ominus}(T)$ 由式(1-49) 可得

$$\Delta_r H_m^{\ominus}(T) = \sum_B \nu_B \Delta_f H_m^{\ominus}(B,\beta,T) \tag{1-55}$$

如对反应 $a\text{A}(\beta) + b\text{B}(\beta) \longrightarrow y\text{Y}(\beta) + z\text{Z}(\beta)$,则

$$\Delta_r H_m^{\ominus}(298.15\text{K}) = y\Delta_f H_m^{\ominus}(\text{Y},\beta,298.15\text{K}) + z\Delta_f H_m^{\ominus}(\text{Z},\beta,298.15\text{K}) - a\Delta_f H_m^{\ominus}(\text{A},\beta,298.15\text{K}) - b\Delta_f H_m^{\ominus}(\text{B},\beta,298.15\text{K})$$

(3) 用 $\Delta_c H_m^{\ominus}(B,\beta,T)$ 计算 $\Delta_r H_m^{\ominus}(T)$ 同样,由式(1-49) 可导出

$$\Delta_r H_m^{\ominus}(T) = -\sum_B \nu_B \Delta_c H_m^{\ominus}(B,\beta,T) \tag{1-56}$$

如对反应 $a\text{A}(g) + b\text{B}(s) \longrightarrow y\text{Y}(g) + z\text{Z}(s)$,则

$$\Delta_r H_m^{\ominus}(T) = -[y\Delta_c H_m^{\ominus}(\text{Y},g,T) + z\Delta_c H_m^{\ominus}(\text{Z},s,T) - a\Delta_c H_m^{\ominus}(\text{A},g,T) - b\Delta_c H_m^{\ominus}(\text{B},s,T)]$$

(4) 反应的标准摩尔焓变与温度的关系 利用标准摩尔生成焓或标准摩尔燃烧焓的数据

计算反应的标准摩尔焓变，通常只有298.15K的数据，因此算得的是 $\Delta_r H_m^{\ominus}$（298.15K）。式(1-57)称为基希霍夫公式。在没有相变化的反应过程中，应用式(1-57)可以计算任意温度 T 时的 $\Delta_r H_m^{\ominus}(T)$。

$$\Delta_r H_m^{\ominus}(T) = \Delta_r H_m^{\ominus}(298.15K) + \int_{298.15K}^{T} \sum \nu_B C_{p,m}(B,\beta) dT \tag{1-57}$$

3. 化学反应热力学能变的计算

因为

$$\Delta_r H_m^{\ominus}(T) = \sum_B \nu_B H_m^{\ominus}(B,\beta,T) = \sum_B \nu_B (U+pV)_m^{\ominus}$$

$$= \sum_B \nu_B U_m^{\ominus}(T) + \sum_B \nu_B p^{\ominus} V_m^{\ominus} = \Delta_r U_m^{\ominus}(T) + \sum_B \nu_B p^{\ominus} V_m^{\ominus}$$

根据化学反应标准摩尔焓变的定义，若化学反应中有气体参加，则

$$\Delta_r H_m^{\ominus}(T) = \Delta_r U_m^{\ominus}(T) + \sum_B \nu_B(g) RT \tag{1-58}$$

式(1-58)为化学反应的标准摩尔焓变与标准摩尔热力学能变的关系式，若已经得到 $\Delta_r H_m^{\ominus}(T)$ 的数值，根据此关系式就可以计算化学反应的 $\Delta_r U_m^{\ominus}(T)$。

4. 化学反应热效应的计算

化学反应通常是在等温等压、等温等容或绝热条件下进行的。因此在等温、等容且非体积功为零或等温、等压且非体积功为零的条件下进行化学反应时，由式(1-6)及式(1-9)应有

$$Q_V = \Delta_r U, \quad Q_p = \Delta_r H$$

Q_V 和 Q_p 是反应系统在上述规定条件下吸收（或放出）的热量，$\Delta_r U$ 和 $\Delta_r H$ 则为化学反应的热力学能变和焓变。

5. 化学反应熵变的计算

在温度为 T 时化学反应 $0 = \sum \nu_B B$ 的熵变（即反应的标准摩尔熵变）可利用物质 B 的标准摩尔熵数据计算：

$$\Delta_r S_m^{\ominus}(T) = \sum_B \nu_B S_m^{\ominus}(B,\beta,T)$$

$$\Delta_r S_m^{\ominus}(298.15K) = \sum_B \nu_B S_m^{\ominus}(B,\beta,298.15K)$$

如对反应 $aA(\beta) + bB(\beta) \longrightarrow yY(\beta) + zZ(\beta)$，则 $T=298.15K$ 时，有

$$\Delta_r S_m^{\ominus}(298.15K) = y S_m^{\ominus}(Y,\beta,298.15K) + z S_m^{\ominus}(Z,\beta,298.15K) -$$
$$a S_m^{\ominus}(A,\beta,298.15K) - b S_m^{\ominus}(B,\beta,298.15K)$$

而已知物质 B 的 $S_m^{\ominus}(B,\beta,298.15K)$ 及 $C_{p,m}(B)$ 就可算得任意温度 T 的 $S_m^{\ominus}(B,\beta,T)$

$$S_m^{\ominus}(B,\beta,T) = S_m^{\ominus}(B,\beta,298.15K) + \int_{298.15K}^{T} \frac{\sum \nu_B C_{p,m}(B) dT}{T} \tag{1-59}$$

6. 化学反应的标准摩尔吉布斯函数变 $\Delta_r G_m^{\ominus}(T)$ 的计算

(1) 利用标准摩尔焓变 $\Delta_r H_m^{\ominus}$ 和标准摩尔熵变 $\Delta_r S_m^{\ominus}$ 计算 $\Delta_r G_m^{\ominus}$　根据吉布斯函数的定义式，在等温时

$$\Delta G = \Delta H - T \Delta S$$

相应的在等温及反应物和产物均处于标准状态下的反应，有

$$\Delta_r G_m^{\ominus}(T) = \Delta_r H_m^{\ominus}(T) - T\Delta_r S_m^{\ominus}(T)$$

通过热化学方法可以测定反应的 $\Delta_r H_m^{\ominus}(T)$ 和 $\Delta_r S_m^{\ominus}(T)$，然后就能求得 $\Delta_r G_m^{\ominus}(T)$。

(2) 利用标准摩尔生成吉布斯函数 $\Delta_f G_m^{\ominus}(B,\beta,T)$ 计算 $\Delta_r G_m^{\ominus}(T)$ 与利用标准摩尔生成焓 $\Delta_f H_m^{\ominus}(B,\beta,T)$ 计算化学反应的标准摩尔焓变 $\Delta_r H_m^{\ominus}(T)$ 的方法类似，利用标准摩尔生成吉布斯函数 $\Delta_f G_m^{\ominus}(B,\beta,T)$ 计算化学反应吉布斯函数变 $\Delta_r G_m^{\ominus}(T)$ 为

$$\Delta_r G_m^{\ominus}(T) = \sum_B \nu_B \Delta_f G_m^{\ominus}(B,\beta,T)$$

如对反应 $a\text{A}(\beta) + b\text{B}(\beta) \Longrightarrow y\text{Y}(\beta) + z\text{Z}(\beta)$，则

$$\Delta_r G_m^{\ominus}(T) = y\Delta_f G_m^{\ominus}(Y,\beta,T) + z\Delta_f G_m^{\ominus}(Z,\beta,T) - a\Delta_f G_m^{\ominus}(A,\beta,T) - b\Delta_f G_m^{\ominus}(B,\beta,T)$$

(3) 利用化学反应标准平衡常数 $K^{\ominus}(T)$ 计算 $\Delta_r G_m^{\ominus}(T)$ 根据标准平衡常数定义：

$$K^{\ominus}(T) \stackrel{\text{def}}{=\!=} \exp\left[-\frac{\Delta_r G_m^{\ominus}(T)}{RT}\right]$$

可得

$$\Delta_r G_m^{\ominus}(T) = -RT\ln K^{\ominus}(T) \tag{1-60}$$

若已知标准平衡常数 $K^{\ominus}(T)$，可计算反应的标准摩尔吉布斯函数变 $\Delta_r G_m^{\ominus}(T)$。

四、各种因素对化学平衡移动的影响

在工业生产中，总希望一定数量的原料（反应物）能变成更多的产物，但在一定工艺条件下，反应的极限产率是多少，产率怎样随条件而变，以及在怎样的条件下才可得到更大产率呢？这些工业生产的重要问题，从化学热力学角度看都是化学平衡问题。没有达到平衡的化学反应，在一定条件下均有向一定方向进行的趋势，即该类反应过程均有一定的推动力。随着反应的进行，过程推动力逐渐减小，最后下降为零，这时反应达到最大限度，反应系统的组成不再改变，于是达到化学平衡状态。这表明反应总是向着平衡状态变化，达到化学平衡状态，反应就达到了限度。因此只要找出一定条件下的化学平衡状态，求出平衡组成，那么化学反应的方向和限度问题就解决了。由此可见，判断化学反应可能性的核心问题，就是找出化学平衡时温度、压力和组成间的关系。这些热力学函数间的定量关系，可以用热力学方法严格地推导出来。

化学平衡移动是指在一定条件下已处于平衡态的反应系统，在条件发生变化（改变温度、压力、添加惰性气体等）时向新条件下的平衡移动（向左或向右）。实践证明，改变影响平衡的一个条件（如浓度、温度、压力等）时，平衡就向能减弱这种改变的方向移动。这一规律被称为勒沙特列原理。

1. 温度的影响

在阐述标准平衡常数的定义时，已经提到范特霍夫方程式(1-52)

$$\frac{\text{d}\ln K^{\ominus}(T)}{\text{d}T} = \frac{\Delta_r H_m^{\ominus}(T)}{RT^2}$$

式中 $\Delta_r H_m^{\ominus}(T)$ 为反应的标准摩尔焓变。式(1-52)表明温度对于标准平衡常数的影响与反应的标准摩尔焓变有关。由式(1-52)可以看出，在等压下：

(1) 若化学反应为吸热反应，$\Delta_r H_m^\ominus > 0$，$\dfrac{d\ln K^\ominus(T)}{dT} > 0$，温度 T 升高引起平衡常数 $K^\ominus(T)$ 增大，平衡向右移动，即已达平衡的化学反应将向生成产物的方向移动，对产物的生成有利，也就是说升高温度对正反应方向有利；

(2) 若化学反应为放热反应，$\Delta_r H_m^\ominus < 0$，$\dfrac{d\ln K^\ominus(T)}{dT} < 0$，温度 T 升高引起平衡常数 $K^\ominus(T)$ 减小，平衡向左移动，已达平衡的化学反应将向生成反应物方向移动，对产物的生成不利，从而升高温度对负反应方向有利。

2. 压力的影响

根据化学计量数的定义，对于化学反应

$$aA + bB \rightleftharpoons yY + zZ$$

方程式中各物质的化学计量数分别为 $\nu_A = -a$，$\nu_B = -b$，$\nu_Y = y$，$\nu_Z = z$（注意：ν_B 对反应物为负，对产物为正）。因此

$$\sum \nu_B = \nu_A + \nu_B + \nu_Y + \nu_Z = -a - b + y + z$$

对于气相反应：

① 若 $\sum \nu_B > 0$，即参加反应的反应物分子数小于产物分子数，系统总压力增加时，平衡向左移动（即平衡向体积缩小的方向移动），表明平衡系统中反应物的含量增高而产物的含量降低，对生成产物不利；

② 若 $\sum \nu_B < 0$，即参加反应的反应物分子数大于产物分子数，系统总压力增加时，正好相反，平衡向右移动，对生成产物有利；

③ 若 $\sum \nu_B = 0$，即参加反应的反应物分子数等于产物分子数，总压力的变化对反应系统无影响，平衡不移动。

3. 惰性气体的影响

在化学反应中，反应系统中存在的不参与反应的气体泛指惰性气体。在实际生产过程中，原料气中常混有不参加反应的惰性气体，例如在合成氨的原料气中常含有稀有气体（Ar）、甲烷（CH_4）等；在二氧化硫（SO_2）的转化反应中，需要的是氧气（O_2）而通入的是空气，多余的氮气（N_2）不参加反应，就成为反应系统中的惰性气体。这些惰性气体不参加反应，不影响平衡常数，但却能影响气相反应中的平衡组成，可使平衡发生移动。在合成氨反应中原料气是循环使用的，当 Ar 和 CH_4 积累过多时就会影响氨的产率，因此每隔一定时间就要对原料气进行处理（比如放空同时补充新鲜气，或设法回收有用的惰性气体等）。当总压一定时，惰性气体的存在实际上起了稀释的作用，它和减少反应系统总压的效应是一样的。

① 若 $\sum \nu_B > 0$，在恒压下添加惰性组分，反应向右移动，即有利于气体物质的量的增大，对生成产物有利。

② 若 $\sum \nu_B < 0$，当总压一定时增加惰性组分，平衡向左移动，不利于产物的生成。

4. 原料配比的影响

对于气相化学反应

$$aA + bB \rightleftharpoons yY + zZ$$

若原料气中只有反应物而无产物，令反应物的摩尔比 $r = \dfrac{n_B}{n_A}$，其变化范围为 $0 < r < \infty$。

在维持总压力相同的情况下，随着 r 的增加，气体 A 的转化率增加，而气体 B 的转化率减少。但产物在混合气体中的平衡含量随着 r 的增加，存在着一个极大值。可以证明，当摩尔比 $r=\dfrac{b}{a}$，即原料气中两种气体物质的量之比等于化学计量比时，产物 Y，Z 在混合气体中的含量（摩尔分数）为最大。因此，合成氨反应总是使原料气中氢与氮的体积比为 3∶1，以使氨的含量最高。

如果两种原料气中，B 气体较 A 气体便宜，而 B 气体又容易从混合气体中分离，那么根据平衡移动原理，为了充分利用 A 气体，可以使 B 气体大大过量，以尽量提高 A 的转化率。这样做虽然在混合气体中产物的含量低了，但经过分离便得到更多的产物，在经济上还是有益的。

五、溶解热和稀释热

将溶质 B 溶于溶剂 A 中或将溶剂 A 加入溶液中都会产生热效应，此种热效应除了与溶剂及溶质的性质和数量有关外，还与系统所处的温度及压力有关（如不注明，则温度均指 298.15K，压力均为 100kPa）。

溶解热是指将一定量的溶质溶于一定量的溶剂中所产生的热效应的总和，若是等压过程，该热效应就等于该过程的焓变。在溶解过程中，溶液的浓度不断改变，总的热效应即积分溶解热可由实验直接测定。

稀释热是指把一定量的溶剂加到一定量的溶液中，使之稀释所产生的热效应的总和，显然与开始和终了的浓度有关。

六、热力学基本方程

目前已经介绍了热力学能 U、焓 H、熵 S、亥姆霍兹函数 A、吉布斯函数 G 五个热力学状态函数。U,S 的引入是热力学第一定律和第二定律的结果，这是两个基本的状态函数。由 U,S 及 p,V,T 结合得出了 H,A,G 三个状态函数。引入这三个状态函数的目的是应用上的方便。U,H 主要解决能量计算问题，S,A 和 G 主要解决过程方向性的问题。

前面从定义式出发介绍了单纯 pVT 变化、相变化和化学变化三类过程中这五个状态函数变的计算。以下将给出封闭的热力学平衡系统在状态变化时，其热力学状态函数 U,H,A,G 如何随状态参量的改变而变化。

设热力学的封闭系统从一个平衡态出发可逆地变到另一个平衡态时，可以不做非体积功（即 $W'=0$）。将热力学第二定律（$dS=\delta Q_r/T \Rightarrow \delta Q_r = TdS$）和只做体积功的公式（$\delta W_r = -pdV$）代入热力学第一定律（$dU=\delta Q+\delta W$），得

$$dU = TdS - pdV \tag{1-61}$$

由焓的定义式 $H=U+pV \Rightarrow dH=dU+pdV+Vdp$，将式(1-61)代入，可得

$$dH = TdS + Vdp \tag{1-62}$$

由亥姆霍兹函数的定义式 $A=U-TS \Rightarrow dA=dU-TdS-SdT$，将式(1-61)代入，得

$$dA = -SdT - pdV \tag{1-63}$$

由吉布斯函数的定义式 $G=H-TS=U+pV-TS \Rightarrow dG=dU+pdV+Vdp-TdS-SdT$，将式(1-61)代入，得

$$dG = -SdT + Vdp \tag{1-64}$$

式(1-61)～式(1-64)称为热力学基本方程。从推导可知，热力学基本方程的适用条件为封闭的热力学平衡系统的可逆过程。它不仅适用于无相变化、无化学变化的平衡系统（纯物质或多组分、单相或多相）发生的单纯 pVT 变化的可逆过程，也适用于相平衡和化学平衡系统同时发生 pVT 变化及相变化和化学变化的可逆过程。状态函数的变化只取决于状态的变化，故从同一始态到同一终态间不论过程是否可逆，状态函数的变化均可由热力学基本方程计算，但积分时要找出可逆途径中平衡态时 V-P 及 T-S 间的函数关系。热力学基本方程是热力学中重要的公式，有着广泛的应用，应掌握公式的适用条件及用法。

实训一 恒温水浴性能测定

一、实训目的

① 了解恒温水浴的构造及其工作原理。
② 学会测绘恒温水浴的灵敏度曲线。
③ 掌握数字贝克曼温度计的正确使用方法。

恒温水浴性能测定

二、实训原理

1. 浴槽

浴槽包括容器和液体介质。通常可用圆形玻璃缸做容器，以蒸馏水为工作介质。如对装置稍作改动并选用其他合适液体作为工作介质，则上述恒温水浴可在较大的温度范围内使用。

2. 温度计

观察恒温浴的温度以及测量恒温浴的灵敏度可选用贝克曼电子温度计。

3. 搅拌器

搅拌器以小型电动机带动，其功率可选 40W，用变速器或变压器来调节搅拌速度。搅拌器一般应安装在加热器附近，使热量迅速传递，以使槽内各部位温度均匀。

4. 加热器

在要求设定温度比室温高的情况下，必须不断供给热量以补偿水浴向环境散失的热量。电加热器的热容量小、导热性能好、功率适当，是本实训的首选加热元件。

许多物理化学数据的测定，必须在恒定的温度下进行。欲控制被研究系统的某一温度，通常采用两种办法：一种是利用物质的相变点温度来实现，另一种是利用电子调节系统，对加热器或制冷器的工作状态进行自动调节，使被控对象处于设定温度之下。本实训通过电子继电器对加热器自动调节来实现恒温的目的。当恒温水浴因热量向外扩散等原因使系统温度低于设定温度时，继电器接通加热器电源，使水浴温度上升。当水浴温度达到设定温度时，继电器自动断开，加热器停止加热。这样周而复始，就可以使系统温度在一定温度范围内保持恒定。同一种工作条件下，一段时间内水浴的最低温度为 T_1，最高温度为 T_2，定义水浴的灵敏度为

$$S = \pm \frac{T_2 - T_1}{2}$$

测定恒温水浴灵敏度的方法，是在设定温度下观察温度随时间变动情况。采用温度作为纵坐标，同时记录相应的时间为横坐标，再绘制灵敏度曲线，如图 1-18 所示。

三、实训仪器及药品

玻璃缸（1个），SYP-Ⅲ型玻璃恒温水浴（1套），连可调变压器的搅拌器（1个），数字

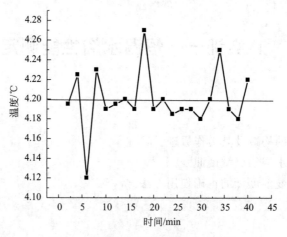

图 1-18 恒温水浴灵敏度曲线示意图

温度传感器（1个），秒表（1个）。

四、实训步骤

① 认识实验器材，认识各开关按钮的位置和作用。组装恒温槽，向槽内注入适量水（约占总容积的 2/3～4/5）。

② 打开 SYP-Ⅲ型玻璃恒温水浴"加热器"开关，加热方式"强"。打开"水搅拌"开关，搅拌速度"慢"。

③ 接通 SYP-Ⅲ型玻璃恒温水浴的电源，显示屏的右下部的"置数"红灯亮。按动×10 按钮，使"设定温度"至 30.00（或其他欲设置的温度）。再次按动"工作/置数"按钮，使控温仪工作。此时"实时温度"会逐渐上升至 30.00℃。

④ 恒温槽灵敏度曲线的测定，每半分钟读取实时温度1次，共30次。记录数据，计算灵敏度。

⑤ 提高设定温度为 95℃，继续升温，记录温度升至 50℃，70℃，90℃所需时间，计算水浴的升温速率。

⑥ 实训完毕，关闭各仪器电源并拔去电源插头，将水浴缸中的水放空，整理实训台。

五、实训记录与数据处理

① 灵敏度测定数据记录表。

序号	1	2	3	4	5	6	7	8	9	10
时间/min	0.5	1	1.5	2	2.5	3	3.5	4	4.5	5
温度/℃										
序号	11	12	13	14	15	16	17	18	19	20
时间/min	5.5	6	6.5	7	7.5	8	8.5	9	9.5	10
温度/℃										
序号	21	22	23	24	25	26	27	28	29	30
时间/min	10.5	11	11.5	12	12.5	13	13.5	14	14.5	15
温度/℃										

② 以时间为横坐标，温度为纵坐标，如图 1-19 所示，根据灵敏度测定数据记录表绘制灵敏度曲线。

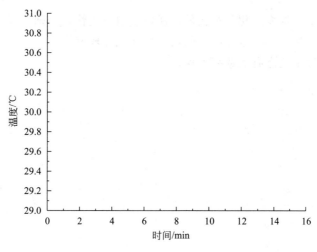

图 1-19　绘制灵敏度曲线

③ 计算灵敏度。

水浴的最低温度 $T_1=$

水浴的最高温度 $T_2=$

恒温水浴的灵敏度 $S=\pm\dfrac{T_2-T_1}{2}=$

④ 升温速率的数据记录及计算。

序号	Ⅰ	Ⅱ	Ⅲ
温度最初读数/℃	30	50	70
温度最终读数/℃	50	70	90
温度变化量 ΔT/℃			
所需时间 t/s			
计算过程　$v_1=\dfrac{\Delta T_1}{t_1}=$　　$v_2=\dfrac{\Delta T_2}{t_2}=$　　$v_3=\dfrac{\Delta T_3}{t_3}=$			
v/(℃/s)			
$\bar{v}$/(℃/s)			

六、思考题

① 影响恒温水浴灵敏度的主要因素有哪些？

② 要提高恒温水浴的温控精确度，应采取哪些措施？

七、注意事项

① 在实训过程中，温度变化是很快的，所以读数时要快，否则有很大的误差。
② 采集的数据要尽量多，这样画出的灵敏度曲线才较好。
③ 记录数据过程中注意有效数字的保留。

实训二 溶解热的测定

一、实训目的

① 了解电热补偿法测定热效应的基本原理。
② 通过用电热补偿法测定硝酸钾在水中的积分溶解热。

二、实训原理

溶解热有积分（或变浓）溶解热和微分（或定浓）溶解热两种，前者是 1mol 溶质溶解在 n_0 mol 溶剂中时所产生的热效应，以 Q_s 表示；后者是 1mol 溶质溶解在无限量某一定浓度溶液中时所产生的热效应，以 $\left(\frac{\partial Q_s}{\partial n}\right)_{T,p,n_0}$ 表示。

积分溶解热可由实验直接测定。本实训项目中系统可视为绝热。硝酸钾在水中的溶解过程，是一个温度随反应的进行而降低的吸热反应。先测定系统的起始温度 T，当反应进行后温度不断降低时，由电加热法使系统复原至起始温度，根据所耗电能求出其热效应 Q。

$$Q = Pt = UIt = \frac{U^2}{R}t = I^2 Rt$$

式中，I 为通过电阻为 R 的电阻丝时加热器的电流，A；U 为电阻丝两端所加的电压，V；t 为通电时间，s。

对应的可求出积分溶解热为

$$Q_s = \frac{Q}{n(HNO_3)} = \frac{Q}{m(KNO_3)/M(KNO_3)} = \frac{M(KNO_3)Pt}{m(KNO_3)} = \frac{M(KNO_3)I^2Rt}{m(KNO_3)}$$

三、实训仪器及药品

1. 实训仪器

分析天平（1台），溶解热测定装置（NDRH-2S 型，1台），杜瓦瓶（1个），磁力搅拌转子（1个），数字贝克曼温度计（JDW-3F 型，1台），称量瓶（8个），漏斗（1个），洗瓶（1个），量筒（100mL，1支；10mL，1支）。

2. 实训药品

硝酸钾（A.R，约 25.5g），蒸馏水（216.2g）。

四、实训步骤

① 正确安装实训装置，如图 1-20 所示。
② 在电子天平上依次称取五份质量分别约为 0.5g、1.0g、1.5g、2.0g、2.5g 的硝酸钾（应预先研磨并烘干），记下准确数据并编号。
③ 量取 216.2mL 蒸馏水，放入杜瓦瓶内。将杜瓦瓶置于搅拌器上。

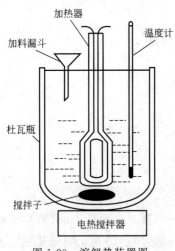

图1-20 溶解热装置图

④ 将温度传感器置于已盛水的杜瓦瓶中，使加热器的电热丝部分全部位于液面以下。先打开搅拌器电源，调节合适的搅拌速度。然后打开稳流电源开关。调节加热器旋钮，使加热器电流为0.41～0.43A，或者控制加热功率为2.25～2.3W。

⑤ 系统开始测量水温。注意温度传感器探头不要与搅拌磁子和加热器电阻丝相接触。当采样到水温高于室温0.5℃时，按下置零按钮，迅速将第一份KNO_3从加样口加入，并将残留在漏斗上的少量KNO_3全部掸入杜瓦瓶中，加入的KNO_3溶解后，水温下降。由于加热器在工作，水温又会上升。当系统探测到水温开始上升时，按下秒表记录时间，上升至起始温度（即温差为0℃时），计下时间t_1，同时加入第二份KNO_3。以此类推，记录好每份KNO_3溶解后电热补偿通电加热的时间（t_2～t_5）。注意确保每次加入的样品全部溶解。

⑥ 实训操作完毕，将稳流电源调节旋钮调到底，使电流输出为零，关闭稳流电源开关，关闭搅拌器电源并整理仪器。

五、实训记录与数据处理

序号		Ⅰ	Ⅱ	Ⅲ	Ⅳ	Ⅴ
质量 $m(KNO_3)/g$						
时间 t/s						
电流 I/A						
电阻 R/Ω		13	13	13	13	13
计算过程	$Q_{s,1} = \dfrac{M(KNO_3)I^2Rt_1}{m(KNO_3,1)} =$					
	$Q_{s,2} = \dfrac{M(KNO_3)I^2Rt_2}{m(KNO_3,2)} =$					
	$Q_{s,3} = \dfrac{M(KNO_3)I^2Rt_3}{m(KNO_3,3)} =$					
	$Q_{s,4} = \dfrac{M(KNO_3)I^2Rt_4}{m(KNO_3,4)} =$					
	$Q_{s,5} = \dfrac{M(KNO_3)I^2Rt_5}{m(KNO_3,5)} =$					
$Q_s/(J \cdot mol^{-1})$						
$\overline{Q_s}/(J \cdot mol^{-1})$						

六、思考题

① 实训设计在系统温度高于室温0.5℃时加入第一份KNO_3，为什么？

② 本实训所用仪器还有什么其他用途吗？
③ 过程中为什么要求搅拌速度均匀而不宜过快？

七、注意事项

① 仪器要先预热，以保证系统的稳定性。在实训过程中要求 I,U（即加热功率）保持稳定。

② 加样要及时并注意不要碰到杜瓦瓶，加入样品时速度要加以注意，防止样品进入杜瓦瓶过快，致使磁子陷住，不能正常搅拌。

③ 样品要先研细，以确保其充分溶解，实训结束后，杜瓦瓶中不应有未溶解的硝酸钾固体。

实训三 凝固点测定

一、实训目的

① 利用凝固点降低法测定萘的相对分子质量。
② 掌握溶液凝固点的测定技术。
③ 掌握温差测量仪的使用方法。

凝固点测定

二、实训原理

理想稀薄溶液具有依数性,凝固点降低就是依数性的一种表现。

加一溶质于纯溶剂中,溶液的凝固点必然较纯溶剂的凝固点低,其降低的数值与溶液中溶质的质量摩尔浓度成正比,即

$$\Delta T_f = T_f^* - T_f = K_f \times \frac{m_B}{M_B m_A}$$

整理得

$$M_B = K_f \times \frac{m_B}{\Delta T_f m_A}$$

式中,ΔT_f 为凝固点降低值;T_f^* 为纯溶剂的凝固点;T_f 为溶液的凝固点;K_f 为凝固点降低常数,它取决于溶剂的性质,当环己烷作为溶剂时,$K_f = 20 \text{K} \cdot \text{kg} \cdot \text{mol}^{-1}$;$M_B$ 为溶质的摩尔质量,$\text{kg} \cdot \text{mol}^{-1}$;$m_B$ 为溶质的质量,kg;m_A 为溶剂的质量,kg。

表 1-1 给出了部分溶剂的凝固点降低常数值。

表 1-1 几种溶剂的凝固点降低常数值

溶剂	水	醋酸	苯	环己烷	环己醇	萘	三溴甲烷
T_f^*/K	273.15	289.75	278.65	279.65	297.05	383.5	280.95
$K_f/(\text{K} \cdot \text{kg} \cdot \text{mol}^{-1})$	1.86	3.90	5.12	20	39.3	6.9	14.4

化合物的相对分子质量是一个重要的物理化学数据。凝固点降低法是一种比较简单而正确的测定相对分子质量的方法。根据上述方法,测得纯溶剂和稀溶液的凝固点,就可以计算出溶质 B 的摩尔质量 M_B。

通常测凝固点的方法是将溶液逐渐冷却,但冷却到凝固点,并不析出晶体,往往成为过冷溶液。然后由于搅拌或加入晶种促使溶剂结晶,由结晶放出的凝固热使系统温度回升,当放热与散热达到平衡时,温度不再改变。此固液两相共存的平衡温度即为溶液的凝固点。但过冷太厉害或寒剂温度过低,则凝固热抵偿不了散热,此时温度不能回升到凝固点,在温度低于凝固点时完全凝固,就得不到正确的凝固点。从相律看,溶剂与溶液的冷却曲线形状不同。对纯溶剂两相共存时,自由度 $f' = 1 - 2 + 1 = 0$,冷却曲线出现水平线段,其形状如图 1-21(a) 所示。对溶液两相共存时,自由度 $f' = 2 - 2 + 1 = 1$,温度仍可下降,但由于溶

剂凝固时放出凝固热使温度回升，回升到最高点又开始下降，所以冷却曲线不出现水平线段，如图 1-21(b) 所示。由于溶剂析出后，剩余溶液浓度变大，显然回升的最高温度不是原浓度溶液的凝固点，严格的做法应作冷却曲线，并按图 1-21(b) 中所示方法加以校正。但由于冷却曲线不易测出，而真正的平衡浓度又难于直接测定，实训中总是用稀溶液，并控制条件使其晶体析出量很少，所以以起始浓度代替平衡浓度，对测定结果不会产生显著影响。本实训项目测量纯溶剂与溶液凝固点之差，由于差值较小，所以测温需用 JDW-3F 型数字式精密温差测量计。

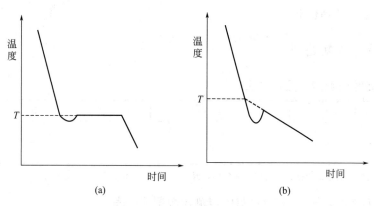

图 1-21　溶剂与溶液的冷却曲线

三、实训仪器及药品

1. 实训仪器

数字贝克曼温度计（JDW-3F 型，1 台），凝固点管的套管（1 支），大搅拌杆（1 只），大烧杯（1 个）。

2. 实训药品

冰块，环己烷（A.R.），萘（A.R.）。

四、实训步骤

① 安装仪器。如图 1-22 所示，正确连接实训装置。

② 调节寒剂温度。往烧杯中加入冰水混合物 200mL，拉动搅拌杆，测量调节水浴温度使其低于环己烷凝固点温度 2~3℃（约 2.5℃ 左右）。并不断加入碎冰同时搅拌冰浴温度基本保持不变。

③ 初始温度的记录。将凝固点测量管放入空气套管中（本次实训以 50mL 量筒代替空气套管），空气套管放入冰浴里，将带有橡胶塞的温度计插入测量管中。待读数趋于稳定后，记录初始温度。

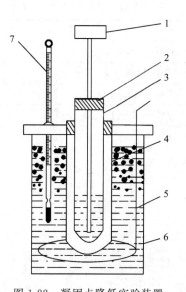

图 1-22　凝固点降低实验装置
1—数字贝克曼精密温度计；2—橡胶塞；3—凝固点测量管；
4—空气套管；5—寒剂搅棒；6—冰槽；7—温度计

④ 溶剂环己烷凝固点测定。移取 10mL 环己烷，注入凝固点测量管中，连同胶塞和温度计一起放在冰水浴中，使环己烷逐步冷却，观察温度变化。每 5min 记录一次温度，当温度降低后又回升并趋于稳定时，停止记录。最终温度读数即为环己烷的凝固点温度，记录并填入相关表格。

⑤ 溶液（溶质为萘，溶剂为环己烷）凝固点测定。取出凝固点测量管，使环己烷熔化，加入压成片的 0.1～0.15g 的萘，待其溶解后，重复步骤 4，测出溶液的凝固点。（理论值萘溶液的凝固点下降至 0.5℃）

⑥ 实训完毕，整理仪器。

五、实训记录与数据处理

1. 溶剂环己烷凝固点测定数据记录表

序号	1	2	3	4	5	6	7	8	9	10
时间/min	5	10	15	20	25	30	35	40	45	50
温度/℃										

注：根据环己烷凝固点记录数据，以时间为横坐标，温度为纵坐标，作出时间-温度曲线图。

2. 溶液（溶质为萘，溶剂为环己烷）凝固点测定数据记录表

序号	1	2	3	4	5	6	7	8	9	10
时间/min	5	10	15	20	25	30	35	40	45	50
温度/℃										

注：根据萘溶液凝固点记录数据，以时间为横坐标，温度为纵坐标，作出时间-温度曲线图。

3. 萘的摩尔质量计算

已知：$K_f = 20 \text{K} \cdot \text{kg} \cdot \text{mol}^{-1}$，$\rho(\text{环己烷}) = 0.779 \text{g} \cdot \text{mL}^{-1}$，计算时注意单位换算。

序号	Ⅰ	Ⅱ	Ⅲ
环己烷(A)凝固点温度 T_f^*/℃			
萘(B)溶液凝固点温度 T_f/℃			
凝固点降低值 ΔT_f/℃			
萘(B)的质量 m_B/g			
计算过程	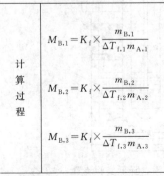		
萘的摩尔质量 M_B/(kg·mol^{-1})			
萘的平均摩尔质量 $\overline{M}_B$/(kg·mol^{-1})			

六、思考题

① 凝固点降低法测相对分子质量的公式，在什么条件下才能适用？

② 当溶质在溶液中有解离、缔合和生成络合物的情况下，对相对分子质量测定值的影响如何？

③ 影响凝固点精确测量的因素有哪些？

七、注意事项

① 温度在低于溶液凝固点 3℃时为宜。

② 寒剂温度对实训结果也有很大影响，过高会导致冷却太慢，过低则测不出正确的凝固点。高温高湿季节不宜做此次实训。

③ 溶液溶质的纯度直接影响实训结果。

④ 搅拌速度的控制是做好本实训的关键，每次测定应按要求的速度搅拌，并且测溶剂与溶液凝固点时搅拌条件要完全一致。

项目设计一

一、问题的提出

（1）自然界与系统的能量交换

① 敞开系统［图 1-23（a）］：系统与环境之间既有物质交换，又有能量交换。

② 封闭系统［图 1-23（b）］：系统与环境之间无物质交换，但有能量交换。

③ 隔离系统［图 1-23（c）］：系统与环境之间既无物质交换，又无能量交换。

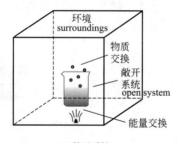

(a) 敞开系统

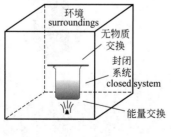 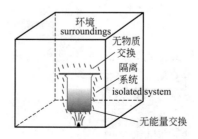

(b) 封闭系统　　　　　　　　(c) 隔离系统

图 1-23　各种系统示意图

(2) 过程和路径 同一个过程可以由不同的路径来实现,如图 1-24 所示。

图 1-24 过程和路径的关系

(3) 能量的转化形式 例如,做饭:化学能→热能;摩擦生热:机械能→热能;电炉:电能→热能;电灯:电能→光能。

(4) 能量转化的结果——焦耳实验 在 1843 年盖·吕萨克和焦耳分别做了如下实验:将两个容量相等的容器,放在水浴中,左球充满气体,右球为真空。打开活塞,气体由左球冲入右球,达到平衡(图 1-25)。

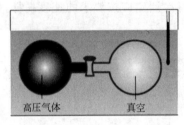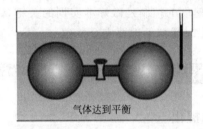

图 1-25 焦耳实验模型

实验现象:① 气体和水浴温度均未变 $\Rightarrow Q=0$;
　　　　　② 系统没有对外做功 $\Rightarrow W=0$。
实验结果:根据热力学第一定律 $\Rightarrow \Delta U=Q+W=0$。

(5) 热机的工作(图 1-26) 通过工质从高温热源吸热,向低温热源放热并对环境做功的循环操作的机器称为热机。

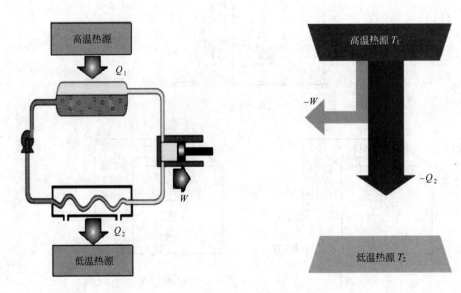

图 1-26 热机工作原理

（6）自发过程　高温物体向低温物体自发传热过程如图1-13所示，高压气体向低压气体自发膨胀过程如图1-14所示，溶液由于浓度差而产生的自发扩散现象如图1-27所示。

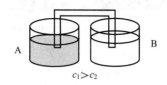

图1-27　高浓度向低浓度自发扩散

（7）能斯特热定理　20世纪初，人们在研究低温化学反应中发现，温度越低，同一个恒温化学变化过程的熵变越小。

二、问题的解决

（1）自然界与系统的能量交换

① 系统与环境的界面可以是实际存在的，也可以是想象的，实际上并不存在。

② 根据系统与环境之间的关系，把系统分为三类：敞开系统、封闭系统、隔离系统。

（2）同一个过程可以由不同的路径来实现，例如，过程之一：包括起始态、途径1、中间态、途径2、终态；路径之一：途径1、途径2；过程之二：起始态、途径3、终态；路径之二：途径3。

（3）能量的转化形式——能量守恒和转化定律　到1850年，科学界公认能量守恒定律是自然界的普遍规律之一。能量守恒与转化定律可表述为：自然界的一切物质都具有能量，能量有各种不同形式，能够从一种形式转化为另一种形式，但在转化过程中，能量的总值不变。

（4）焦耳实验的讨论　从焦耳实验得到：理想气体的热力学能仅是温度的函数，与体积和压力无关。

（5）热机的工作——功可以全部转化为热，而热转化为功就有一定限制（图1-8）。

（6）自发过程　热量自发地由高温物体流向低温物体，气体自发地由高压区流向低压区，溶质自发地由高浓度区向低浓度区扩散等等。无需借助外力（环境做功）就可以自动发生的过程，称为自发过程。而自发过程的逆过程则不能自动进行。

（7）能斯特提出结论　凝聚系统在恒温化学变化过程中的熵变，随温度趋于0K而趋于零。

三、必备理论知识

① 系统和环境的定义，系统的分类；

② 系统的变化过程：过程与途径的区别与联系，几种主要的 pVT 变化过程；

③ 热、功、热力学能和焓；

④ 热力学第一定律；

⑤ 热机的效率：$\eta \stackrel{\text{def}}{=\!=} \dfrac{|W|}{Q_1} = \dfrac{-W}{Q_1}$；

⑥ 熵函数、熵的物理意义以及热力学第二定律；

⑦ 热力学第三定律，亥姆霍兹函数和吉布斯函数。

项目扩展一

在公元前1200年，关于永动机的构想就已经出现在印度。公元13世纪，一个名叫亨内考的工程师提出：轮子中央有一个转动轴，轮子边缘安装着12个可活动的短杆，每个短杆的一端装有一个铁球。右边的球比左边的球离轴远些，因此，右边的球产生的转动力矩要比左边的球产生的转动力矩大。这样轮子就会永无休止地沿着箭头所指的方向转动下去，并且带动机器转动。这就是著名的"亨内考魔轮"，也是早期最著名的永动机方案。

在早期，人类对于永动机的定义是某物质循环一周回复到初始状态，不吸热而能持续向外放热或做功。这种机器不消耗任何能量，却可以源源不断的对外做功，称为第一类永动机。焦耳通过实验发现，物体内能的增加等于物体吸收的热量和对物体所作的功的总和。即自然界里所有的物质均具有能量，这些能量有各种不同的形式，且能够从一种形式转变为另一种形式，在转变过程中能量的总值保持恒定不变。这就是著名的"能量守恒定律"，也就是热力学第一定律。而这显然与第一类永动机相违背。

第一类永动机的构想破产后，很多科学家还是不放弃，提出了第二类永动机。希望从海洋、大气乃至宇宙中吸取热能，并将这些热能作为驱动永动机转动和功输出的源头，这就是第二类永动机。不过这个想法在热力学第二定律提出之后，也宣告破灭。热力学第二定律的表述为："热不能自发地从较冷物体转向较热的物体"，或者"不可能把热从低温物体传到高温物体而不引起其它变化"。热力学第二定律也有一个精彩的表述，那就是"第二类永动机不可能实现"。后来克劳修斯又在《关于热的力学理论的第二基础定理的一个修正形式》中提出了新的物理量来解释这种现象，这就是熵，以符号S表示。这也是热力学第二定律的又一个经典表述方式，被称为熵增原理，即不可逆热力学过程中熵的微增量总是大于零。

之后，科学家们又提出了第三类、第四类永动机，希望造出不违反能量守恒定律、卡诺定律，却能自发熵减的永动机械，然而这个设想至今也没有实现。人类必须要接受一个现实，那就是永动机不可能在我们宇宙中存在，人类永远也无法制造它，因为宇宙是开放的、不可逆的非热力学平衡体系。

趣味实验一

一、人工制冰

先往烧杯内加入50～60g硝酸铵（NH_4NO_3），再注入80mL蒸馏水，用玻璃棒稍加搅动。迅速将盛有清水的圆柱形铅皮罐或铁皮罐置入杯内，杯口覆盖三层清洁的棉布。一刻钟后罐内的水已凝结成冰块。注意：硝酸铵溶液应回收使用。

这是溶解过程中的吸热现象。硝酸铵溶解在水里，由于扩散过程要吸收能量，会引起溶液的温度降低，致使罐内的水结成冰。通常把许多能降低温度的混合物称为制冷剂。温度降低的程度随溶解物质的种类不同以及数量的多少而异。例如，1份硝酸铵加1份水能产生 $-15°C$ 的低温；5份硫氰化钾加4份水能产生 $-20°C$ 的低温；4份氯化钙粉末加3份冰雪能产生 $-51°C$ 的低温。

二、热盐

冬末，找一个用过的空塑料盒，盛上雪后，放在外面（不要拿进室内）。然后，往盒盖里的雪上边均匀地洒上精盐面。过一会儿，盒盖里的雪就融化了（室外气温在零度左右效果更好）。

这是由于盐和雪的混合物的冰点，远远低于纯水的冰点的缘故。纯水的冰点在通常情况下为零度，可是食盐饱和溶液的冰点将近-21℃。雪是水以固态存在的一种形式，当它和食盐混合以后，这种食盐溶液的冰点，就不是零度而大大低于零度了，所以雪就融化了。

利用这个原理，在盛夏冰镇食物的冰块上撒一些食盐，冰点就会降低到-21℃。在工业上，利用这个道理来做专业的冷冻剂。

三、食盐黏结剂

首先准备好线、食盐或氯化钙（作干燥剂）、水杯和冰块（冰块最好是四方形）。在杯子里装上冰块，然后将线的一端搭在冰块上。在搭着线的冰块上撒一些食盐（或氯化钙）。尽量把少量的食盐撒在搭线的冰块上。等10～20s后小心地提起线，会发现冰块随线被提上来了。

这是因为将食盐放在冰上时，冰在低于0℃的温度下也能被融化。所以，把食盐撒在冰块上时，结冰点就会更低，在0℃下结冰的冰块便开始融化。也就是说，撒有食盐的部分，冰被融化，变成小水窝，将线埋于其中。但是，随着冰块的融化，食盐的咸度逐渐下降，使水的结冰点重新被提高而结冰。于是线就被冻到冰块里面了。

这个原理经常被利用于日常生活中。冬天的大雪使路面结冰时，常被用来作除雪剂的正是食盐或氯化钙。因为氯化钙比食盐更有效，所以在一些国家主要使用氯化钙。而平均气温稍高的日本，用廉价的盐来除雪。

绪论扩展

小 结 一

一、本项目主要概念

① 系统就是热力学研究的对象（是大量分子、原子、离子等物质微粒组成的宏观集合体）。

② 环境即与系统通过物理界面（或假想的界面）相隔开并与系统密切相关的周围部分。

③ 敞开系统——系统与环境之间通过界面既有物质的质量传递也有能量（以热和功的形式）的传递。敞开系统又称为开放系统。

④ 封闭系统——系统与环境之间通过界面只有能量的传递，而无物质的质量传递。因此封闭系统中物质的质量是守恒的。封闭系统是物理化学教学中最常用到的，今后若无特别说明所提到的系统都认为是封闭系统。

⑤ 隔离系统——系统与环境之间既无物质的质量传递也无能量的传递。因此隔离系统中物质的质量是守恒的，能量也是守恒的。隔离系统也称为孤立系统。

⑥ 宏观性质（或称为热力学性质）是指可用来描述系统性质的一系列宏观物理量。

⑦ 强度性质——其数值与系统中所含物质的量（或物质的数量）无关，无加和性（如温度 T、压强 p、密度 ρ、摩尔质量 M 等）。

⑧ 广度性质——其值与系统中所含物质的量有关，与物质的数量成正比，有加和性（如质量 m、物质的量 n、体积 V、热力学能 U、焓 H 等）。

⑨ 系统从某一状态变化到另一状态的经历，称为过程。过程前的状态称为始态，过程后的状态称为终态。系统的变化过程分为单纯的 pVT 变化过程、相变化过程和化学变化过程。

⑩ 系统中发生化学反应，致使组成发生变化的过程称为化学变化过程。

⑪ 系统中发生聚集状态的改变（如液体的汽化、液体的凝固、固体的熔化、气体的液化等），称为相变化过程。

⑫ 若系统中没有发生任何相变化和化学变化，只有单纯的温度（T）、压力（p）、体积（V）的变化，则称为单纯 pVT 变化过程。

⑬ 由于系统与环境之间温度的不同而导致的能量交换形式称为热。

⑭ 体积功（又称为膨胀功）是在一定的环境压力下，系统的体积发生变化时与环境交换的能量。

⑮ 除了体积功以外的一切其他形式的功，如电功、表面功、机械功等统称为非体积功（又称非膨胀功）。

⑯ 热力学能（也称为内能），是指系统内部的一切能量（包括系统内分子的平动能、转动能、振动能、电子结合能、原子核能，以及分子之间相互作用的势能等）的总和。符号为 U，单位为 J。

⑰ 封闭系统的热力学第一定律，文字上可表述为"封闭系统中的热力学能，不会自行产生或消灭，只能以不同的形式等量的相互转化"，也可以用"第一类永动机不能制成"来表述热力学第一定律。所谓第一类永动机是指不需要环境供给能量而可以连续对环境做功的机器。

⑱ 系统在等容且非体积功为零的过程中与环境交换的热称为等容热，其符号为 Q_V。

⑲ 系统在等压且非体积功为零的过程中与环境交换的热称为等压热，其符号为 Q_p。

⑳ 在一定温度时，低压气体的热力学能 U 为一定值，而与压力、体积无关。这就是著名的焦耳定律。后人经过一系列的数学推导，进一步证实：定量的、组成恒定的理想气体的热力学能及焓都仅是温度的函数，而与压力、体积无关。

㉑ 把通过工作介质从高温热源吸热，向低温热源放热并对环境做功的循环操作的机器称为热机。

㉒ 卡诺定理指出：所有工作于两个一定温度的热源之间的热机，以可逆热机的效率为最大。

㉓ 热力学第二定律的经典表述主要有三种。

（a）克劳修斯说法（1850 年）：不可能把热由低温物体转移到高温物体，而不留下任何其他变化。

（b）开尔文说法（1851 年）：不可能从单一热源吸热使之完全变为功，而不留下任何其他变化。

（c）第二类永动机不能制成。所谓第二类永动机是一种能够从单一热源吸热，并将所吸收的热全部转为功而无其他影响的机器。

㉔ 熵的物理意义：熵值是系统内部物质分子的无序度（或叫混乱度）的量度。

㉕ 热力学第三定律的经典表述有几种不同的说法。

（a）能斯特说法（1906 年）：随着绝对温度趋于零，凝聚系统等温反应的熵变趋于零。后人将此称之为能斯特热定理，亦称为热力学第三定律。

（b）普朗克说法（1911 年）：凝聚态纯物质在 0K 时的熵值为零。

（c）修正的普朗克说法（1920 年）：纯物质完美晶体在 0K 时的熵值为零。

㉖ 如果改变影响平衡的一个条件（如浓度、温度、压力等）时，平衡就向能减弱这种改变的方向移动。这一规律被称为勒沙特列原理。

㉗ 溶解热是指将一定量的溶质溶于一定量的溶剂中所产生的热效应的总和。

㉘ 稀释热是指把一定量的溶剂加到一定量的溶液中，使之稀释所产生的热效应的总和。

二、本项目主要公式及适用条件

1. 体积功的计算——通式

$$\delta W \stackrel{\text{def}}{=\!=} -p_{su} dV \tag{1-1}$$

$$W = \sum \delta W = -\int_{V_1}^{V_2} p_{su} dV \tag{1-2}$$

2. 焓的定义式

$$H \stackrel{\text{def}}{=\!=} U + pV \tag{1-3}$$

3. 热力学第一定律表达式

$$\Delta U = Q + W \tag{1-4}$$

$$dU = \delta Q + \delta W \tag{1-5}$$

4. 等容热的计算

$$Q_V = \Delta U_V \tag{1-6}$$

5. 等压热的计算

$$Q_p = \Delta H_p \tag{1-9}$$

6. 热力学能的计算

$$\Delta U = \int_{T_1}^{T_2} nC_{V,m} dT = nC_{V,m}(T_2 - T_1) \tag{1-14}$$

7. 焓的计算

$$\Delta H = \int_{T_1}^{T_2} nC_{p,m} dT = nC_{p,m}(T_2 - T_1) \tag{1-15}$$

8. 摩尔等压热容与摩尔等容热容的关系

$$C_{p,m} - C_{V,m} = R \text{（适用于理想气体）} \tag{1-17}$$

9. 热容比

$$\gamma \stackrel{\text{def}}{=\!=} \frac{C_{p,m}}{C_{V,m}} \tag{1-20}$$

10. 理想气体绝热可逆方程

$$pV^{\gamma} = 常数 \tag{1-21a}$$

$$TV^{\gamma-1} = 常数 \tag{1-21b}$$

$$p^{1-\gamma}T^{\gamma} = 常数 \tag{1-21c}$$

11. 热机效率

$$\eta = \frac{-W}{Q_1} = \frac{Q_1 + Q_2}{Q_1} = \frac{T_1 - T_2}{T_1} \tag{1-23}$$

12. 卡诺定理表达式

$$\eta \leqslant \frac{T_1 - T_2}{T_1} \begin{pmatrix} <, 不可逆热机 \\ =, 可逆热机 \end{pmatrix} \tag{1-25}$$

13. 熵的定义

$$\mathrm{d}S \stackrel{\text{def}}{=\!=} \left(\frac{\delta Q}{T}\right)_r \tag{1-26a}$$

$$\Delta S \stackrel{\text{def}}{=\!=} \int_A^B \left(\frac{\delta Q}{T}\right)_r \tag{1-26b}$$

14. 热力学第二定律数学表达式

$$\Delta S \geqslant \int_A^B \frac{\delta Q}{T} \begin{pmatrix} >, \mathrm{ir} \\ =, \mathrm{r} \end{pmatrix} \tag{1-28a}$$

$$\mathrm{d}S \geqslant \frac{\delta Q}{T} \begin{pmatrix} >, \mathrm{ir} \\ =, \mathrm{r} \end{pmatrix} \tag{1-28b}$$

15. 熵增加原理

$$\Delta S_{绝热} \geqslant 0 \begin{pmatrix} >, \mathrm{ir} \\ =, \mathrm{r} \end{pmatrix} \quad 或 \quad \mathrm{d}S_{绝热} \geqslant 0 \begin{pmatrix} >, \mathrm{ir} \\ =, \mathrm{r} \end{pmatrix} \tag{1-29}$$

16. 隔离系统熵判据

$$\Delta S_{隔离} \geqslant 0 \begin{pmatrix} >, \mathrm{ir} \\ =, \mathrm{r} \end{pmatrix} \quad 或 \quad \mathrm{d}S_{隔离} \geqslant 0 \begin{pmatrix} >, \mathrm{ir} \\ =, \mathrm{r} \end{pmatrix} \tag{1-30}$$

17. 热力学第三定律数学表达式

$$S^*(完美晶体, 0\mathrm{K}) = 0 \tag{1-31}$$

18. 亥姆霍兹函数和亥姆霍兹函数判据

$$A \stackrel{\text{def}}{=\!=} U - TS \tag{1-38}$$

$$\Delta A_{T,V} \leqslant 0 \begin{pmatrix} <, \mathrm{ir} \\ =, \mathrm{r} \end{pmatrix} \quad 或 \quad \mathrm{d}A_{T,V} \leqslant 0 \begin{pmatrix} >, \mathrm{ir} \\ =, \mathrm{r} \end{pmatrix} \tag{1-40}$$

19. 吉布斯函数和吉布斯函数判据

$$G \stackrel{\text{def}}{=\!=} H - TS \tag{1-41}$$

$$\Delta G_{T,p} \leqslant 0 \begin{pmatrix} <, \text{ir} \\ =, \text{r} \end{pmatrix} \text{ 或 } \mathrm{d}G_{T,p} \leqslant 0 \begin{pmatrix} <, \text{ir} \\ =, \text{r} \end{pmatrix} \tag{1-42}$$

20. 平衡常数定义式

$$K^{\ominus}(T) \stackrel{\text{def}}{=\!=} \exp\left[-\frac{\Delta_r G_m^{\ominus}(T)}{RT}\right] \tag{1-51}$$

21. 范特霍夫方程

$$\frac{\mathrm{d}\ln K^{\ominus}(T)}{\mathrm{d}T} = \frac{\Delta_r H_m^{\ominus}(T)}{RT^2} \tag{1-52}$$

$$\ln \frac{K^{\ominus}(T_2)}{K^{\ominus}(T_1)} = -\frac{\Delta_r H_m^{\ominus}}{R}\left(\frac{1}{T_2} - \frac{1}{T_1}\right) \tag{1-53}$$

22. 盖斯定律

$$\Delta_r H_m^{\ominus}(T) = \Delta_r H_{m,1}^{\ominus}(T) + \Delta_r H_{m,2}^{\ominus}(T) \tag{1-54}$$

23. 基希霍夫公式

$$\Delta_r H_m^{\ominus}(T) = \Delta_r H_m^{\ominus}(298.15\text{K}) + \int_{298.15\text{K}}^{T} \sum \nu_B C_{p,m}(B,\beta)\mathrm{d}T \tag{1-57}$$

24. 化学反应的标准摩尔焓变与标准摩尔热力学能变的关系

$$\Delta_r H_m^{\ominus}(T) = \Delta_r U_m^{\ominus}(T) + \sum_B \nu_B(\text{g})RT \tag{1-58}$$

25. 热力学基本方程

$$\mathrm{d}U = T\mathrm{d}S - p\mathrm{d}V \tag{1-61}$$

$$\mathrm{d}H = T\mathrm{d}S + V\mathrm{d}p \tag{1-62}$$

$$\mathrm{d}A = -S\mathrm{d}T - p\mathrm{d}V \tag{1-63}$$

$$\mathrm{d}G = -S\mathrm{d}T + V\mathrm{d}p \tag{1-64}$$

习 题 一

一、选择

1. 当理想气体反抗恒定的压力做绝热膨胀时，其（　　）。
   A) 焓总是减少　　B) 热力学能总是增加　　C) 焓总是增加　　D) 热力学能总是减少

2. 一定量理想气体经过一等温不可逆压缩过程，则有（　　）。
   A) $\Delta G > \Delta A$　　B) $\Delta G = \Delta A$　　C) $\Delta G < \Delta A$　　D) 不能确定

3. 已知反应（1）：$CH_4(g) \rightleftharpoons C(s) + 2H_2(g)$，反应（2）：$CO(g) + 2H_2(g) \rightleftharpoons CH_3OH(g)$，若提高系统总压力，则平衡移动方向为（　　）。
   A) (1)向左，(2)向右
   B) (1)向右，(2)向左
   C) (1)和(2)都向右
   D) (1)和(2)都向左

4. 热力学第一定律的数学表达式为（　　）。
   A) $\Delta U = Q + W$　　B) $\Delta U = Q + W'$　　C) $\Delta U = Q - W$　　D) $\Delta U = Q - W'$

5. 亥姆霍兹函数的定义式为（　　）。

　　A) $A = H + TS$　　B) $A = H - TS$　　C) $A = U - TS$　　D) $A = U + TS$

6. 有一种由元素 C，Cl 及 F 组成的化合物，在常温下为气体。此化合物在 101.325kPa，27℃ 时，密度为 4.93kg·m^{-3}，此化合物的分子式为（　　）。

　　A) $CFCl_3$　　B) CF_3Cl　　C) CF_2Cl_2　　D) C_2FCl_3

7. 已知反应 $CuO(s) \rightleftharpoons Cu(s) + \frac{1}{2}O_2(g)$，$\Delta_r H_m^{\ominus} > 0$，则该反应的 $\Delta_r G_m^{\ominus}$ 将随温度的升高而（　　）。

　　A) 增大　　B) 减小　　C) 不变　　D) 无法确定

8. 热力学第三定律的数学表达式为（　　）。

　　A) S^*（完美晶体，0K）$\geqslant 0$　　B) S^*（完美晶体，0K）$\leqslant 0$

　　C) S^*（完美晶体，0K）> 0　　D) S^*（完美晶体，0K）$= 0$

9. 在一个绝热的钢壁容器中，发生化学反应使系统的温度和压力都升高，则（　　）。

　　A) $Q > 0, W > 0, \Delta U > 0$　　B) $Q = 0, W = 0, \Delta U = 0$

　　C) $Q > 0, W = 0, \Delta U > 0$　　D) $Q = 0, W < 0, \Delta U < 0$

10. $H_2(g)$ 和 $O_2(g)$ 在绝热钢瓶中反应生成水，系统的温度升高了，此时正确的是（　　）。

　　A) $\Delta_r H = 0$　　B) $\Delta_r S = 0$　　C) $\Delta_r G = 0$　　D) $\Delta_r U = 0$

11. 吉布斯函数的定义式为（　　）。

　　A) $G = H + TS$　　B) $G = H - TS$　　C) $G = U - TS$　　D) $G = U + TS$

12. 以下属于系统的强度性质的是（　　）。

　　A) 体积　　B) 质量　　C) 热力学能　　D) 温度

13. 以下四个方程中，哪个不是封闭系统的热力学基本方程（　　）。

　　A) $dU = TdS - pdV$　　B) $dA = -SdT - pdV$

　　C) $dH = -TdS + Vdp$　　D) $dG = -SdT + Vdp$

14. 在温度 T 时，反应 $CH_4(g) + 2O_2(g) \longrightarrow CO_2(g) + 2H_2O(l)$ 的 $\Delta_r H_m^{\ominus}(T)$ 与 $\Delta_r U_m^{\ominus}(T)$ 的关系为（　　）。

　　A) $\Delta_r H_m^{\ominus}(T) > \Delta_r U_m^{\ominus}(T)$　　B) $\Delta_r H_m^{\ominus}(T) < \Delta_r U_m^{\ominus}(T)$

　　C) $\Delta_r H_m^{\ominus}(T) = \Delta_r U_m^{\ominus}(T)$　　D) 无法确定

15. 焓的定义式为（　　）。

　　A) $H = U - pV$　　B) $H = U + pV$　　C) $H = Q + W$　　D) $H = pV$

16. 隔离系统是指（　　）。

　　A) 与环境既可有能量交换，又可有物质交换的系统

　　B) 与环境只可有能量交换，而没有物质交换的系统

　　C) 与环境什么都可以交换的系统

　　D) 与环境既没有能量交换，又没有物质交换的系统

二、填空

1. 计算体积功的通式为_____。

2. 焓的定义式是_____。

3. 试根据熵的统计意义定性地判断下列过程中系统的熵变大于零还是小于零？

　　(1) 水蒸气冷凝成水_____。

　　(2) HCl 气体溶于水生成盐酸_____。

　　(3) $CaCO_3(s) \longrightarrow CaO(s) + CO_2(g)$_____。

4. 已知某理想气体 $C_{V,m} = \frac{5}{2}R$，则其 $C_{p,m} = $_____，热容比 $\gamma = $_____。

5. 某化学反应在等压、绝热和只做体积功的条件下进行，系统的温度由 T_1 升高至 T_2，则此过程的焓变

ΔH _____ 0，如果这一反应在等温、等压和只做体积功的条件下进行，则其焓变 ΔH _____ 0。

6. 系统可分为_____、_____和_____。
7. 封闭系统的热力学基本方程为_____、_____、_____、_____。

三、判断

1. 在任何温度及压力下，都严格服从 $pV = nRT$ 的气体叫理想气体。 （ ）
2. 绝热等容的封闭系统必为隔离系统。 （ ）
3. 标准平衡常数只是温度的函数。 （ ）
4. 标准平衡常数改变了，平衡一定会移动。 （ ）
5. 平衡移动了，标准平衡常数一定会改变。 （ ）
6. 一定量气体反抗一定的压力进行绝热膨胀时，其热力学能总是减少的。 （ ）
7. 系统的温度越高，向外传递的热量越多。 （ ）
8. 吉布斯函数 $\Delta G<0$ 能判断一个化学反应是否可以自发进行。 （ ）
9. $\Delta S \geqslant 0$（>自发，=平衡）可适用于任何系统。 （ ）
10. 绝热过程都是等熵过程。 （ ）
11. 液体的饱和蒸气压与温度无关。 （ ）
12. 系统经历一个不可逆循环过程，其熵变 $\Delta S>0$。 （ ）

四、计算

1. 2mol 理想气体由 27℃，100kPa 等温可逆压缩至 1000kPa，求该过程的 Q，W，ΔU 和 ΔH。
2. 对反应 $C_2H_4(g) + H_2(g) \Longrightarrow C_2H_6(g)$，已知数据如下：

物　　质	$C_2H_4(g)$	$H_2(g)$	$C_2H_6(g)$
$\Delta_f H_m^\ominus (298.15K)/(kJ \cdot mol^{-1})$	52.28	0	-84.67
$S_m^\ominus (298.15K)/(J \cdot mol^{-1} \cdot K^{-1})$	219.6	130.7	229.6

设气体服从理想气体状态方程，求在 298.15K 时该反应的 $\Delta_r G_m^\ominus (298.15K)$ 和 $K^\ominus (298.15K)$。

3. 已知 298.15K 时，

　(1) $C(石墨) + O_2(g) \Longrightarrow CO_2(g)$，$\Delta_r H_{m,1} = -393.15 kJ \cdot mol^{-1}$

　(2) $CO(g) + \frac{1}{2} O_2(g) \Longrightarrow CO_2(g)$，$\Delta_r H_{m,2} = -283.0 kJ/mol^{-1}$

　求算反应 (3) $C(石墨) + \frac{1}{2} O_2(g) \Longrightarrow CO(g)$，$\Delta_r H_{m,3} = ?$

4. 在一个带活塞的气缸中有 9mol $H_2(g)$，在恒定 10kPa 条件下向 300K 的大气散热，由 400K 降温至平衡。求 $H_2(g)$ 的 $\Delta S = ?$（已知 $H_2(g)$ 的 $C_{p,m} = 29.1 J \cdot mol^{-1} \cdot K^{-1}$）。

项目二
化学动力学

教学目标：
① 理解化学反应速率的定义和化学反应速率表示法；
② 熟悉基元反应、反应分子数、反应级数的概念；
③ 掌握反应物浓度对反应速率的影响（主要掌握具有简单级数的反应）；
④ 了解温度对反应速率的影响。

技能目标：
① 学会使用电导率仪和恒温水浴；
② 利用旋光仪测定蔗糖水解作用的速率常数；
③ 用电导率仪测定乙酸乙酯皂化反应进程中的电导率。

利用热力学函数判断变化的方向性时，没有涉及速率的问题，实际速率要由外界的具体条件以及对系统所施的阻力如何而定。例如热自动从高温物体流向低温物体，温差越大，流动的趋势也越大。但是实际上若用绝热的间壁使这两个物体隔开，绝热条件越完善，则热量的传递就越困难。当完全绝热时，尽管流动的趋势还存在，但实际上热量并不流动。在通常的情况下，氢和氧混合在一起，有生成 H_2O 的可能性，而实际上却观察不到水的生成。这就启示人们需要加入催化剂或改变反应的条件。由此可见，热力学的判断只是给人们一个启示，指示一种可能性，至于如何把可能性变为现实性，使反应按人们所要求的最恰当的方式进行，往往要具体问题具体分析。既要考虑平衡问题，也要考虑反应的速率问题；既要考虑可能性问题，又要考虑如何创造条件去实现这种可能性。这就是化学动力学的问题。

理论基础一 化学动力学基本概念

一、等容反应的反应速率

反应速率是化学反应快慢程度的量度。对于等容反应，反应系统的体积不随时间而变，由于物质 B 的物质的量浓度 $c_B = \dfrac{n_B}{V}$，定义

$$v \stackrel{\text{def}}{=\!=} \frac{1}{V}\frac{d\xi}{dt} = \frac{1}{V}\frac{dn_B}{\nu_B dt} = \frac{1}{\nu_B}\frac{dc_B}{dt} \tag{2-1}$$

则 v 称为反应速率，即单位体积中反应进度随时间的变化率。v 是一个不依赖于反应空间大小的强度性质，单位为 $mol \cdot m^{-3} \cdot s^{-1}$（读作：摩尔每立方米每秒），其中体积可用 dm^3（立方分米），时间也可用 min（分）和 h（时）。

二、消耗速率和增长速率

对于反应

$$a\mathrm{A} + b\mathrm{B} \longrightarrow y\mathrm{Y} + z\mathrm{Z}$$

其化学反应的反应速率

$$v = -\frac{1}{a}\frac{dc_A}{dt} = -\frac{1}{b}\frac{dc_B}{dt} = \frac{1}{y}\frac{dc_Y}{dt} = \frac{1}{z}\frac{dc_Z}{dt} \tag{2-2}$$

在实际工作中，还常为反应物或产物定义消耗或增长的速率。

消耗速率是指单位时间、单位体积中反应物消耗的物质的量。如

$$v_A = -\frac{dc_A}{dt} \tag{2-3}$$

$$v_B = -\frac{dc_B}{dt} \tag{2-4}$$

v_A，v_B 也是不依赖于反应空间大小的强度性质，单位与 v 相同。由于反应物不断消耗，dc_A/dt 为负值，为保持速率为正值，故前面加一负号。

增长速率即单位时间、单位体积中产物增长的物质的量。例如

$$v_Y = \frac{dc_Y}{dt} \tag{2-5}$$

$$v_Z = \frac{dc_Z}{dt} \tag{2-6}$$

v_Y，v_Z 也是强度性质，单位与 v 相同。

反应速率 v 与物质 B 的选择无关，故 v 不需要标注下角标。反应物的消耗速率或产物的增长速率均随物质 B 的选择而异，故在易混淆时须用下角标注明所选择的物质 A 或 Z，如 v_A 或 v_Z。

三、反应机理与基元反应

1. 反应机理

通常所写的化学方程式绝大多数并不代表反应的真正历程，而仅是代表反应的总结果，所以它只是代表反应的化学计量式。反应机理研究的内容是揭示一个化学反应由反应物到产物的反应过程中究竟经历了哪些真实的反应步骤，这些真实反应步骤的集合构成反应机理，而总的反应则称为总包反应。

例如，在气相中氢分别与不同的卤素元素（I_2，Cl_2）反应，通常把反应的化学计量方程式写成

① $\qquad\qquad\qquad H_2 + I_2 \longrightarrow 2HI$
② $\qquad\qquad\qquad H_2 + Cl_2 \longrightarrow 2HCl$

这两个反应的化学计量式形式相似，但它们的反应历程却大不相同。根据大量的实验结果，现在知道 H_2 和 I_2 的反应一般分两步进行：

③　　　　　　　　　　　$I_2 + M \rightleftharpoons 2I\cdot + M$
④　　　　　　　　　　　$H_2 + 2I\cdot \longrightarrow 2HI$

式中 M 是指稳定分子或容器壁，它作为能量的授受体，不参与反应而只具有传递能量的作用。H_2 和 Cl_2 的反应由下面几步构成：

⑤　　　　　　　　　　　$Cl_2 + M \longrightarrow 2Cl\cdot + M$
⑥　　　　　　　　　　　$Cl\cdot + H_2 \longrightarrow HCl + H\cdot$
⑦　　　　　　　　　　　$H\cdot + Cl_2 \longrightarrow HCl + Cl\cdot$
⑧　　　　　　　　　　　$Cl\cdot + Cl\cdot + M \longrightarrow Cl_2 + M$

2. 简单反应与复合反应

如果一个化学反应，总是经过若干个简单的反应步骤，最后才转化为产物分子，这种反应称为非基元反应。所谓简单步骤是指分子经一次碰撞后，在一次化学行为中就能完成反应，这种反应称为基元反应，有时也简称为元反应。简言之，基元反应就是一步能完成的反应，而反应①和反应②是非基元反应。非基元反应是许多基元反应的总和，亦称为总包反应或简称为总反应。一个复杂反应是经过若干个基元反应才能完成的，这些基元反应代表了反应所经过的途径，在动力学上就称其为反应机理或反应历程。故方程③～方程④和方程⑤～方程⑧分别代表了两种卤素 I_2，Cl_2 与 H_2 的反应历程。

3. 质量作用定律

经验证明，基元反应的速率方程比较简单，即基元反应的速率与反应物浓度的幂乘积成正比，其中各浓度的指数就是反应式中各反应物的化学计量数。基元反应的这个规律称为质量作用定律。

质量作用定律只适用于基元反应。一般的若反应 $aA + bB \longrightarrow yY + zZ$ 为基元反应，则其参加反应的各物质的反应速率为

$$v_A = -\frac{dc_A}{dt} = k_A c_A^a c_B^b$$

$$v_B = -\frac{dc_B}{dt} = k_B c_A^a c_B^b$$

$$v_Y = \frac{dc_Y}{dt} = k_Y c_A^a c_B^b$$

$$v_Z = \frac{dc_Z}{dt} = k_Z c_A^a c_B^b$$

速率方程中的比例常数 k_A, k_B, k_Y, k_Z 叫做反应速率常数。温度一定，反应速率常数为一定值，与浓度无关。反应速率常数代表各有关浓度均为单位浓度时的反应速率，它是反应本身的属性。同一温度下，比较几个反应的 k，可以大略知道它们反应能力的大小，k 越大，则反应越快。

上述几个质量作用定律公式代入式(2-2)，可得

$$\frac{k_A}{a} = \frac{k_B}{b} = \frac{k_Y}{y} = \frac{k_Z}{z} \tag{2-7}$$

四、反应级数和反应分子数

基元反应中实际参加反应的反应物的分子数目，称为反应分子数。基元反应若按反应分

子数划分,可分为三类:单分子反应、双分子反应和三分子反应。基元反应多数是单分子反应和双分子反应,三分子反应是不多的,四分子反应几乎不可能发生,因为四个反应物分子同时碰撞接触的概率实在太小了。

反应级数是化学反应的速率方程中各反应物的物质的量浓度的幂指数之代数和,用 n 表示。它的大小表示反应物的物质的量浓度对反应速率影响的程度。级数越高表明浓度对反应速率影响越强烈。反应级数一般是通过动力学实验确定的,而不是根据反应的计量方程写出来的。反应级数可以是正数或负数,可以是整数或分数,也可以是零。有时反应速率尚与产物的物质的量浓度有关。有的反应速率方程很复杂,或确定不出简单的级数关系。例如,根据实验结果归纳得出的某反应的速率方程可用下式表示:

$$v = k c_A c_B$$

则根据速率方程中各浓度项的相应指数,该反应对反应物 A 而言是一级,对反应物 B 也是一级,故总反应级数为二级。通常所说的该反应的级数都是指总级数而言的。

对于化学计量反应:

$$a\text{A} + b\text{B} + \cdots \longrightarrow \cdots + y\text{Y} + z\text{Z}$$

由实验数据得出的经验速率方程,一般也可写成类似质量作用定律的幂乘积的形式:

$$v_A = -\frac{dc_A}{dt} = k_A c_A^\alpha c_B^\beta \cdots$$

式中各浓度的方次 $\alpha, \beta, \cdots$ 分别称为反应组分 $A, B, \cdots$ 的反应分级数。反应总级数 n(简称反应级数)为各组分反应分级数的代数和:

$$n = \alpha + \beta + \cdots$$

反应级数的大小表示浓度对反应速率影响的程度,级数越大则反应速率受浓度的影响越大。例如,光气的合成反应

$$\text{CO}(g) + \text{Cl}_2(g) \longrightarrow \text{COCl}_2(g)$$

实验表明该反应的速率方程为

$$v = k c_{CO} c_{Cl_2}^{1.5}$$

则该反应对 CO(g) 来说是一级,对 Cl_2(g) 来说是 1.5 级,总反应是 2.5 级。

反应的级数和分子数是属于不同范畴的概念。对于基元反应或简单反应,通常其反应级数和反应的分子数是相同的,参加基元反应的分子数只可能是 1,2 或 3。例如反应 $I_2 \rightleftharpoons$ 2I· 是单分子反应,也是一级反应。总之,反应级数是就宏观的总包反应而言的,而反应分子数则是对微观的基元反应来说的。反应级数可以是整数、分数、零或负数等各种不同的形式,有时甚至无法用简单数字来表示。而反应分子数的值只能是不大于 3 的正整数。尽管在通常情况下二者常具有相同的数值,但其意义是有区别的。对于一个指定的基元反应而言,反应分子数有定值,但其反应的级数由于反应的条件不同而可能有所不同。

理论基础二 化学反应速率方程

一、化学反应速率方程的积分形式

反应速率方程又称动力学方程。狭义地说,它是在其他因素固定不变的条件下,定量描

述各种物质的浓度对反应速率影响的数学方程。广义地说，它是定量描述各种因素对反应速率影响的数学方程。在本节中主要讨论狭义的速率方程。

一定温度下的速率方程，在一般情况下是联系浓度-时间的函数关系的方程。上节讨论的速率方程

$$v_A = -\frac{dc_A}{dt} = k_A c_A^\alpha c_B^\beta \cdots$$

是速率方程的微分形式。实际应用时，人们常常想知道在指定的时间内某反应组分的浓度将变为若干，或者要达到一定的转化率需要反应多长时间。这就必须将微分形式转化为积分形式，即 c_A 与 t 的函数关系式。下面将对各简单级数进行积分，并主要从 k 的单位，浓度与时间之间的函数关系及半衰期与浓度的关系等三个方面分别讨论它们的动力学特征。

设 $n_{A,0}$ 及 n_A 分别为反应初始时及反应到时间 t 时 A 的物质的量，x_A 为时间 $t=0$ 到 $t=t$ 时反应物 A 的转化率，其定义为

$$x_A \stackrel{\text{def}}{=} \frac{n_{A,0} - n_A}{n_{A,0}} \tag{2-8}$$

x_A 通常称为 A 的动力学转化率，$x_A \leqslant x_{A,e}$，$x_{A,e}$ 为热力学平衡转化率。由式(2-8)，有

$$n_A = n_{A,0}(1 - x_A)$$

当反应系统为等容时，则有

$$c_A = c_{A,0}(1 - x_A) \tag{2-9}$$

$c_{A,0}$，c_A 分别为 $t=0$ 及 $t=t$ 时反应物 A 的物质的量浓度。

1. 零级反应

对于反应

$$a\text{A} \longrightarrow y\text{Y}$$

若反应的速率与反应物 A 浓度的零次方成正比，该反应就是零级反应，如光化学反应中反应物对光的吸收，其反应速率与反应物的浓度无关。即

$$v_A = -\frac{dc_A}{dt} = k_A c_A^0 = k_A$$

分离变量积分得

$$c_{A,0} - c_A = k_A t \tag{2-10}$$

将式(2-9)代入式(2-10)可得

$$c_{A,0} x_A = k_A t \tag{2-11}$$

k_A 的单位为[浓度]·[时间]$^{-1}$。反应物反应掉一半（即 $c_A = \frac{1}{2} c_{A,0}$ 或 $x_A = 0.5$ 时）所需要的时间定义为半衰期，以符号 $t_{1/2}$ 表示。由式(2-10)可得零级反应的半衰期为

$$t_{1/2} = \frac{c_{A,0}}{2k_A} \tag{2-12}$$

式(2-12)表明零级反应的半衰期正比于反应物的初始浓度 $c_{A,0}$。

混悬液中药物的降解仅与溶液相中的药物量（即药物的溶解度）有关，而与混悬的固体

药量无关；当药物降解后，固体相中的药物就溶解补充到溶液相中，保持溶液中的药量不变；而药物的溶解度为常数，故这类降解反应可认为是零级反应，但与真正的零级反应有所不同，称为假零级反应。

2. 一级反应

若反应的速率与反应物 A 浓度的一次方成正比，该反应就是一级反应，即

$$v_A = -\frac{dc_A}{dt} = k_A c_A$$

单分子基元反应为一级反应，一些物质的分解反应，即使不是基元反应往往也表现为一级反应。一些放射性元素的蜕变，例如镭的蜕变 Ra ⟶ Rn + He，也可以认为是一级反应，因为每一瞬间的蜕变速率是与当时存在的物质的量成正比的。一级反应的速率方程积分式为

$$\ln \frac{c_{A,0}}{c_A} = k_A t \tag{2-13}$$

$$\ln \frac{1}{1-x_A} = k_A t \tag{2-14}$$

$$t_{1/2} = \frac{\ln 2}{k_A} \tag{2-15}$$

可见一级反应 k_A 的单位为[时间]$^{-1}$，其半衰期与反应物的初始浓度 $c_{A,0}$ 无关。

3. 二级反应

化学反应的速率与反应物浓度的二次方成正比，即为二级反应。例如，氢气与碘蒸气化合成碘化氢，水溶液中乙酸乙酯的皂化反应等均为二级反应。二级反应是最常遇到的反应。

重点讨论只有一种反应物的情形：

$$a A \longrightarrow y Y$$

速率方程为

$$v_A = -\frac{dc_A}{dt} = k_A c_A^2$$

其积分形式为

$$\frac{1}{c_A} - \frac{1}{c_{A,0}} = k_A t \tag{2-16}$$

$$\frac{x_A}{c_{A,0}(1-x_A)} = k_A t \tag{2-17}$$

$$t_{1/2} = \frac{1}{k_A c_{A,0}} \tag{2-18}$$

k_A 的单位是[浓度]$^{-1}$·[时间]$^{-1}$。二级反应的半衰期与反应物的初始浓度 $c_{A,0}$ 成反比。

二、各种因素对化学反应速率的影响

控制化学反应速率是许多实践活动的需要。绝大多数化学反应的速率都是随着反应进行而不断减慢的,并且同一反应在不同浓度、温度、压力、相态下是否使用催化剂以及使用不同的催化剂,都会对反应速率造成不同的影响。化学反应的速率自然与反应物的结构和性质有着很大的关系。爆炸反应、强酸与强碱的中和反应以及离子交换反应的速率非常快,但岩石的风化、钟乳石的生长以及铀的衰变等,却需要经历千百万年才有显著的变化。一般而言,生成共价键和大分子的反应速率比较慢。

1. 物质状态对反应速率的影响

反应物的状态(固态、液态、气态)对反应速率有很大的影响。一般而言,速率决定于反应物接触表面积与体积的比值,该比值越大,反应速率越快。因此,均相反应中反应物接触较充分,速率较快,如水溶液中的中和反应及沉淀反应;非均相反应中的反应物只限于在能接触的表面反应,速率较慢,且一般需要剧烈摇晃或搅拌容器,以充分混合使反应物接触面积增大。固体为粉末状或块状对反应也有影响,粉末状的固体接触表面积较大,反应较快。

2. 温度对反应速率的影响

温度对反应速率的影响是强烈的,比浓度对反应速率的影响更显著。据统计,温度带来±1%的误差可给反应速率带来±10%的误差。所以在研究反应速率与浓度的关系时,必须将温度固定并要求较高的温控精确度,如间歇式反应器放置在高精度恒温槽内,对连续式反应器采取有效的保温措施等。研究温度对反应速率的影响,就是研究温度对反应速率常数的影响,也就是要找出速率常数 k 随温度 T 变化的函数关系。

范特霍夫通过对大多数常见反应的 k 与 T 的关系的实验结果,得出如下经验规律:

$$\gamma = \frac{k(T+10\text{K})}{k(T)} = 2 \sim 4 \tag{2-19}$$

式中,γ 称为反应速率常数的温度系数,这是一个粗略的经验规则,被称为范特霍夫规则。这个规则表明:一般情况下(在常温范围内),温度每升高 $10°C$,反应速率会增加到原来的 $2\sim 4$ 倍。范特霍夫规则虽然并不准确,但当缺少数据时,用它做粗略估算,很有实际应用价值。

阿仑尼乌斯通过实验研究并在范特霍夫工作的启发下,关于温度对反应速率常数的影响规律,提出如下指数函数形式的经验方程

$$k = k_0 \exp\left(-\frac{E_a}{RT}\right) \tag{2-20}$$

式(2-20)叫阿仑尼乌斯方程。式中,R 为摩尔气体常数,k_0 及 E_a 为两个经验参量,分别叫指(数)前参量及活化能。k_0 与 k 有一致的单位。在温度范围不太宽时,阿仑尼乌斯方程适用于基元反应和许多总包反应,也常应用于一些非均相反应。若视 E_a 与温度无关,把式(2-20)取对数再积分,就得到阿仑尼乌斯方程的积分形式:

$$\ln \frac{k_{A,2}}{k_{A,1}} = -\frac{E_a}{R}\left(\frac{1}{T_2} - \frac{1}{T_1}\right) \tag{2-21}$$

3. 催化剂对反应速率的影响

如果把某种物质（可以是一种到几种）加到化学反应系统中，可以改变反应的速率（即反应趋向平衡的速率）而本身在反应前后没有数量上的变化，同时也没有化学性质的改变，则该种物质称为催化剂。现代的许多大型化工生产，如合成氨、石油裂解、高分子材料的合成、油脂加氢、脱氢、药物的合成等无不使用催化剂。据统计，在现代化工生产中80%～90%的反应过程都使用催化剂。因而催化剂作用的研究已成为现代化学研究领域的一个重要分支。

催化剂是一种只要加入少量就能显著加快反应速率，而其本身反应后没有被消耗的物质。催化剂是通过参加化学反应来加快反应速率的，但是反应的结果本身却能够复原。催化剂的这种作用称为催化作用。有时某些反应的产物也具有加速反应的作用，则称为自动催化作用。固体催化剂通常由以下几部分组成。

主催化剂——具有催化活性的主体。

助催化剂——本身无催化活性或催化活性很小，但加入后可提高主催化剂的活性或延长主催化剂的寿命等。

载体——对主催化剂及助催化剂起承载和分散作用。载体往往是一些天然的或人造的多孔性物质，如天然沸石、硅胶、人造分子筛等。

催化剂有如下基本特征。

① 催化剂参与化学反应，为反应开辟了一条活化能 E_a 降低的新途径，与原途径同时进行。

② 催化剂不能改变化学反应的平衡规律。催化剂同等地加速正反应和逆反应，缩短反应达到平衡的时间，但是不改变化学反应的平衡状态，不能使已达平衡的反应继续进行，以致超过平衡转化率。由这一特征可知，催化剂不能改变平衡常数 K，而 $K=k_1/k_{-1}$，所以，能加速正反应速率 k_1 的催化剂，也必定能加速逆反应速率 k_{-1}。这就是说加速氨（NH_3）分解为氮气（N_2）和氢气（H_2）的催化剂，也必定是氮气（N_2）和氢气（H_2）合成氨（NH_3）的催化剂。加氢反应的优良催化剂必定也是脱氢反应的优良催化剂。这一条规律为寻找催化剂的实验提供很大的方便，例如，合成氨反应需要高压，因此，可以在常压下用氨的分解实验来寻找合成氨的催化剂。

③ 催化剂具有明显的选择性，只加速某一个或几个反应。催化剂的选择性有两方面含义。其一，不同类型的反应需用不同的催化剂，例如氧化反应和脱氢反应的催化剂是不同类型的催化剂；即使同一类型的反应通常使用的催化剂也不同，如二氧化硫（SO_2）的氧化用五氧化二钒（V_2O_5）作催化剂，而乙烯（$CH_2=CH_2$）氧化却用银（Ag）作催化剂。其二，对同样的反应物选择不同的催化剂可以得到不同的产物，例如乙醇在不同催化剂作用下可转化制取 25 种产品（如图 2-1 所示）。

具有催化功效的蛋白质称为酶。酶是动植物和微生物产生的具有催化能力的蛋白质。生物体内的化学反应几乎都是在酶的催化下进行的。通过酶可以合成和转化自然界大量有机物质。酶的活性极高，约为一般酸碱催化剂的 $10^8 \sim 10^{11}$ 倍，选择性也极高，如尿素酶在溶液中只含千万分之一，就能催化尿素（$(NH_2)_2CO$）的水解，再如蛋白酶专门催化蛋白质水解为肽，脂肪酶只能催化脂肪水解为脂肪酸和甘油等。酶的催化功能非常专一，作用条件温和。酶催化已被利用在发酵、石油脱蜡、脱硫以及"三废"处理等方面。

催化剂能够加快反应速率的能力大小称为催化活性，而催化剂表面具有催化活性的活性

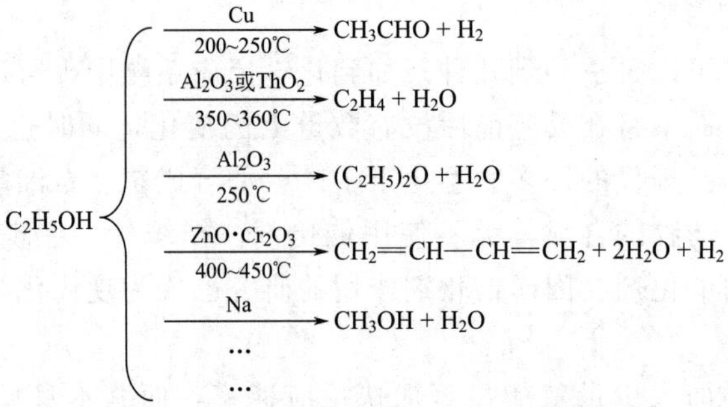

$$C_2H_5OH \begin{cases} \xrightarrow[200\sim250℃]{Cu} CH_3CHO + H_2 \\ \xrightarrow[350\sim360℃]{Al_2O_3\text{或}ThO_2} C_2H_4 + H_2O \\ \xrightarrow[250℃]{Al_2O_3} (C_2H_5)_2O + H_2O \\ \xrightarrow[400\sim450℃]{ZnO·Cr_2O_3} CH_2{=}CH{-}CH{=}CH_2 + 2H_2O + H_2 \\ \xrightarrow{Na} CH_3OH + H_2O \\ \cdots \\ \cdots \end{cases}$$

图 2-1　不同催化剂作用下的乙醇转化反应

部位称为活性中心。催化剂的使用从诱导期到成熟期再到衰减期，具有一定的时间。催化剂使用时间的长短即为催化剂的寿命。开发一种新催化剂常常要做寿命实验，以考察它的使用寿命。反应系统中某些杂质的存在往往会使催化剂失去活性，称为中毒。催化剂的中毒分为暂时中毒和永久中毒两类。通过一定的方法使得暂时中毒的催化剂恢复其活性，称为催化剂的再生；而永久中毒的催化剂则不能再生。

实训四 蔗糖水解常数测定

一、实训目的

① 根据物质的光学性质研究蔗糖水解反应，测定其反应速率常数。
② 了解旋光仪的基本原理，掌握其使用方法。
③ 熟悉一级反应的特点。

蔗糖水解常数测定

二、实训原理

一束偏振光通过有旋光性物质的溶液时使偏振光振动面旋转某一角度，旋转的角度称为旋光度（α）。物质的旋光度，除决定于物质本性外，还与温度、浓度、液层厚度、光源波长等因素有关。蔗糖及其水解产物葡萄糖、果糖都含有不对称碳原子，它们均为旋光性物质。蔗糖、葡萄糖能使偏振光的振动面按顺时针方向旋转，为右旋物质，旋光度为正值。果糖为左旋物质，旋光度为负值，数值较大，整个水解混合物是左旋的。所以可以通过观察系统反应过程中旋光度的变化来量度反应的进程。借助反应系统旋光度的测定，可以测定蔗糖水解的速率。量度旋光度的仪器称旋光仪。

利用物质的旋光性测定蔗糖水解反应速率常数有意义的定量研究最早见于1850年，威廉米所研究的具体反应就是蔗糖在 H^+ 催化作用下水解转化为葡萄糖和果糖。

$$C_{12}H_{22}O_{11} + H_2O \xrightarrow{H^+} C_6H_{12}O_6 + C_6H_{12}O_6$$
$$\text{蔗糖} \qquad\qquad\qquad \text{葡萄糖} \qquad \text{果糖}$$

由于在较稀的蔗糖溶液中，水是大量的，反应过程中水的浓度可以认为不变，因此在一定酸度下，反应速率只与蔗糖的浓度有关，而反应速率与反应物浓度的一次方成正比的反应称为一级反应，故蔗糖的转化反应可视为一级反应。

根据一级反应速率方程，

$$v = \frac{-dc}{dt} = kt,$$

其中，t 为反应时间；c 为时间 t 时蔗糖的浓度。

不定积分得

$$\ln c = -kt + B$$

B 为积分常数，当 $t=0$ 时，

$$B = \ln c_0$$

c_0 是蔗糖的起始浓度，代入不定积分式可得定积分式：

$$k = \frac{1}{t} \ln \frac{c_0}{c}$$

解得半衰期为

$$t_{1/2}=\frac{\ln 2}{k}=\frac{0.6932}{k}$$

一级反应有三个特点。

① k 的数值与浓度无关，k 的单位为 [时间]$^{-1}$，常用单位有 s^{-1}，min^{-1} 等。

② 半衰期与反应物起始浓度无关。

③ 以 $\ln c$ 为纵坐标，时间 t 为横坐标作图应得一条直线，斜率为 $-k$，截距为 B。

由此可用作图法求得直线斜率，计算反应速率常数 $k=-$斜率。

已知，比旋光度$[\alpha(蔗糖)]_D^{20}=+66.6°$，$[\alpha(葡萄糖)]_D^{20}=+52.2°$，$[\alpha(果糖)]_D^{20}=-91.9°$，所以，当蔗糖水解反应进行时，右旋角度不断减小，当反应终了时，系统经过零度变为左旋。蔗糖水解反应中，旋光度与浓度成正比，且溶液的旋光度为各组成旋光度之和（有加和性）。

若反应时间为： 0　　　t　　　∞

则溶液旋光度为： α_0　　α_t　　α_∞

可用 $(\alpha_0-\alpha_\infty)$ 代表蔗糖的总量，$(\alpha_t-\alpha_\infty)$ 代表时刻 t 时蔗糖的量。因为测定是在同一仪器，同一光源，同一长度旋光管中进行的，则可以导出：

$$k=\frac{1}{t}\ln\frac{c_0}{c}=\frac{1}{t}\ln\frac{K(\alpha_0-\alpha_\infty)}{K(\alpha_t-\alpha_\infty)}=\frac{1}{t}\ln\frac{\alpha_0-\alpha_\infty}{\alpha_t-\alpha_\infty}$$

即

$$\ln(\alpha_t-\alpha_\infty)=-kt+\ln(\alpha_0-\alpha_\infty)$$

式中，α_0 为反应开始时蔗糖的旋光度；α_t 为反应进行到 t 时的混合物的旋光度；α_∞ 为水解完毕时的旋光度。

本实训就是用旋光仪测定 α_t，α_∞ 值，从而计算 $\ln(\alpha_t-\alpha_\infty)$，以 $\ln(\alpha_t-\alpha_\infty)$ 为纵坐标，时间 t 为横坐标作图，由图所得直线斜率求 k 值，进而求得半衰期 $t_{1/2}$。

三、实训仪器及药品

1. 实训仪器

自动旋光仪（WZZ-2B 型，1 台），旋光管（2 支），锥形瓶（2 支），移液管（2 支），烧杯（100mL，1 个）。

2. 实训药品

蔗糖（A.R.），HCl 溶液（$2mol·L^{-1}$，由 50mL 浓 HCl 定容于 250mL 容量瓶配得）。

四、实训步骤

① 调节旋光仪。接通电源，预热 10min。将旋光管装满蒸馏水，使之无气泡，然后置于旋光仪暗箱中，调零。

② 蔗糖溶液的配制。取 5g 蔗糖于烧杯中加少量水溶解，然后定容于 25mL 容量瓶中。将配好的蔗糖溶液置于 25℃ 的水浴中恒温。

③ 蔗糖水解过程中 α_t 的测定。从恒温槽中取出蔗糖溶液，将 25mL 2mol·L^{-1} HCl 溶液加入蔗糖溶液中，使其混合均匀。立即开始计时，迅速取少量混合液清洗旋光管两三次，然后注满旋光管，测其旋光度。分别测得时间为 5min，10min，15min，20min，25min，30min，40min，50min，60min 时的旋光度，记录在表格中。

④ α_∞ 的测定。将反应剩余的混合液置于 50~60℃ 的热水浴中，温热 40min 以加速转化反应的进行，然后冷却，再恒温至 25℃ 测其旋光度，此值即为反应终了时的旋光度，记为 α_∞，填入数据表中。

⑤ 实训结束时，立刻将旋光管洗净干燥，以免酸对旋光管的腐蚀。

五、实训记录与数据处理

① 实训数据填入下表。

盐酸浓度：　　mol·L^{-1}		实训温度：　　℃		α_∞ =
反应时间/min	α_t	$\alpha_t - \alpha_\infty$	$\ln(\alpha_t - \alpha_\infty)$	k
5				
10				
15				
20				
25				
30				
40				
50				
60				

② 以 $\ln(\alpha_t - \alpha_\infty)$ 为纵坐标，时间 t 为横坐标作图，由图所得直线斜率求 k 值，并填入上表。

③ 计算蔗糖水解反应的半衰期 $t_{1/2}$。

六、思考题

① 为什么可用蒸馏水来校正旋光仪的零点？

② 在旋光度的测量中为什么要对零点进行校正？它对旋光度的精确测量有什么影响？在本实训中若不进行校正对结果是否有影响？

七、注意事项

① 使用前旋光管应用待测液润洗，使用后旋光管应依次用自来水和蒸馏水清洗。

② 测量 α_∞ 时水浴温度不得超过 60℃。

实训五　电导率测定

一、实训目的

① 了解电导率的含义。
② 掌握电导率仪的使用原理和方法。
③ 学习电导率的测定方法。

电导率测定

二、实训原理

电导率是以数字表示的溶液传导电流的能力。电导率可定性地反映出水中离子的多少，但还不能定量地反映水中离子的成分和数量，其大小与水中离子的多少、离子的摩尔电导率、离子的电荷数以及离子的迁移速度都有关系。纯水的电导率很小，当水中含有无机酸、碱、盐或有机带电胶体时，电导率就增加。电导率常用于间接推测水中带电荷物质的总浓度。水溶液的电导率取决于带电荷物质的性质和浓度，以及溶液的温度和黏度等。

电导率的标准单位是 $S \cdot m^{-1}$（即西门子每米），一般实际使用单位为 $mS \cdot cm^{-1}$（毫西门子每厘米），常用单位 $\mu S \cdot cm^{-1}$（微西门子每厘米）。单位间的互换关系为

$$1mS \cdot cm^{-1} = 10^3 \mu S \cdot cm^{-1} = 10^{-3} S \cdot cm^{-1}$$

新蒸馏水电导率为 $0.05 \sim 0.2 mS \cdot m^{-1}$，存放一段时间后，由于空气中的二氧化碳或氨的融入，电导率可上升至 $0.2 \sim 0.4 mS \cdot m^{-1}$；饮用水电导率在 $5 \sim 150 mS \cdot m^{-1}$；海水电导率大约为 $3000 mS \cdot m^{-1}$；清洁河水电导率为 $10 mS \cdot m^{-1}$。电导率随温度变化而变化，温度每升高 $1 ℃$，电导率增加约 2%，通常规定 $25℃$ 为测定电导率的标准温度。

由于电导率是电阻的倒数，因此当两个电极（通常为铂电极或铂黑电极）插入溶液中，可以测出两电极间的电阻 R。根据欧姆定律，温度一定时这个电阻值与电极的间距 $l(cm)$ 成正比，与电极截面积 $A(cm^2)$ 成反比，即

$$R = \frac{\rho l}{A}$$

由于电极面积 A 与间距 l 都是固定不变的，故 l/A 是一个常数，称电导池系数（以 K_{cell} 表示），即电导池的电极常数。若 $1/\rho$ 称为电导率，以 κ 表示，则

$$R = \rho K_{cell} \frac{K_{cell}}{\kappa}$$

所以，$\kappa = K_{cell}/R$。当已知电导池系数并测出电阻后，即可求出电导率。电导率反映溶液导电能力的强弱。

三、实训仪器及药品

1. 实训仪器

电导率仪（DDS-11A 型，1 台），铂电极（1 个）。

2. 实训药品

纯水（电导率一般小于 $0.1mS \cdot m^{-1}$），氯化钾（A.R.）。

四、实训步骤

① 电导率仪的调节。将插头接入电源插座，打开开关，调节"测量/校正"挡，使仪器处于校正状态。将"温度补偿"旋钮的标志线置于被测液实时温度的相应位置，调节"常数校正"旋钮使仪器显示值为所用电极的电极常数。再次调节"测量/校正"挡，使仪器处于测量状态。

② $0.0100mol \cdot L^{-1}$ 氯化钾（KCl）溶液的配制。称取 $0.07456g$ 于 $105℃$ 干燥 $2h$ 并冷却的氯化钾，溶于纯水中，于 $25℃$ 下定容至 $100mL$ 容量瓶中，并测试溶液的电导率，填入数据记录表中。

③ 稀释溶液并测其电导率。适当稀释，测试水及各种浓度（$0.005mol \cdot L^{-1}$，$0.001mol \cdot L^{-1}$，$0.0005mol \cdot L^{-1}$，$0.0001mol \cdot L^{-1}$）时氯化钾溶液的电导率，并记录。

④ 实训完毕，整理实训仪器。

五、实训记录与数据处理

① 不同浓度氯化钾的电导率（$25℃$）。

水的电导率：_____ $mS \cdot cm^{-1}$

序号	1	2	3	4	5
浓度/($mol \cdot L^{-1}$)	0.01	0.005	0.001	0.0005	0.0001
电导率/($mS \cdot cm^{-1}$)					
电导率/($\mu S \cdot cm^{-1}$)					

② 根据上表中的数据，以浓度为横坐标，电导率数据为纵坐标，绘制浓度-电导率关系曲线图，总结溶液电导率与其浓度是何关系？

六、思考题

① 影响电导率测定准确性的因素主要有哪些？
② 在仪器不使用的时候，电极应如何处理？

七、注意事项

① 每次测完电导率，电极要用蒸馏水冲洗。
② 测试过程中电极的金属片要全部浸入液面下，且电极在溶液中要保持静止，不能晃动。

实训六　乙酸乙酯皂化反应速率常数的测定

一、实训目的

① 用电导法测定乙酸乙酯皂化反应速率常数及活化能。
② 了解二级反应的特点，学会用图解法求二级反应的速率常数。
③ 进一步练习使用电导率仪和恒温水浴。

乙酸乙酯皂化反应
速率常数的测定

二、实训原理

乙酸乙酯皂化是双分子反应，其反应式为

$$CH_3COOC_2H_5 + NaOH \longrightarrow CH_3COONa + C_2H_5OH$$

反应开始时 $t=0$	c	c	0	0
反应过程中转化了	x	x	x	x
反应到 t 时 $t=t$	$c-x$	$c-x$	x	x
反应到∞时 $t \to \infty$	0	0	$x \to c$	$x \to c$

在反应过程中，各物质的浓度随时间而改变，不同反应时间的 OH^- 的浓度，可以用标准酸进行滴定求得，也可以通过间接测量溶液的电导率而求出。为了处理方便起见，在设计这个实训项目时，将反应物 $CH_3COOC_2H_5$ 和 $NaOH$ 采用相同浓度 c 作为起始浓度。设反应时间为 t，则在 t 时刻反应所生成的 CH_3COONa 和 C_2H_5OH 的浓度为 x，$CH_3COOC_2H_5$ 和 $NaOH$ 的浓度为 ($c-x$)。

因为是双分子反应，所以时间为 t 的反应速率和反应物浓度的关系为

$$\frac{dx}{dt} = k(c-x)^2 \tag{2-22}$$

式中，k 为反应速率常数。将式(2-22)积分可得

$$kt = \frac{x}{c(c-x)} \tag{2-23}$$

可以看出原始浓度 c 是已知的，只要测出 t 时的 x 值就可算出反应速率常数 k。首先假定整个反应系统是在稀释的水溶液中进行的，因此可以认为 CH_3COONa 是全部解离的，在本实训中用测量溶液的电导率求算 x 值的变化，参与导电的离子有 Na^+，OH^- 和 CH_3COO^-，而 Na^+ 在反应前后浓度不变，由于 OH^- 不断减少而 CH_3COO^- 不断增加，所以系统的电导率不断下降。

显然，系统电导率的减少量和 CH_3COONa 的浓度 x 的增大成正比，即

$$t=t \text{ 时，} \qquad x = K(\kappa_0 - \kappa_t) \tag{2-24}$$

$$t \to \infty \text{ 时，} \qquad c = K(\kappa_0 - \kappa_\infty) \tag{2-25}$$

式中，κ_0 为反应起始时的电导率；κ_t 为反应到 t 时的电导率；κ_∞ 为反应时间 $t \to \infty$ 时的电导率；K 为比例常数。

将式(2-24)、式(2-25)代入式(2-23)得

$$\frac{\kappa_0 - \kappa_t}{\kappa_t - \kappa_\infty} = ckt \tag{2-26}$$

从式(2-26)可知，只要测定了 κ_0，κ_∞ 以及一组 κ_t 以后，用 $\dfrac{\kappa_0-\kappa_t}{\kappa_t-\kappa_\infty}$ 对 t 作图，应得一直线，直线的斜率 m 就是反应速率常数 k 和原始浓度 c 的乘积。k 的单位为 $\text{min}^{-1} \cdot \text{mol}^{-1} \cdot \text{L}$。

三、实训仪器及药品

1. 实训仪器

电导率仪（DDS-11A 型，1 台），恒温槽水浴（1 套），停表（1 只），烘干试管（4～5 支），移液管（15mL，2 支）。

2. 实训药品

NaOH 溶液（0.0200mol·L^{-1}，由 0.4g NaOH 定容于 500mL 容量瓶中配得），NaOH 溶液（0.0100mol·L^{-1}，由 0.2g NaOH 定容于 500mL 容量瓶中配得），醋酸钠溶液（0.0100mol·L^{-1}，取 0.3402g CH$_3$COONa 定容于 250mL 容量瓶中配得），乙酸乙酯溶液（0.0200mol·L^{-1}，量取 0.979mL CH$_3$COOC$_2$H$_5$ 溶于 500mL 容量瓶中配得）。

四、实训步骤

① 电导仪的调节。参照实训 2-2。

② κ_∞ 和 κ_0 的测量。皂化反应速率装置如图 2-2 所示。取 0.0100mol·L^{-1} 的 CH$_3$COONa 溶液 10mL 装入干净的试管中，液面约高出铂黑片 1cm 为宜。浸入 30℃恒温槽内 10min，然后接通电导率仪，测定其电导率，即为 κ_∞。按上述操作，测定 0.0100mol·L^{-1} 的 NaOH 溶液的电导为 κ_0。测量时，每一种溶液都必须重复 3 次取平均值。注意每次测定电导率时，都要先用蒸馏水淋洗铂黑电极三次，接着用所测液淋洗三次。

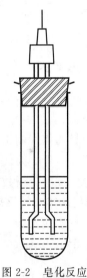

图 2-2 皂化反应速率装置

③ κ_t 的测量。将电导池的铂黑电极浸于另一盛有蒸馏水的试管中，并置于恒温槽中恒温。用移液管移取 10mL 0.0200mol·L^{-1} NaOH 溶液注入干燥试管中，用另一移液管移取 10mL 0.0200mol·L^{-1} CH$_3$COOC$_2$H$_5$ 溶液注入另一试管中，两试管的管口均用塞子塞紧，防止 CH$_3$COOC$_2$H$_5$ 挥发。试管置于恒温槽中恒温 10min 后，两试管中的溶液混合在一支试管中，将铂黑电极从恒温的蒸馏水中取出并用该混合液淋洗数次，随即插入盛有混合液的试管中进行电导率-时间测定，每隔 5min 测量一次，半小时后，每隔 10min 测量一次，反应进行到 1h 后可停止测量。

测量结束后，重新测量 κ_∞，看是否与反应前测量的值一致。

④ 实训完毕，整理仪器。实训结束后，应将铂黑电极浸入蒸馏水中。试管洗净放入烘箱。

五、实训记录与数据处理

① 计算 κ_0，κ_∞ 的平均值。

次数	1	2	3	平均
$\kappa_0/(\mathrm{mS\cdot cm^{-1}})$				
$\kappa_\infty/(\mathrm{mS\cdot cm^{-1}})$				

② 将 $t,\kappa_t,\kappa_0-\kappa_t,\kappa_t-\kappa_\infty,(\kappa_0-\kappa_t)/(\kappa_t-\kappa_\infty)$ 列成数据表。

$t/\min$	5	10	15	20	25	30	40	50	60
$\kappa_t/(\mathrm{mS\cdot cm^{-1}})$									
$(\kappa_0-\kappa_t)/(\mathrm{mS\cdot cm^{-1}})$									
$(\kappa_t-\kappa_\infty)/(\mathrm{mS\cdot cm^{-1}})$									
$(\kappa_0-\kappa_t)/(\kappa_t-\kappa_\infty)$									

③ 以 $\dfrac{\kappa_0-\kappa_t}{\kappa_t-\kappa_\infty}$ 为纵坐标，时间 t 为横坐标作图，得一直线。由直线的斜率计算出反应速率常数。

六、思考题

① 为何本实训要在恒温条件下进行，而且 $CH_3COOC_2H_5$ 和 NaOH 溶液在混合前还要预先恒温？

② 如何配制指定浓度的乙酸乙酯溶液？

③ 为什么要使两溶液尽快混合完毕？开始一段时间的测定间隔期为什么要短？

④ 反应分子数与反应级数是两个完全不同的概念，反应级数只能通过实验来确定。试问如何从实验结果来验证乙酸乙酯反应为二级反应？

⑤ 乙酸乙酯皂化反应为吸热反应，试问在实训过程中如何处理这一影响从而得到较好的结果？

七、注意事项

① 本实训需用电导水，并避免接触空气及灰尘杂质落入。

② 配好的 NaOH 溶液要防止空气中的 CO_2 气体进入。

③ 乙酸乙酯溶液和 NaOH 溶液浓度必须相同。

④ 乙酸乙酯溶液需临时配制，配制时动作要迅速，以减少挥发损失。

⑤ 记录电导率时，注意单位的换算。

实训七 过氧化氢的催化分解——催化剂及其催化作用

一、实训目的

① 用静态法测定 H_2O_2 分解反应的速率常数和半衰期。
② 了解浓度、温度和催化剂等因素对反应速率的影响。
③ 学会用图解法求一级反应速率常数。

二、实训原理

过氧化氢在没有催化剂存在时，分解反应进行得很慢，加入催化剂则能加速其分解。过氧化氢分解的化学计量方程式如下：

$$H_2O_2 \longrightarrow H_2O + \frac{1}{2}O_2 \tag{2-27}$$

过氧化氢在碘化钾作用下的催化分解按下列步骤进行：

$$KI + H_2O_2 \longrightarrow KIO + H_2O (慢) \tag{2-28}$$

$$KIO \longrightarrow KI + \frac{1}{2}O_2 (快) \tag{2-29}$$

由反应（2-28）和反应（2-29）看出，KI 与 H_2O_2 反应，首先生成不稳定的中间产物，改变了反应途径，降低了反应的活化能，使反应加快。反应过程中 KI 不断再生，其浓度不变，故起了催化剂作用。因反应（2-28）的速率较反应（2-29）慢得多，即反应（2-28）成为整个分解反应的控制步骤，故反应速率方程可表示为：

$$-\frac{dc(H_2O_2)}{dt} = k'c(KI)c(H_2O_2) \tag{2-30}$$

式中，c 为各物质的浓度；t 为反应时间；k' 为反应速率常数，其值只是温度的函数。

由于反应过程中 KI 浓度不变，故与 k' 合并仍为常数，用 k 表示，$k = k'c(KI)$，则式（2-30）便可简化为

$$-\frac{dc(H_2O_2)}{dt} = kc(H_2O_2) \tag{2-31}$$

式中，k 为表观反应速率常数，单位为 [时间]$^{-1}$，显而易见它与催化剂的浓度有关。由式（2-31）看出，反应速率与反应物浓度的一次方成正比，故 H_2O_2 分解是一级反应，且表观反应速率常数 k 将随温度和 KI 浓度变化而改变。将式（2-31）积分得

$$\ln\frac{c_t}{c_0} = -kt \tag{2-32}$$

式中，c_0 为 H_2O_2 的初始浓度，$mol \cdot L^{-1}$；c_t 为反应到 t 时 H_2O_2 的浓度，$mol \cdot L^{-1}$。本实训通过测量 H_2O_2 分解时放出 O_2 的体积来求反应速率常数 k。

在一定的温度、压力下 H_2O_2 催化分解过程中，浓度 c_t 可通过一定体积该溶液在相应时间内分解放出的氧气体积得出，这时分解过程中放出氧气的体积与分解了的 H_2O_2 的数

量成正比,其比例常数为定值。

令 V_∞ 表示 H_2O_2 全部分解时放出氧气的体积,V_t 表示 H_2O_2 在 t 时刻分解放出的氧气的体积,则

$$c_0 \propto V_\infty$$
$$c_t \propto (V_\infty - V_t)$$

代入式(2-32)得

$$\ln(V_\infty - V_t) = -kt + \ln V_\infty \tag{2-33}$$

若以 $\ln(V_\infty - V_t)$ 对 t 作图得一直线,由直线斜率可求得表观反应速率常数 k。

V_∞ 是由所用 H_2O_2 的初始浓度及体积算出来的,按 H_2O_2 分解反应的化学计量方程式(2-27)可知每分解产生 1mol O_2 需 2mol H_2O_2,则 V_∞ 可近似用式(2-34)求出:

$$V_\infty = \frac{n(O_2)RT}{p(O_2)} = \frac{c_0 V(H_2O_2)}{2} \times \frac{RT}{p - p(H_2O)} \tag{2-34}$$

式中,T 为室温,K;V_∞ 为 H_2O_2 全部分解放出的氧气的体积,L 或 mL;$V(H_2O_2)$ 为所用的 H_2O_2 体积,L 或 mL;$n(O_2)$ 为 H_2O_2 完全分解放出 O_2 的物质的量,mol;$p(O_2)$ 为氧的分压力,Pa;p 为大气压力,Pa;$p(H_2O)$ 为室温下水的饱和蒸气压(其数值可由附录查得),Pa。

H_2O_2 的浓度 c_0 用已知浓度的 $KMnO_4$ 溶液滴定,由所用 $KMnO_4$ 的体积和浓度计算出 H_2O_2 浓度。其反应如下:

$$5H_2O_2 + 2KMnO_4 + 3H_2SO_4 = 2MnSO_4 + K_2SO_4 + 8H_2O + 5O_2$$

操作方法如下:用移液管取 10mL H_2O_2 于 100mL 容量瓶中,加蒸馏水冲淡至刻度。取 10mL 配好的 H_2O_2 溶液于 250mL 锥形瓶中,加 3mol·L^{-1} H_2SO_4 5mL(H_2SO_4 起酸性介质作用),用标准 $KMnO_4$ 溶液滴定,开始滴定时一定要缓慢,以后可稍快,这是因为反应产物 Mn^{2+} 起催化剂作用,为一自催化反应。滴至溶液呈淡粉色为止。重复滴定两次,算出 H_2O_2 浓度。

三、实训仪器及药品

1. 实训仪器

移液管(5mL,1个;10mL,1个),秒表(1块),反应速率测定仪器装置(如图 2-3 所示)。

2. 实训药品

H_2O_2 溶液(0.1832mol·L^{-1}),KI 标准溶液(0.1000mol·L^{-1})。

四、实训步骤

① 将洗净晾干的平底烧瓶按图 2-3 装好,检查是否漏气。

② 取下平底烧瓶,打开活塞 3,将量气管水位调至最高刻度处。移取 5mL KI 溶液和 5mL 蒸馏水于乒乓球内,另外移取 10mL H_2O_2 溶液(已标定好浓度)于平底烧瓶中,小心移取,避免两者溶液提前反应,塞好烧瓶塞。

③ 关闭活塞 3,打开活塞 6,将量气管中的水放出 5mL。

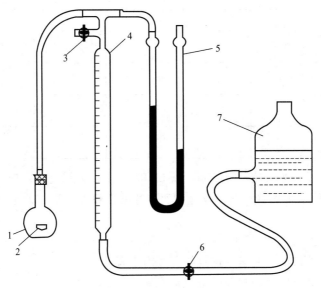

图 2-3　反应速率测定仪示意图
1—平底烧瓶；2—乒乓球；3，6—活塞；4—量气管；
5—U 形压力计；7—水准瓶

④ 实训开始注意配合，在摇翻乒乓球内溶液的同时，用秒表计时，并观察压力计，待压力计两边液面相平时，记下生成 5mL 氧气的时间。然后将量气管中的水放出 4mL，待压力计液面相平时，记下时间。依此步骤，再分别放出 3mL，2mL，2mL 水，进行计时，并将数据记录填入数据表中。

⑤ 实训完毕，整理实训仪器。

五、实训记录与数据处理

① 室温。摄氏温度：$t=$ _____ ℃；热力学温度：$T/K = t/℃ + 273.15 =$ _____ $+ 273.15 =$ _____ 。

② 压力。大气压力：$p=$ _____ kPa $=$ _____ Pa；查本书附录得，室温下水的饱和蒸气压 $p(H_2O) =$ _____ Pa。

③ V_∞ 的计算。

$c_0/(mol \cdot L^{-1})$		R	$8.314 J \cdot mol^{-1} \cdot K^{-1}$
$V(H_2O_2)/mL$			
计算过程	$V_\infty = \dfrac{c_0 V(H_2O_2)}{2} \times \dfrac{RT}{p - p(H_2O)} \times 1000$ $=$		
V_∞/mL			

④ 时间、体积记录表。

t/min					
每次放出 O_2 体积 $V(O_2)$/mL	5	4	3	2	2
累积放出 O_2 体积 V/mL					
$V_\infty - V$					
$\ln(V_\infty - V)$					

⑤ 根据 $\ln(V_\infty - V_t) = -kt + \ln V_\infty$，以 $\ln(V_\infty - V)$ 为纵坐标，时间 t 为横坐标作图，求直线的斜率，从而求得 H_2O_2 分解反应的反应速率常数 k 及反应的半衰期 $t_{1/2}$。

六、思考题

① 根据实践经验讨论反应速率常数与哪些因素有关？
② 测量 H_2O_2 分解的反应速率常数有何意义？

七、注意事项

① 安装好仪器后，必须首先检查装置的气密性。
② 用水准瓶调整量气管液面后，一定要及时关闭活塞 6。
③ 过氧化氢不稳定，应避光、避热，置于常温下保存。

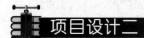

项目设计二

一、问题的提出

1. 反应发生的现实性和可能性

化学反应	热力学角度 $\Delta_r G_m^\ominus$/(kJ·mol^{-1})	动力学角度
$\frac{1}{2}N_2 + \frac{3}{2}H_2 \longrightarrow NH_3(g)$	-16.63	需要一定的温度、压力和催化剂
$H_2 + \frac{1}{2}O_2 \longrightarrow H_2O(l)$	-237.19	点火、加温或催化剂

2. 药物降解反应

混悬液中药物的降解仅与溶液相中的药物量（即药物的溶解度）有关，而与混悬的固体药量无关；当药物降解后，固体相中的药物就溶解补充到溶液相中，保持溶液中的药量不变。

3. 放射性元素的蜕变

镭的蜕变 Ra $\longrightarrow$ Rn + He，反应的半衰期始终是一个定值。

4. 食物保鲜

食物放在冰箱中降温，可以减慢食物腐败的化学反应速率。

5. 甜酒变醋酸

在甜酒中放入一些铂黑,很快地,甜酒会变成醋的味道。

二、问题的解决

1. 反应发生的现实性和可能性

① $\Delta_r G_m^\ominus < 0$,反应能发生。热力学只能判断这两个反应都有可能发生。

② 化学动力学则研究化学反应需要的具体条件,把热力学的反应可能性变为现实性。

2. 药物降解反应

药物的溶解度为常数,这类降解反应为零级反应。

3. 放射性元素的蜕变

放射性元素每一瞬间的蜕变速率是与当时存在的物质的量成正比的,认为反应是一级反应。

4. 食物保鲜

升温可以加快反应速率,降温可以减慢反应速率。

5. 甜酒变醋酸

白金粉末——铂黑的加入,加快了酒精(乙醇)与空气中氧气发生化学反应的速率,生成醋酸。

三、必备理论知识

① 反应速率的表示方法;

② 质量作用定律;

③ 化学反应速率方程的积分形式(零级、一级、二级);

④ 各种因素对化学反应速率的影响:表面积越大反应速率越快,温度越高反应速率越快,加入催化剂反应速率加快。

项目扩展二

"中国光催化之父"——福州大学付贤智院士在从事博士后工作后拒绝了国外优越的科研条件和生活环境,毅然回国开启我国光催化领域的研究,致力于世界一流学科建设高发展,以满腔的爱国情怀为国家能源战略、环境保护、高等教育事业的发展努力奋斗。付贤智院士领导的光催化团队开发了印染废水深度净化与回用设备、光催化空气净化器、光催化抗菌口罩、建筑外墙涂料、防污闪绝缘子,将光催化技术应用于废水治理、空气净化、医疗卫生、建筑材料、电力输运等领域中,研发的多项技术和产品达到国际领先水平。

光催化,就是让一定波长的光照射在纳米光催化剂上,使受污染的水和空气中有毒有害的 $PM_{2.5}$、甲醛、苯等有机物迅速氧化分解为无毒无味的二氧化碳和水,从而达到彻底清除空气污染的目的,具有极强的杀菌、除臭、防霉、净化空气的功能。这种国际领先的纳米光催化具有不饱和性,可长期使用,无需更换,无二次污染。

2000年,付贤智携"纳米光催化技术"与万利达集团进行产学合作,成立万利达生活电器有限公司，组建万利达院士工作站，并于 2002 年成功研制出了中国第一台光催化空气净化器，逐渐实现了产业化，被国家科技部授予"国家高新技术产业化示范工程"和"空气净化技术研发基地"。

2003 年在抗击非典期间，福州大学光催化团队研制的光催化空气净化器和光催化剂抗菌口罩，被用于北京非典治疗定点医院的消毒与防护，为抗击非典做出了重要贡献。

2013 年，福州大学光催化研究所与三棵树公司进行产学研合作，通过两年的时间，成功地将光催化技术大规模运用到建筑外墙涂料中，打造清洁、净化空气及防霉抗菌等功能的新型材料，成功推动了企业新技术、新产品的换代升级。

回国二十几年来，付贤智领导的光催化研究所主持和完成了国家科技攻关重大项目、国家支撑计划项目、国家 973 计划课题、国家自然科学基金重点项目等 40 余项国家、省部级和军队科研项目，申请和授权国家发明专利 40 余项，在国内外重要学术刊物上发表了研究论文 300 多篇，先后获得国家科技进步奖二等奖 1 项，军队科技进步一等奖 1 项、二等奖 3 项，省部级科技进步一等奖 4 项。

趣味实验二

一、滴水生烟

催化剂是改变其他物质的反应速率，而它本身的质量和化学性质在反应后并不改变的物质。下面的实验可以认识水的催化作用。

在蒸发皿里盛放少量的干燥碘粉和干燥铝粉（镁粉或锌粉也可以），混合后几乎没有明显的化学反应。将蒸发皿放入垫有玻璃板的玻璃钟罩里，在钟罩的顶部口塞以单孔橡皮塞，在塞孔中插一盛有水的分液漏斗。

操作时，打开分液漏斗的活塞，从分液漏斗中滴 1~2 滴水于蒸发皿中，则铝和碘在水的催化下，发生剧烈的反应而生成碘化铝，钟罩内出现"紫气腾腾"的美丽景色。这是由于反应放出的热量，能使部分碘升华，碘蒸气（紫色）在钟罩壁凝成紫黑色的结晶。最后，把蒸发皿里的生成物倒入有水的烧杯里，碘化铝就溶解。可以在溶液里分别检验出铝离子和碘离子。

二、燃糖成蛇实验

夹一块方糖放在灯焰上灼烧，方糖会熔化、炭化，但不会燃烧起来，将该块方糖沾上少些香烟灰再放在灯焰上灼烧，它在熔化、炭化的同时燃烧了起来。这就是有名的"烟灰催化蔗糖燃烧"实验。

取一张新的石棉网，在石棉网上放一层香烟灰并摊平。按 8:1 质量比称取白砂糖和小苏打，放在研钵中研细、混匀。取出白砂糖和小苏打的白色混合物约蚕豆大小体积置于烟灰上，要求堆得尖些。用滴管吸取 1~2mL 酒精滴在白色混合物四周的烟灰上。点火引燃烟灰上酒精。可观察到：开始是酒精被引燃，之后糖堆也起燃，同时还有熔化、炭化、膨胀等现象，随之白粉堆中徐徐爬出一条灰黑色的"蛇"。约 3~5min"蛇"完全爬出，火熄灭。注意，①上述固体试剂蔗糖及小苏打要干燥，蔗糖选用砂糖，略研细即可；②酒精应加在烟灰上，不能加在蔗糖堆上；③实验后烟灰应该回收，它可反复使用。

其实这个实验是蔗糖的燃烧。不仅烟灰可以催化蔗糖燃烧，面粉也可以催化蔗糖燃烧，烟灰中含有碳酸盐,碳酸盐是上述实验的催化剂。用碳酸钾溶液在纸上写字,干燥后用蚊香引燃,结果有字迹处火星会迅速蔓延。说明其有催化作用。

小 结 二

一、本项目主要概念

① 消耗速率是指单位时间、单位体积中反应物消耗的物质的量。如 $v_A = -\dfrac{dc_A}{dt}$,$v_B = -\dfrac{dc_B}{dt}$。

② 增长速率即单位时间、单位体积中产物增长的物质的量。例如 $v_Y = \dfrac{dc_Y}{dt}$,$v_Z = \dfrac{dc_Z}{dt}$。

③ 真实反应步骤的集合构成反应机理,而总的反应则称为总包反应。

④ 基元反应也简称为元反应,是指分子经一次碰撞后,在一次化学行为中就能完成的反应。

⑤ 质量作用定律:基元反应的速率与反应物浓度的幂乘积成正比,其中各浓度的指数就是反应式中各反应物的化学计量数。若反应 $aA + bB \longrightarrow yY + zZ$ 为基元反应,则 $v_A = -\dfrac{dc_A}{dt} = k_A c_A^a c_B^b$

⑥ 基元反应中实际参加反应的反应物的分子数目,称为反应分子数。

⑦ 反应级数是化学反应的速率方程中各反应物的物质的量浓度的幂指数之代数和,用 n 表示。

⑧ 若反应的速率与反应物 A 浓度的零次方成正比,该反应就是零级反应。

⑨ 反应物反应掉一半所需要的时间定义为半衰期,以符号 $t_{1/2}$ 表示。

⑩ 若反应的速率与反应物 A 浓度的一次方成正比,该反应就是一级反应。

⑪ 化学反应的速率与反应物浓度的二次方成正比,即为二级反应。

⑫ 催化剂是一种只要少量存在就能显著加快反应速率,而其本身反应后没有被消耗的物质。

二、本项目主要公式及适用条件

① 等容反应的反应速率

$$v \overset{\text{def}}{=\!=} \frac{1}{V}\frac{d\xi}{dt} = \frac{1}{V}\frac{dn_B}{\nu_B dt} = \frac{1}{\nu_B}\frac{dc_B}{dt} \tag{2-1}$$

② 零级反应特征:k_A 的单位为[浓度]·[时间]$^{-1}$。半衰期正比于反应物的初始浓度 $c_{A,0}$。

$$c_{A,0} - c_A = k_A t \tag{2-10}$$

$$c_{A,0} x_A = k_A t \tag{2-11}$$

$$t_{1/2} = \frac{c_{A,0}}{2k_A} \tag{2-12}$$

③ 一级反应特征:一级反应 k_A 的单位为[时间]$^{-1}$,其半衰期与反应物的初始浓度

$c_{A,0}$ 无关。

$$\ln \frac{c_{A,0}}{c_A} = k_A t \tag{2-13}$$

$$\ln \frac{1}{1-x_A} = k_A t \tag{2-14}$$

$$t_{1/2} = \frac{\ln 2}{k_A} \tag{2-15}$$

④ 二级反应特征：k_A 的单位是[浓度]$^{-1}$·[时间]$^{-1}$，二级反应的半衰期与反应物的初始浓度 $c_{A,0}$ 成反比。

$$\frac{1}{c_A} - \frac{1}{c_{A,0}} = k_A t \tag{2-16}$$

$$\frac{x_A}{c_{A,0}(1-x_A)} = k_A t \tag{2-17}$$

$$t_{1/2} = \frac{1}{k_A c_{A,0}} \tag{2-18}$$

⑤ 范特霍夫规则

$$\gamma = \frac{k(T+10K)}{k(T)} = 2 \sim 4 \tag{2-19}$$

⑥ 阿仑尼乌斯方程

$$k = k_0 \exp\left(-\frac{E_a}{RT}\right) \tag{2-20}$$

$$\ln \frac{k_{A,2}}{k_{A,1}} = -\frac{E_a}{R}\left(\frac{1}{T_2} - \frac{1}{T_1}\right) \tag{2-21}$$

习 题 二

一、选择

1. 对于反应 A ⟶ Y，如果反应物 A 的浓度减少一半，A 的半衰期也减少一半，则该反应的级数为(　　)。
   A) 零级　　　　　B) 一级　　　　　C) 二级　　　　　D) 三级

2. 基元反应：H + Cl$_2$ ⇌ HCl + Cl 的反应分子数是(　　)。
   A) 单分子反应　　B) 双分子反应　　C) 三分子反应　　D) 四分子反应

3. 催化剂中毒是指催化剂(　　)。
   A) 对生物体有毒　B) 活性减少　　　C) 选择性消失　　D) 活性或选择性减少或消失

4. 已知某反应的反应物无论其起始浓度 $c_{A,0}$ 为多少，反应的半衰期均相同，该反应为(　　)。
   A) 零级反应　　　B) 一级反应　　　C) 二级反应　　　D) 三级反应

5. 二级反应的半衰期(　　)。
   A) 与反应物的起始浓度无关　　　　　B) 与反应物的起始浓度成正比
   C) 与反应物的起始浓度成反比　　　　D) 无法知道

二、填空

1. 催化剂的中毒可分为_____和_____，通过某种办法把_____中毒的催化剂恢复活性的措施叫催化剂的_____。
2. 只有一种反应物的二级反应的半衰期与反应物的初始浓度的关系为_____。
3. 催化剂的定义是_____。
4. 催化剂的共同特征是(1) _____;
　　　　　　　　　　(2) _____;
　　　　　　　　　　(3) _____。
5. 固体催化剂一般由 (1) _____; (2) _____; (3) _____ 等部分组成。

三、判断

1. 反应级数不可能为负值。 （　）
2. 催化剂只能加快反应速率,而不能改变化学反应的标准平衡常数 $K^\ominus$。 （　）
3. 质量作用定律仅适用于基元反应。 （　）
4. 质量作用定律适用于任何基元反应和总包反应。 （　）
5. 反应速率常数 k_A 与反应物 A 的浓度有关。 （　）
6. 一级反应肯定是单分子反应。 （　）

四、计算

1. 钋的同位素进行 β 放射时,经 14 天后,此同位素的放射性降低 6.85%,求:(1) 此同位素的蜕变速率常数;(2) 100 天后,放射性降低了多少?(3) 钋的放射性蜕变 90% 需要多少时间?

2. 设有 $E_1 = 50.00 \text{kJ} \cdot \text{mol}^{-1}$, $E_2 = 150.00 \text{kJ} \cdot \text{mol}^{-1}$, $E_3 = 300.00 \text{kJ} \cdot \text{mol}^{-1}$ 的三个反应。(1) 计算它们在 0℃ 和 400℃ 两个起始温度下,为使速率常数加倍,所需要升高的温度是多少?(2) 讨论上述三个速率常数对温度变化的敏感性。

项目三

相平衡热力学

教学目标：
① 掌握溶质 B 的质量摩尔浓度 b_B 的物理意义；
② 掌握拉乌尔定律和亨利定律的应用；
③ 熟悉饱和蒸气压的概念；
④ 了解相律和相图基本知识；
⑤ 明确克拉佩龙方程与克劳修斯-克拉佩龙方程的含义及区别。

技能目标：
① 学习绘制在 $p^{\ominus}$ 下环己烷-异丙醇双液系的气液平衡相图（T-x 图）；
② 掌握测定双组分液体的沸点的方法。

 理论基础一　相平衡理论基本概念

一、相和相律

1. 相

相的定义是：系统中物理性质及化学性质均匀的部分。相可由纯物质组成也可由混合物（或熔体）组成，可以是气、液、固等不同形式的聚集态，相与相之间有分界面存在。平衡时，系统相的数目称为相数，符号用 φ 表示。通常任何气体均能无限混合，所以系统内无论有多少种气体都只有一个气相。液体则按其互溶程度通常可以是一相、两相或三相共存。例如，水和甲醇互溶称为一相，而水和苯不互溶称为两相。对于固体，一般是有一种固体便为一相，有几种固体就为几相。

根据其中所含相的数目，系统可分为：均相系统和非均相系统。系统中只含一个相，称为均相系统（或叫单相系）；系统中含有两个以上的相，称为非均相系统（或叫多相系统）。

2. 相律

一个多相多组分的封闭系统处于热力学平衡状态时，必须满足热平衡、力平衡、相平衡及化学平衡条件。根据平衡条件可以导出在相平衡、化学平衡时，平衡系统的相关强度性质中有几个可以独立改变的变量，这种用来确定独立变量数目的规律就是相律。相律是物理化学中最具有普遍性的规律之一,是吉布斯在 1875~1878 年根据热力学原理得出的研究相平衡的基本定律。它的重要意义就在于推动了化学热力学及整个物理化学的发展,成为相关领域诸如冶金学和地质学等的重要理论工具。

把能够维持系统原有相数而可以独立改变的因素(可以是温度、压力和表示相组成的某些物质的相对含量等)叫做自由度。平衡系统的强度性质中独立变量的数目叫做自由度数,用符号 f 表示。系统中存在的化学物质数目称为物种数,用符号 S 表示。用符号 C 表示独立组分数,并定义

$$C = S - R - R' \tag{3-1}$$

式中,S 为物种数;R 为独立的化学反应计量方程式数目;R' 为除一相中各物质的摩尔分数之和为 1 这个关系以外的不同物种的组成之间的独立关系数。它包括:

① 当规定系统中部分物种只通过化学反应由另外物种生成时,由此可能带来的组成关系;

② 当把电解质在溶液中的离子也视为物种时,由电中性条件带来的组成关系。

相律表示平衡物系中的自由度数、相数及独立组分数之间的关系,即

$$f = C - \varphi + 2 \tag{3-2}$$

式(3-2)中的 C 为独立组分数,φ 是相数,2 表示只考虑温度、压力两个变量对系统相平衡的影响。如果压力或温度有一个恒定,例如凝聚相系统,只由液相和固相形成,没有气相存在,由于压力对相平衡的影响很小,且通常在大气压力下研究,即不考虑压力对相平衡的影响,故常压下凝聚系统相律中的 2 可以用 1 代替,即

$$f' = C - \varphi + 1 \tag{3-3}$$

f' 称为条件自由度数。

二、克劳修斯-克拉佩龙方程

设在一定的温度 T、压力 p 下,某纯物质 B^* 的两个相 $B^*(\alpha)$ 与 $B^*(\beta)$ (如水与水汽、水与冰、冰与水汽等)达到两相平衡

$$B^*(\alpha) \underset{}{\overset{T,p}{\rightleftharpoons}} B^*(\beta)$$

"*"表示纯物质。若两相处于平衡,则由吉布斯函数判据应有

$$dG_{T,p} = G^*(B^*, \beta) - G^*(B^*, \alpha) = 0$$

可得

$$G_m^*(B^*, \alpha, T, p) = G_m^*(B^*, \beta, T, p) \tag{3-4}$$

式(3-4)是纯物质的**两相平衡条件**。即纯物质 B^* 在温度 T、压力 p 下建立两相平衡时,其在两相的摩尔吉布斯函数值必相等。式(3-4)两边微分得

$$dG_m^*(\alpha) = dG_m^*(\beta)$$

根据热力学基本方程 $dG = -SdT + Vdp$ 得

$$-S_m^*(\alpha)dT + V_m^*(\alpha)dp = -S_m^*(\beta)dT + V_m^*(\beta)dp$$

移项,整理得

$$\frac{dp}{dT} = \frac{S_m^*(\beta) - S_m^*(\alpha)}{V_m^*(\beta) - V_m^*(\alpha)} = \frac{\Delta_\alpha^\beta S_m^*}{\Delta_\alpha^\beta V_m^*} \tag{3-5}$$

又由热力学三大定律在相变化过程中的应用可知 $\Delta_\alpha^\beta S = \frac{n \Delta_\alpha^\beta H_m}{T} \Rightarrow \Delta_\alpha^\beta S_m^* = \frac{\Delta_\alpha^\beta H_m^*}{T}$,代入

式(3-5)，得

$$\frac{dp}{dT} = \frac{\Delta_\alpha^\beta H_m^*}{T \Delta_\alpha^\beta V_m^*} \tag{3-6}$$

式(3-6)称为克拉佩龙方程，它表达出纯物质在任意两相（α 与 β）间建立平衡时，温度与压力变化的函数关系。

现在任意两相平衡的基础上研究凝聚相（即液相或固相）到气相的两相平衡。以液相 $\underset{T,p}{\rightleftharpoons}$ 气相两相平衡为例。由式(3-6)的克拉佩龙方程，得

$$\frac{dp^*}{dT} = \frac{\Delta_{vap} H_m^*}{T[V_m^*(g) - V_m^*(l)]} \tag{3-7}$$

做以下近似处理：

① 因为 $V_m^*(g) \gg V_m^*(l)$，所以 $V_m^*(g) - V_m^*(l) \approx V_m^*(g)$；

② 若气体视为理想气体，则 $V_m^*(g) = \dfrac{RT}{p^*}$，代入式(3-7)，得

$$\frac{dp^*}{dT} = \frac{\Delta_{vap} H_m^*}{RT^2} p^*$$

即

$$\frac{d\ln\{p\}}{dT} = \frac{\Delta_{vap} H_m^*}{RT^2} \tag{3-8}$$

积分得

$$\ln \frac{p_2^*}{p_1^*} = -\frac{\Delta_{vap} H_m^*}{R} \left(\frac{1}{T_2} - \frac{1}{T_1} \right) \tag{3-9}$$

式(3-8)和式(3-9)分别称为克劳修斯-克拉佩龙方程的微分式和积分式，简称克-克方程。

由于克劳修斯-克拉佩龙方程是在克拉佩龙方程基础上做了两项近似处理而得到的，所以克劳修斯-克拉佩龙方程的精确度不如克拉佩龙方程高。还要注意到式(3-9)只能用于凝聚相（液相或固相）$\underset{T,p}{\rightleftharpoons}$ 气相的两相平衡，而不能应用于固 $\underset{T,p}{\rightleftharpoons}$ 液或固 $\underset{T,p}{\rightleftharpoons}$ 固两相平衡，即克劳修斯-克拉佩龙方程的应用范围比之克拉佩龙方程有局限性。

标准摩尔相变焓 $\Delta_{vap} H_m^\ominus$ 作为物质特性，常可从手册中查得。此外在缺少数据时，对于非缔合的液体，由经验得：

$$\frac{\Delta_{vap} H_m^\ominus(T)}{T_b} = 88 \text{J} \cdot \text{K}^{-1} \cdot \text{mol}^{-1} \tag{3-10}$$

式(3-10)称为特鲁顿规则，可做估算用。式中 T_b 是正常沸点。

三、混合物或溶液的组成标度

含两个或两个以上组分的系统称为多组分系统。多组分系统可以是均相（单相）的、也可以是非均相（多相）的。多组分均相系统可以区分为混合物或溶液，并以不同的方法加以研究（图3-1）。

混合物是指含有一种以上组分的系统，它可以是气相、液相或固相，是多组分的均匀系统。在热力学中，对混合物中的任何组分可按同样的方法来处理，不需要具体指出是哪一种组分，只需任选其中一种组分 B 作为研究对象，其结果就可以用之于其他组分。

```
                     ┌ 混合物 ┬ 不同组分采用 ┬ 气态混合物
多组分                │       │ 相同标准研究 ┼ 液态混合物
均相系统              │       │             └ 固态混合物
                     │       ┌ 溶剂和溶质采用 ┬ 溶剂：量多的物质，用A表示
                     └ 溶液 ┴ 不同标准研究   └ 溶质：量少的物质，用B表示
```

图 3-1　多组分均相系统

溶液一词是指含有一种以上组分的液体相和固体相（简称液相和固相，但其中不包含气体相），将其中一种组分称为溶剂，而将其余的组分称为溶质。通常是将其中含量多者称为溶剂（以 A 表示），含量较少者称为溶质（以 B 表示）。在热力学上将溶剂和溶质按不同的方法来处理。例如，标准态的选择不同，它们遵守的经验定律也不同。通常，溶剂遵守拉乌尔定律，溶质遵守亨利定律。溶质又有电解质和非电解质之分，本项目只讨论非电解质。

1. 物质 B 的质量分数

$$w_B \stackrel{def}{=\!=} \frac{m_B}{\sum_B m_B} \tag{3-11}$$

式中，m_B 为 B 的质量，$\sum_B m_B$ 为混合物的质量。w_B 的单位为 1，且 $\sum_B w_B = 1$。

2. 物质 B 的摩尔分数

$$x_B(或\ y_B) \stackrel{def}{=\!=} \frac{n_B}{\sum_B n_B} \tag{3-12}$$

式中，n_B 为 B 的物质的量，x_B 为液态混合物中物质 B 的摩尔分数；y_B 为气态混合物中物质 B 的摩尔分数。x_B（或 y_B）的单位为 1，且 $\sum_B x_B = 1$ 或 $\sum_B y_B = 1$。

3. 物质 B 的物质的量浓度

$$c_B \stackrel{def}{=\!=} \frac{n_B}{V} \tag{3-13}$$

式中，n_B 为混合物的体积 V 中所含 B 的物质的量。c_B 的单位为 $mol \cdot L^{-1}$。

4. 溶质 B 的质量摩尔浓度

$$b_B \stackrel{def}{=\!=} \frac{n_B}{m_A} \tag{3-14}$$

式中，b_B 为溶质 B 的质量摩尔浓度，单位为 $mol \cdot kg^{-1}$；n_B 为溶质 B 的物质的量；m_A 为溶剂 A 的质量。

四、道尔顿分压定律

1. 分压力定义

$$p_B \stackrel{def}{=\!=} y_B p \tag{3-15}$$

式中，p_B 为气体 B 的分压力；p 为混合气体的总压力。

组成混合物的各组分通常用字母 A 或 B 表示，其中 A 表示混合物中量大的物质或泛指的物质，B 表示混合物中量少的物质或特指的物质。由于

$$y_B \stackrel{def}{=\!=} \frac{n_B}{\sum\limits_B n_B}$$

当混合气体只由 A 和 B 两种物质组成时，

$$y_A = \frac{n_A}{n_A + n_B}$$

$$y_B = \frac{n_B}{n_A + n_B}$$

所以

$$y_A + y_B = 1$$

由此引申到混合物由多种气体组成时，混合气体中各组分气体 B 的摩尔分数之间的关系同样有

$$\sum_B y_B = 1$$

2. 理想气体混合物与分压定律

若组成气体混合物的各种气体均是理想气体（即符合理想气体状态方程的气体），而且混合后的气体仍服从理想气体状态方程，则此混合气体称为理想气体混合物。

在理想气体混合物中，根据分压力的定义有

$$p_1 = y_1 p$$
$$p_2 = y_2 p$$
$$\cdots$$
$$p_n = y_n p$$

因此

$$\sum_B p_B = p_1 + p_2 + \cdots + p_n = y_1 p + y_2 p + \cdots + y_n p$$
$$= (y_1 + y_2 + \cdots + y_n) p = \left(\sum_B y_B\right) p$$

又由于

$$\sum_B y_B = 1$$

所以

$$\sum_B p_B = p \tag{3-16}$$

式(3-16) 就是道尔顿分压定律的表达式。因此，道尔顿分压定律可以表述为混合气体的总压力等于混合气体中各组分气体在与混合气体具有相同温度和相同体积条件下单独存在时所产生的压力之和。道尔顿分压定律不仅适用于理想气体混合，也适用于低压下的真实气体混合。

五、溶液的气液两相平衡

1. 饱和蒸气压

在一定温度下，当液体与其蒸气达成气、液两相平衡时，此时气相的压力则称为该液体在该温度下的饱和蒸气压。简言之，液体的饱和蒸气压就是物质在一定温度下处于气液平衡

共存时蒸气的压力,用 p^* 表示。气液平衡共存时的气体称为饱和蒸气,液体称为饱和液体。饱和蒸气压与物质本性(分子间作用力)有关,也与温度($T\nearrow$,$p^*\nearrow$)有关。若温度恒定,液体的饱和蒸气压将是一个恒定不变的数值。液体在某一温度下的饱和蒸气压是在该温度下使蒸气液化所需施加的最小压力。

当蒸气压等于外压($p^*=p_{外}$)时,继续加热,液体沸腾,此时的温度称为液体的沸点,用符号 T_b^* 表示。液体在常压(101.325kPa)下沸腾的温度称为正常沸点,例如,水的正常沸点为 100℃(373.15K),乙醇的正常沸点是 78.4℃(351.55K)。液体在标准压力($p^{\ominus}=100$kPa)下沸腾的温度称为标准沸点,水的标准沸点为 99.63℃(372.78K)。

2. 气液两相平衡

在一定温度下,当外压大于饱和蒸气压时,蒸气逐渐液化,全部转化为液体。当外压小于饱和蒸气压时,液体逐渐蒸发,全部转化为气体。当物质所处环境的外压等于该物质的饱和蒸气压时,它既不能完全蒸发为气体,也不能完全液化为液体,而是处于气液平衡共存状态。

如图 3-2 所示,假设有一液态混合物(或溶液),由组分 A,B 组成。该液体及其蒸气的分子在密闭容器中都是不停运动的。温度越高,液体中具有较高能量的分子越多,单位时间内由液相跑到气相的分子就越多;另一方面,在气相中运动的分子碰到液面时,有可能受到液面分子的吸引进入液相;蒸气密度越大(即蒸气的压力越大),则单位时间内由气相进入液相的分子越多。单位时间内汽化的分子数超过液化的分子数时,宏观上观察到的是蒸气的压力逐渐增大,单位时间内当液→气及气→液的分子数目相等时,测量出的蒸气的压力不再随时间而变化。这种不随时间而变化的状态即是平衡状态。相之间的平衡称为相平衡。

图 3-2 气液两相平衡示意图

达到平衡状态只是宏观上看不出变化,实际微观上变化并未停止,只不过两种相反的变化速度相等,达到了动态的平衡。

图 3-2 中的物质在密闭容器中挥发达到气液两相平衡以后,气相中各组分的分压力分别为 p_A,p_B,各气态物质的摩尔分数分别为 y_A,y_B,在液相中各液态物质的摩尔分数分别为 x_A,x_B。则根据道尔顿分压定律有

$$p=\sum_B p_B=p_A+p_B$$

$$p_A=y_A p \qquad p_B=y_B p$$

至于处于气液平衡共存状态下液相组成(x_A,x_B)与气相组成(y_A,y_B)及气相分压力(p_A,p_B)之间的区别与联系,需要继续学习拉乌尔定律和亨利定律才能理解。

理论基础二　拉乌尔定律和亨利定律

一、拉乌尔定律

1887 年,法国化学家拉乌尔在归纳了大量实验结果的基础上总结出如下的经验定律:

在等温等压下的稀薄溶液中,溶剂的蒸气压等于同温同压下纯溶剂的蒸气压乘以溶液中溶剂的摩尔分数 x_A。这就是拉乌尔定律。其数学表达式为

$$p_A = p_A^* x_A \tag{3-17}$$

式中,p_A 为溶剂 A 在气相中的平衡分压力;p_A^* 为纯溶剂 A 在相同温度下的饱和蒸气压;x_A 为溶剂 A 在液相中的摩尔分数。

由于理想稀溶液是由溶剂 A 和溶质 B 两部分组成的,可知

$$x_A + x_B = 1$$

即

$$x_A = 1 - x_B$$

所以

$$p_A = p_A^* x_A = p_A^* (1 - x_B) = p_A^* - p_A^* x_B$$

因此

$$\Delta p_A = p_A^* - p_A = p_A^* x_B \tag{3-18}$$

由此可以得出结论:随着溶液中溶质 B 的加入,x_B 越大,Δp_A 也越大,对应的 p_A 越小,即溶剂 A 的蒸气压下降。拉乌尔定律适用于:①稀溶液中的溶剂 A,②理想液态混合物中的任意组分 B。

二、亨利定律

1803 年英国化学家亨利发现:在等温等压下,气体在液体中的溶解度与溶液上面该气体的平衡压力成正比。后来进一步发现,此规律对挥发性溶质的稀薄溶液亦适用。因而又可以表述为:在等温等压下的稀薄溶液中,挥发性溶质 B 在平衡气相中的分压力与该溶质 B 在溶液中的摩尔分数成正比。这就是亨利定律。其数学表达式为

$$p_B = k_{x,B} x_B \tag{3-19}$$

式中,x_B 为挥发性物质 B 在平衡液相中的摩尔分数;p_B 为挥发性物质 B 在平衡气相中的分压力。$k_{x,B}$ 为亨利系数,单位 Pa(帕),其数值与温度、压力、溶剂和溶质的性质有关,通常认为亨利系数是温度的函数,即 $k_{x,B} = f(T)$,温度不同,亨利系数也就不同。

若稀溶液中溶质 B 的组成标度改用质量摩尔浓度 b_B 来表示,则亨利定律就会有不同的表示形式,如

$$p_B = k_{b,B} b_B \tag{3-20}$$

$k_{b,B}$ 也称为亨利系数,其单位为 $Pa \cdot mol \cdot kg^{-1}$(帕·摩尔·每千克)。

应用亨利定律时应当注意以下几点。

① 亨利定律适用于稀溶液中的挥发性溶质 B。

② 由于亨利定律有多种表示形式,在选用过程中若已知亨利系数 k,则根据其单位就可确定具体形式。

③ 对于混合气体,在总压不大时,亨利定律分别适用于每一种气体。

④ 应用亨利定律时,要求溶质在气、液两相中的存在形态相同。比如盐酸中的溶质 HCl,它在气相的存在形式为分子形态 HCl,而在液相中却以离子形态 H^+ 和 Cl^- 出现,二者状态不同,因此不能应用亨利定律。

三、理想液态混合物与理想稀薄溶液

1. 理想液态混合物

在等温等压下，液态混合物中任意组分 B 在全部组成范围内都遵守拉乌尔定律，则该液态混合物称为理想液态混合物。即

$$p_B = p_B^* x_B \quad (0 \leqslant x_B \leqslant 1)$$

组成理想液态混合物的各组分的分子体积大小几近相同，各组分间的分子间作用力与各组分在混合前纯组分的分子间作用力相同（或几近相同）。由纯组分混合成理想液态混合物的过程不吸热也不放热，焓变为零，且混合过程不发生体积变化，但熵增大，而吉布斯函数减小，是自发过程。这些都是理想液态混合物的混合性质。

2. 理想稀薄溶液

在等温等压下，溶剂和溶质分别服从拉乌尔定律和亨利定律的无限稀薄溶液称为理想稀薄溶液。例如，已知由溶剂 A 和溶质 B 组成一理想稀薄溶液，且 A 和 B 均具有挥发性，则溶液上方的总压

$$p = p_A + p_B$$

其中 $\quad p_A = p_A^* x_A \quad$（溶剂符合拉乌尔定律）

$p_B = k_{x,B} x_B = k_{b,B} b_B \quad$（溶质符合亨利定律）

理想稀薄溶液的定义与理想液态混合物的定义不同，理想液态混合物不区分为溶剂和溶质，任意组分都遵守拉乌尔定律；而理想稀薄溶液区分为溶剂和溶质（通常溶液中含量多的组分叫溶剂，含量少的组分叫溶质），溶剂遵守拉乌尔定律，溶质却不遵守拉乌尔定律而遵守亨利定律。理想稀薄溶液的微观和宏观特征也不同于理想液态混合物，理想稀薄溶液各组分分子体积并不相同，溶剂与溶质间的相互作用与溶剂和溶质分子各自之间的相互作用大不相同；宏观上，当溶剂和溶质混合成理想稀薄溶液时会产生吸热或放热现象，以及体积变化等。

四、理想液态混合物与理想稀薄溶液的应用

1. 理想液态混合物的气液平衡关系

以 A,B 均能挥发的二组分理想液态混合物的气液平衡为例，如图 3-1 所示。在温度为 T 时，纯 A 的饱和蒸气压为 p_A^*，纯 B 的饱和蒸气压为 p_B^*，液相中 A,B 的摩尔分数分别为 x_A, x_B，气相中 A,B 的摩尔分数分别为 y_A, y_B，物质 A,B 在平衡气相中的分压分别为 p_A, p_B，液态混合物上方的蒸气总压为 p。

(1) 平衡气相的蒸气总压（p）与平衡液相组成（x_B）的关系　由于两组分都遵守拉乌尔定律，故

$$p_A = p_A^* x_A = p_A^* (1 - x_B)$$

$$p_B = p_B^* x_B$$

根据道尔顿分压定律式(3-16)，有

$$p = p_A + p_B = p_A^* + (p_B^* - p_A^*) x_B \tag{3-21}$$

式(3-21)是二组分理想液态混合物平衡气相的蒸气总压 p 与平衡液相组成 x_B 的关系。

它是一个直线方程。

(2) 平衡气相组成（y_A 或 y_B）与平衡液相组成（x_A 或 x_B）的关系　根据分压力的定义（$p_A = y_A p$，$p_B = y_B p$）和拉乌尔定律（$p_A = p_A^* x_A$，$p_B = p_B^* x_B$），可得

$$y_A = \frac{p_A}{p} = \frac{p_A^* x_A}{p}$$

$$y_B = \frac{p_B}{p} = \frac{p_B^* x_B}{p}$$

于是
$$\frac{y_A}{x_A} = \frac{p_A^*}{p} \tag{3-22a}$$

$$\frac{y_B}{x_B} = \frac{p_B^*}{p} \tag{3-22b}$$

根据式(3-21)，若 $p_B^* > p_A^*$（即物质 B 比物质 A 易于挥发），则对二组分理想液态混合物在一定温度下达成气液平衡时必有 $p_B^* > p > p_A^*$，于是必有：$y_A < x_A$，$y_B > x_B$。这表明，易挥发组分（蒸气压大的组分）在气相中的摩尔分数总是大于平衡液相中的摩尔分数；难挥发组分（蒸气压小的组分）则相反。

(3) 平衡气相的蒸气总压（p）与平衡气相组成（y_B）的关系　结合式(3-21)及式(3-22b)，得

$$p = \frac{p_A^* p_B^*}{p_B^* - (p_B^* - p_A^*) y_B} \tag{3-23}$$

由式(3-23) 可知，p 与 y_B 的关系不是直线关系，而是一条曲线。

2. 理想稀薄溶液的依数性

所谓"依数性"顾名思义是依赖于数量的性质。稀溶液中溶剂的蒸气压下降、析出固态纯溶剂时凝固点降低、溶质不挥发时沸点升高及渗透压等的数值均与稀溶液中所含溶质的数量有关，这些性质都称为稀溶液的依数性。

(1) 蒸气压下降　对二组分稀溶液，溶剂的蒸气压下降如式(3-18) 所述：

$$\Delta p_A = p_A^* - p_A = p_A^* x_B$$

即 Δp 的数值正比于稀溶液中所含溶质的数量——溶质的摩尔分数 x_B，比例系数即为纯 A 的饱和蒸气压 p_A^*。

(2) 凝固点（析出固态纯溶剂时）降低　稀溶液当冷却到凝固点时析出的可能是纯溶剂，也可能是溶剂和溶质一起析出。当只析出纯溶剂时，与固态纯溶剂成平衡的稀溶液的凝固点 T_f 比相同压力下纯溶剂的凝固点 T_f^* 低，实验结果表明，凝固点降低的数值与稀溶液中所含溶质的数量成正比，即

$$\Delta T_f \overset{\text{def}}{=} T_f^* - T_f = k_f b_B \tag{3-24}$$

式 (3-24) 是实验所得结果，但可用热力学方法把它推导出来。式中的比例系数 k_f 叫凝固点下降系数，它与溶剂性质有关而与溶质性质无关。

(3) 沸点升高　沸点是液体或溶液的蒸气压 p 等于外压 p_{ex} 时的温度。若溶质不挥发，则溶液的蒸气压等于溶剂的蒸气压 $p = p_{ex}$。对稀溶液 $p_A = p_A^* x_A$，$p_A < p_A^*$，所以在 p-T 图上（见图 3-3）稀溶液的蒸气压曲线在纯溶剂蒸气压曲线之下，由图可知，在外压 p_{ex} 时，

溶液的沸点 T_b 必大于纯溶剂的沸点 T_b^*，即沸点升高。实验结果表明，含不挥发性溶质的稀溶液的沸点升高为

$$\Delta T_b \stackrel{\text{def}}{=\!=} T_b^* - T_b = k_b b_B \tag{3-25}$$

式(3-25)亦可用热力学方法推出，k_b 叫沸点升高系数。它与溶剂的性质有关，而与溶质性质无关。

（4）渗透压　若用一种半透膜把某一稀溶液和纯溶剂隔开，这种膜允许溶剂分子通过但不允许溶质分子通过（见图 3-4）。实验结果表明，大量溶剂将透过膜进入溶液，使溶液的液面不断上升，直到两液面达到相当大的高度差（h）时才能达到平衡。要使两液面不发生高度差，可在溶液液面上施加额外的压力，假定在一定温度下，当溶液的附加压力为 Π 时两液面可持久保持同样水平，即达到渗透平衡，这个 Π 值叫溶液的渗透压。

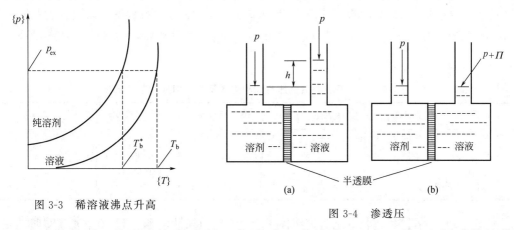

图 3-3　稀溶液沸点升高

图 3-4　渗透压

根据实验得到，稀溶液的渗透压 Π 与溶质 B 的浓度 c_B 成正比，比例系数的值为 RT，即

$$\Pi = c_B RT \tag{3-26}$$

 理论基础三　相平衡状态图

相平衡状态图简称**相图**，是用来表示相平衡系统的组成与温度、压力之间的关系的图形。相图按组分数来分，可分为单组分系统、二组分系统、三组分系统等；按组分间相互溶解情况又可分为完全互溶系统、部分互溶系统、完全不互溶系统等；按性质-组成来分，可以分为蒸气压-组成图、沸点-组成图、熔点-组成图以及温度-溶解度图等。相图的分类汇总如图 3-5 所示。

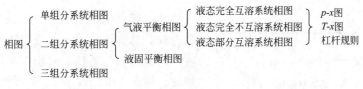

图 3-5　相图的分类

两个组分在液态以任意比例混合都能完全互溶时,这样的系统叫液态完全互溶系统。对于二组分的气液平衡系统,常是在恒定压力下研究 t,x,y 之间的关系,其图形称为温度-组成图,或在恒定温度下研究 p,x,y 之间的关系,其图形称为压力-组成图。

本节重点讨论二组分液态完全互溶系统气液平衡的压力-组成(p-x)图和温度-组成(t-x)图。

一、二组分液态完全互溶系统的压力-组成图（p-x 图）

两种完全相溶的液体按任意比例互溶后,每个组分均服从拉乌尔定律,从而组成了理想液态混合物。理想液态混合物的气液平衡相图是所有气液平衡相图中最有规律、最重要的,是讨论其他气液平衡相图的基础。结构相似的化合物如苯和甲苯,正己烷和正庚烷等可以形成这种理想液态混合物。以甲苯和苯为例,在 79.70℃ 下由实验测得的不同组成的混合物的蒸气压数据（包括纯 A 及 B 的蒸气压）,见表 3-1。根据表 3-1 的数据,以混合物的蒸气总压 p 为纵坐标,以组成（液相组成 x_B,气相组成 y_B）为横坐标,绘制成压力-组成图,见图 3-6。

表 3-1　甲苯（A）-苯（B）系统的蒸气压与液相组成及气相组成的部分数据（79.70℃）

液相组成 x_B	气相组成 y_B	蒸气总压力 p/kPa	液相组成 x_B	气相组成 y_B	蒸气总压力 p/kPa
0.000	0.0000	38.46	0.7327	0.8782	83.31
0.1161	0.2530	45.53	0.9189	0.9672	94.85
0.3383	0.5667	59.07	1.0000	1.0000	99.82
0.5451	0.7574	71.66			

在图 3-6 中,p_A^* 和 p_B^* 分别为纯液体甲苯（A）和纯液体苯（B）在 79.70℃ 时的饱和蒸气压,p 为系统的总压,p_A,p_B 为组分 A,B 的分压力。通过对理想液态混合物气液平衡的分析可知,平衡气相的蒸气总压（p）与平衡液相组成（x_B）的关系为 $p=p_A+p_B=p_A^*+(p_B^*-p_A^*)x_B$ [式(3-21)],它是一个直线方程,见图 3-5 中线 p_A^*-L-p_B^*；平衡气相的蒸气总压（p）与平衡气相组成（y_B）的关系

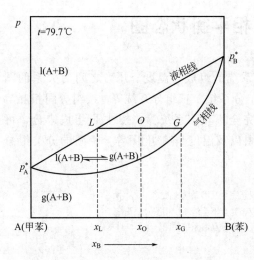

图 3-6　甲苯（A）-苯（B）系统的蒸气压-组成图

为 $p=\dfrac{p_A^* p_B^*}{p_B^*-(p_B^*-p_A^*)y_B}$ [式(3-23)],它不是直线关系,而是一条曲线,见图 3-5 中线 p_A^*-G-p_B^*。甲苯(A)-苯(B) 系统的蒸气压-组成图（p-x 图）特征如下。

1. 液相线和气相线

线 p_A^*-L-p_B^*（p-x_B 线）表示混合物的蒸气总压（即系统的压力 p）随液相组成 x_B 变化的曲线,称为液相线。从液相线上可以找出指定液相组成的蒸气总压,或指定蒸气总压下的液相组成。图 3-6 中,以 p-x_B 关系为例：$x_B=0$ 时,$p=p_A^*$；$x_B=1$ 时,$p=p_B^*$。

线 p_A^*-G-p_B^*（p-y_B 线）是混合物的蒸气总压（即系统的压力 p）随气相组成 y_B 变化的曲线，叫气相线。在压力-组成图（p-x 图）上，气相线处于液相线下方。气相线与液相线在左右两纵坐标上重合，交点即为相应纯组分的饱和蒸气压 p_A^* 和 p_B^*。

2. 液相区、气相区和气液平衡共存区

液相线和气相线把图 3-6 分成三个区，液相线以上的区域是高压区，气相线以下的区域是低压区，液相线与气相线之间的区域是气液两相平衡共存区。

当系统的组成与压力处于液相线以上的区域时，其压力高于相应组成混合物的饱和蒸气压，气相不可能稳定存在，应全部凝结为液体，所以为液相区，用 l(A+B) 表示。当系统的组成与压力处于气相线以下的区域时，其压力低于相应组成的混合物的饱和蒸气压，液相不可能稳定存在，应全部汽化，所以为气相区，用 g(A+B) 表示。

当系统的组成与压力处于液相线和气相线之间的区域时，即分裂为气液两相（称为闪蒸），因此为气液平衡共存区，用 l(A+B)⇌g(A+B) 表示。在气液平衡共存区，压力和气相组成、液相组成之间都有着依赖关系，如果指定了压力，平衡时的气相组成和液相组成也就随之而定了。

3. 系统点和相点

压力-组成图中每两个坐标确定一个点。温度一定时，用来表示系统的压力和组成的点称为**系统点**。用来表示一个相的压力和组成（温度一定时的 x_B 或 y_B）的点称为相点。在气相区或液相区中，系统点也就是相点。在气液两相平衡区表示系统的平衡态同时需要两个点，系统的组成是两相组成的平均值，即

$$X_B = \frac{\text{气相物质的量} \times y_B + \text{液相物质的量} \times x_B}{\text{系统总物质的量}}$$

平衡时，系统的压力及两相的组成是一定的，所以两个相点和系统点的连线必是与横坐标平行的线。因此，通过系统点作平行于横坐标的水平线，与液相线及气相线的交点就是两个相点。例如，由系统的压力和组成可在图 3-6 中标出点 O（O 为系统点），通过 O 点作水平线（压力一定）交于气相线与液相线的两点 L 与 G，L 与 G 称为相点，则其气、液两相的组成分别由 L 和 G 两点指示，L、G 两点分别叫液相点和气相点。L-G 线称为等压联结线。所以在两相区要区分系统点和相点的不同含义。在图中只要给出系统点，从系统点在图中的位置即知该系统的总组成 X_B、温度、压力、平衡相的相数、各相的聚集态及相组成等。例如图 3-6 中的系统点 O，已知它的总组成 $X_B=0.5$，温度 $t=79.70℃$，压力 $p=600\text{kPa}$，相数 $\varphi=2$，一相为液相 l(A+B)，另一相为气相 g(A+B)，从图中可知液相组成 x_B（即 x_L）=0.35，气相组成 y_B（即 x_G）=0.60。由此可知，在同一联结线上的任何一个系统点，其总组成虽然不同，但相组成却是相同的。

表 3-2 甲苯（A）-苯（B）系统在 $p=101.325\text{kPa}$ 下的沸点与液相组成及气相组成的实验数据

液相组成 x_B	气相组成 y_B	沸点 $t/℃$	液相组成 x_B	气相组成 y_B	沸点 $t/℃$
0.000	0.000	110.62	0.551	0.742	90.76
0.219	0.395	101.52	0.810	0.911	84.10
0.467	0.619	95.01	1.000	1.000	80.10

二、二组分液态完全互溶系统的温度-组成图（t-x 图）

通常蒸馏或精馏都是在恒定的压力下进行的，为了提高分离效率，必须了解在等压下混合物的沸点和组成之间的关系。在恒定压力下表示二组分系统气液平衡时的温度与组成关系的相图，叫做温度-组成图。所以表示双液系沸点和组成关系的图形——温度-组成图对讨论蒸馏更为有用。以甲苯和苯为例：设 t_A^* 和 t_B^* 分别为纯液体甲苯（A）和纯液体苯（B）在指定压力 $p=101.325\text{kPa}$ 下的沸点，测得混合物沸点 t 与液相组成 x_B 和气相组成 y_B 的数据，见表 3-2。根据表 3-2 数据作图，就得到甲苯（A）-苯（B）系统的沸点-组成图（t-x 图），如图 3-7 所示。

在图 3-7 上，线 t_A^*-L-t_B^* 表示混合物的沸点与液相组成的关系，称为液相线。液相线又称泡点线，反映了一定压力下沸点随液相组成的变化，混合物加热达到液相线以上温度可沸腾起泡。线 t_A^*-G-t_B^* 表示混合物的沸点与气相组成的关系，称为气相线。气相线又称露点线，反映了一定压力下饱和蒸气组成随温度的变化，混合物的气体冷却到线上温度即开始凝结，好像产生露珠一样。泡点线和露点线的称谓在化学工程中用得较多。气相线在液相线的右上方，这是因为易挥发组分苯在气相中的相对含量大于它在液相中的相对含量。气相线和液相线在左右两纵坐标上的交点，分别为相应纯组分的沸点 t_A^* 和 t_B^*。露点线、泡点线的判定规则为：从单一相区向两相区过渡，先出现的相态是什么，对应的就称为某某点线。

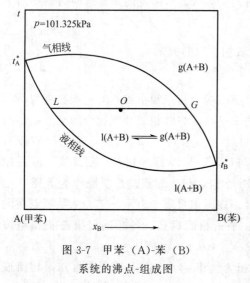

图 3-7 甲苯（A）-苯（B）系统的沸点-组成图

液相线以下的区域（低温区）为液相区，用符号表示 l(A+B)；气相线以上的区域（高温区）为气相区，用符号 g(A+B) 表示；液相线与气相线之间的区域为气液两相平衡共存区，用符号 l(A+B) $\rightleftharpoons$ g(A+B) 表示。该区内任何系统点的平衡态为气液两相平衡共存，其相组成可分别由液相线及气相线上的两个相应的液相点及气相点所指示的组成读出。例如，在 $p=101.325\text{kPa}$ 下，95℃时系统总组成 $x_B=0.50$ 的系统点 O，闪蒸分裂为平衡的气液两相，其相组成可通过 O 点作水平线（温度一定），与液相线及气相线的交点即液相点 L（物质的量为 n_L）及气相点 G（物质的量为 n_G）。相点 L 和 G 代表液相与气相的状态。L-G 线即为等温连接线。

当混合物的蒸气压等于外压时，混合物开始沸腾。此时的温度即为该混合物的沸点。显然蒸气压越高的混合物，其沸点越低，反之，蒸气压越低的混合物，其沸点越高。所以，图 3-6 与图 3-7 中的气相区和液相区，气相线和液相线的上下位置恰好相反。这很容易理解，因等压下升温则混合物汽化，而等温下加压时蒸气液化。同时看到沸点-组成图（t-x 图）中的液相线不是直线而是曲线。此外，压力-组成图（p-x 图）上，t 一定时，$p_B^* > p_A^*$，$p_B^* > p > p_A^*$；而在温度-组成图（t-x 图）上，p 一定时，$t_B^* < t_A^*$，$t_B^* < t < t_A^*$。这是因为沸点高的液体蒸气压小（难挥发），沸点低的液体蒸气压大（易挥发），故在 t-x 图中，在同一温度下，$y_B > x_B$，这正是讨论精馏分离的理论基础。

三、杠杆规则

相图不仅表示相平衡系统存在的条件,还可用来计算两相平衡时相互的数量关系。如图 3-6 所示,当有甲苯(A)与苯(B)的混合物处于图中的 O 点时,以 B 为基准,总组成为 x_O,物质的量为 n_O。平衡时 O 点物质分裂为气液平衡的两相,液相数量为 n_L,组成为 x_B;气相数量 n_G,组成为 y_B;$n_O = n_L + n_G$。对物质 B 进行物料衡算有

$$(n_L + n_G)x_O = n_L x_B + n_G y_B$$

即

$$n_L(x_O - x_B) = n_G(y_B - x_O)$$

整理得

$$\frac{n_L}{n_G} = \frac{y_B - x_O}{x_O - x_B} \tag{3-27}$$

$$n_O = n_L + n_G \tag{3-28}$$

式(3-27)和式(3-28)联立,解方程即可求得 n_L 和 n_G。

式(3-27)的成立类似于杠杆原理:力与力臂的乘积相等。如图 3-8 所示,可以将等压连接线 L-G 形象地想象为杠杆,而 L 点和 G 点的物质的量可以看作质量。这样的话,应用杠杆原理就有

$$n_L \overline{LO} = n_G \overline{OG}$$

即

$$\frac{n_L}{n_G} = \frac{\overline{OG}}{\overline{LO}} = \frac{y_B - x_O}{x_O - x_B} \tag{3-29}$$

式(3-29)就是杠杆规则,它适用于任意两相平衡区。

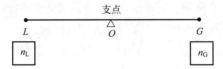

图 3-8 杠杆规则示意图

四、有极值的气液平衡相图

可以认为是理想液态混合物的系统是极少的,绝大多数二组分完全互溶液态混合物是非理想的,称为真实液态混合物。两者的差别在于,在一定温度下,理想混合物在全部组成范围内每一组分的蒸气分压均遵循拉乌尔定律,因而蒸气总压与组成(摩尔分数)成直线关系;真实混合物除了组分的摩尔分数接近于 1 的极小范围内该组分的蒸气分压近似地遵循拉乌尔定律外,其他组成液相中组分的蒸气分压均对该定律产生明显的偏差,因而蒸气总压与组成并不成直线关系。若组分的蒸气压大于按拉乌尔定律计算的值,则称为正偏差,反之,则称为**负偏差**。通常真实液态混合物中两种组分或均为正偏差,或均为负偏差。但在某些情况下也可能一个(或两个)组分在某一组成范围内为正偏差,而在另一范围内为负偏差。可分为三种情况讨论。

① 理想状态的双液系相图,不存在偏差,例如苯-甲苯系统、甲醇-水系统、二硫化碳-四氯化碳系统,如图 3-9(a)所示。

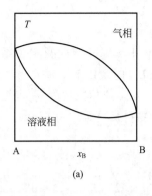 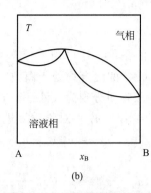 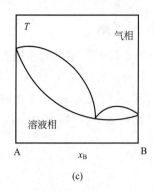

(a)　　　　　　　　　(b)　　　　　　　　　(c)

图 3-9　有极值的沸点-组成图

② 对拉乌尔定律有较大的负偏差时，在 p-x 图中有最低点，而在 T-x 图中一般有最高点，例如水-氯化氢系统、氯仿-丙酮系统、硝酸-水系统，如图 3-9（b）所示。

③ 对拉乌尔定律有较大的正偏差系统，在 p-x 图上有最高点，而在 T-x 图上则相应有最低点，例如乙醇-苯系统、环己烷-异丙醇系统、无水乙醇-水系统，如图 3-9（c）所示。

把 T-x 图中最低点的温度叫最低恒沸点，具有最高点的温度叫最高恒沸点。在最低恒沸点和最高恒沸点处，气相组成与液相组成相等，即 $y_B = x_B$，其数值叫恒沸组成。具有该组成的混合物叫恒沸混合物。对于恒沸混合物，以前人们曾误认为是化合物；后来实验发现，仅当外压一定时，恒沸混合物才有确定的组成，而当外压改变时，其恒沸温度及恒沸组成均随压力而变，这说明它不是化合物。

在工业上，当某两种或三种液体以一定比例混合，可组成具有固定沸点的混合物。在恒定压力下，将这种混合物加热至沸腾时，其组分与沸点均保持不变。此时沸腾产生的蒸气与液体本身有着完全相同的组成，不可能通过常规的蒸馏或分馏手段加以分离，只能得到按一定比例组成的混合物，这种混合物就是恒沸混合物，具有恒沸点。如在 101.325kPa 下，氯化氢（HCl）和水（H_2O）的恒沸物中含氯化氢的质量分数为 20.24%，恒沸点为 108.6℃；而 95.57% 的乙醇（C_2H_5OH）水溶液也是恒沸混合物，恒沸点为 78.1℃。

五、单组分系统相图

相图就是用图解的方法来描述由一种或数种物质所构成的相平衡系统的性质（如沸点、熔点、蒸气压、溶解度等）与条件（如浓度、压力）及组成间的关系的图形。单组分系统就是由纯物质所组成的系统。纯水在通

香料

常压力下，可以处于以下任何一种平衡状态：单相平衡——水、气或冰；两相平衡——水⇌气，冰⇌气，冰⇌水；三相平衡——冰⇌水⇌气。通过实验测出纯水在三种两相平衡时的温度和压力数据，如表 3-3 所示。根据表 3-3 的数据，以平衡压力 p 为纵坐标，以温度 t 为横坐标，绘制压力-组成图，见图 3-10。

1. 气液平衡线

图 3-10 中的 OA 线是根据表 3-3（a 列）中的气液平衡数据绘制的曲线，显示水的饱和蒸气压随温度的变化，或液体的沸点随外压的变化。如果系统中存在互相平衡的气液两相，它们的温度与压力必定正好处于曲线上。OA 线将相图分为上下两个面：在上半部，同样温度下压力大于饱和蒸气压，达到平衡时系统内应为单一的液相；在下半部，压力小于饱和蒸

气压，则为单一的气相。值得注意的是，OA 线不能无限延长，当达到临界温度 T_c 时，压力为 p_c，这时气液差别消失，线也就中断了。

表 3-3 水（H_2O）的相平衡数据

$t/℃$	两相平衡			三相平衡
	水的饱和蒸气压 p/kPa	冰的饱和蒸气压 p/kPa	水的冰点平衡压力 p/kPa	平衡压力 p/kPa
	a（水⇌气）	b（冰⇌气）	c（冰⇌水）	d（冰⇌水⇌气）
−30	—	0.0381	—	—
−25	—	0.0635	—	—
−20	0.126	0.103	193.5×10³	—
−15	0.191	0.165	156.0×10³	—
−10	0.286	0.260	110.4×10³	—
−5	0.421	0.411	59.8×10³	—
0.01	0.611	0.611	0.611	0.611
20	2.338	—	—	—
40	7.376	—	—	—
60	19.916	—	—	—
80	47.343	—	—	—
99.63	100	—	—	—
100	101.325	—	—	—
150	476.02	—	—	—
200	1554.4	—	—	—
250	3975.4	—	—	—
300	8590.3	—	—	—
350	16532	—	—	—
374.2	22119.247	—	—	—

2. 气固平衡线

图 3-10 中的 OB 线是气固平衡曲线，反映了冰与水蒸气平衡时温度与压力的依赖关系。表 3-3（b 列）为冰的饱和蒸气压实测数据，OB 线即代表这些数据。由线可知，冰的饱和蒸气压同样随温度升高而增大。在 OB 线以上的面，同样温度下压力大于固体的饱和蒸气压，因而是单一的固相；OB 线以下则相反，是单一的气相。

3. 液固平衡线

图 3-10 中的 OC 线是液固平衡曲线。达到液固平衡时系统的温度称为熔点，又称为凝

固点或冰点。实验表明这个平衡温度与外压有一定的依赖关系，数据见表 3-3（c 列），画在相图上即 OC 线。由 OC 线可知，水的冰点随压力增大略有降低，压力高至 59.8MPa，冰点仅降低 5℃，因而曲线仅略为向左倾斜。

4. 三相点

图 3-10 中 OA, OB, OC 三线的交点是一个三相共存点，压力是 610.5Pa（4.579mmHg），温度是 0.01℃，在这一特殊条件下，水、冰、水汽三相共存于一个系统中，相互都达到平衡。

5. 亚稳平衡

除了 OA, OB, OC 三条线外，在图 3-10 中还有一段虚线——OD 线，它是 OA 线向低温方向的延

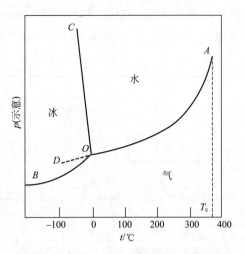

图 3-10　水（H_2O）的相平衡状态图

长线（即 OA 线的反向延长线）。当温度低于三相点，在虚线上方液相应该消失，但是因为产生新相（由水变为冰）往往有困难（原因将在项目四中讨论），因此水的温度可以低于三相点，称为过冷水。虚线为过冷水的饱和蒸气压随温度变化的曲线。虚线下方则为过冷水蒸气。过冷水和过冷水蒸气的稳定性较之同样温度和压力下的冰为低，进行剧烈搅拌，或加入少许冰作为晶种，它们会立刻凝固和凝华。当温度、压力处于虚线上时，过冷水与水蒸气也达到相平衡，但却不如通常的冰那样稳定。一个平衡态在经过扰动后，如能变为具有同样温度和压力下的更稳定的另一平衡态，则原来这个平衡态称为亚稳平衡态。虚线上方的过冷水和下方的过冷水蒸气都处于亚稳平衡态。在虚线上，过冷水与水蒸气的相平衡称为亚稳平衡，相应的温度、压力依赖关系，即虚线 OD 线，可称为亚稳平衡线。

实训八　完全互溶双液系的平衡相图

一、实训目的

① 掌握拉乌尔定律和亨利定律的应用。
② 了解相图基本知识。
③ 掌握测定双组分液体沸点的方法。

完全互溶双液系的沸点测定

二、实训原理

两种液态物质混合而成的二组分系统称为双液系。两个组分若能按任意比例互相溶解，称为完全互溶双液系。液体的沸点是指液体的蒸气压与外界压力相等时的温度。在一定的外压下，纯液体的沸点有其确定值。但双液系的沸点不仅与外压有关，而且还与两种液体的相对含量有关。根据相律有

$$f = C - \varphi + 2$$

因此，一个以气液两相平衡共存的二组分系统，其自由度为 2。只要再任意确定一个变量，整个系统的存在状态就可以用二维图形来描述。例如，在一定温度下可以画出系统的压力 p 和组成 x 的关系图；如系统的压力确定，则可作温度 T 对组成 x 的关系图，这就是相图。在 T-x 相图上，还有温度、液相组成和气相组成三个变量，但只有一个自由度。一旦设定某个变量，则其他两个变量必有相应的确定值。以苯-甲苯系统为例（如图 3-11 所示），温度 T 这一水平线指出了在此温度时处于平衡的液相组成 x 和气相组成 y 的相应值。

苯与甲苯这一双液系基本上接近于理想液态混合物。然而，绝大多数实际系统与拉乌尔定律有一定偏差。偏差不大时，温度-组成相图与图 3-11 相似，混合物的沸点仍介于两纯物质的沸点之间。

通常，测定一系列不同配比混合物的沸点及气、液两相的组成，就可绘制气液系统的相图。压力不同时，双液系相图将略有差异。

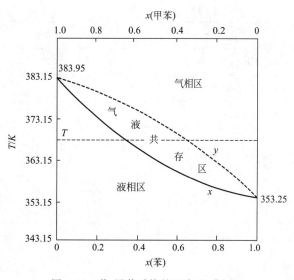

图 3-11　苯-甲苯系统的温度-组成图

三、实训仪器及药品

1. 实训仪器

双液系沸点测定仪，烧杯（250mL，1个），移液管（20mL，两支；5mL，两支）。

2. 实训药品

异丙醇（A.R.），环己烷（A.R.）。

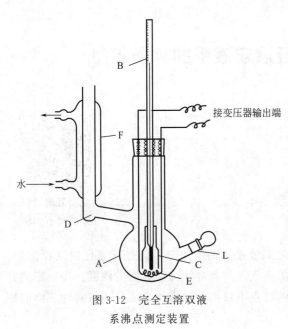

图 3-12 完全互溶双液
系沸点测定装置

四、实训步骤

① 安装仪器。如图 3-12 所示安装好仪器，安装过程中必须保证电热丝能够全部浸没在液体中，还要保证电热丝不要接触容器底部。

② 纯环己烷沸点的测定。自加料口加入所要测定的环己烷（10mL），其液面应在水银球的中部，打开冷凝水，接通电源，用调压变压器调节电压约 12 V（或调节电流约 1.2 A），将液体缓慢加热，当液体沸腾后，再调低电压，使液体沸腾时能均匀沸腾，且蒸气能在冷凝管中凝聚。但蒸气在冷凝管中回流高度不宜太高，以 2cm 较合适（调节冷凝管中冷却水的流量）。如此沸腾一段时间，直到温度计上的读数稳定为止（一般达到平衡需沸腾 7~10min），记录温度计的读数。

③ 混合物沸点的测定。在上述纯环己烷中，加入 2mL 异丙醇液体，加热，待示数稳定后记录混合液体沸点；此后再加入 2mL 异丙醇液体并测沸点数值。以此类推，每次加入 2mL 异丙醇液体并测试沸点数值，所有数据填入数据记录表中。

④ 实训完毕，当沸点仪内的液体冷却后，将混合液倒入废液缸，并整理实训仪器。

五、实训记录与数据处理

① 数据记录。

已知：$M_A=$ _____，$M_B=$ _____，$d_A=$ _____，$d_B=$ _____。

序　号	1	2	3	4	5	6
环己烷体积 V_A/mL	10	0	0	0	0	0
异丙醇体积 V_B/mL	0	2	2	2	2	2
累计异丙醇体积 V'_B/mL						
系统沸点 t/℃						
环己烷物质的量 n_A	$n_A = \dfrac{d_A \times 1\mathrm{g \cdot mL^{-1}} \times V_A}{M_A} =$					
异丙醇物质的量 n_B	$n_{B,1} = \dfrac{d_B \times 1\mathrm{g \cdot mL^{-1}} \times V'_{B,1}}{M_B} =$					
	$n_{B,2} = \dfrac{d_B \times 1\mathrm{g \cdot mL^{-1}} \times V'_{B,2}}{M_B} =$					

续表

异丙醇物质的量 n_B	$n_{B,3}=\dfrac{d_B\times 1g\cdot mL^{-1}\times V'_{B,3}}{M_B}=$	
	$n_{B,4}=\dfrac{d_B\times 1g\cdot mL^{-1}\times V'_{B,4}}{M_B}=$	
	$n_{B,5}=\dfrac{d_B\times 1g\cdot mL^{-1}\times V'_{B,5}}{M_B}=$	
	$n_{B,6}=\dfrac{d_B\times 1g\cdot mL^{-1}\times V'_{B,6}}{M_B}=$	
异丙醇摩尔分数 x_B	$x_{B,1}=\dfrac{n_{B,1}}{n_A+n_{B,1}}=$	
	$x_{B,2}=\dfrac{n_{B,2}}{n_A+n_{B,2}}=$	
	$x_{B,3}=\dfrac{n_{B,3}}{n_A+n_{B,3}}=$	
	$x_{B,4}=\dfrac{n_{B,4}}{n_A+n_{B,4}}=$	
	$x_{B,5}=\dfrac{n_{B,5}}{n_A+n_{B,5}}=$	
	$x_{B,6}=\dfrac{n_{B,6}}{n_A+n_{B,6}}=$	

② 根据实训所得数据分析在环己烷中加入异丙醇后,液体沸点如何变化(以温度 t 为纵坐标,异丙醇的摩尔分数 x_B 为横坐标,作出温度-组成图,进行分析)。

六、思考题

① 如何判定气液相已达平衡?
② 双液系溶液的沸点有哪两个特点?
③ 恒沸点指什么?是什么因素引起的?
④ 讨论本实训的主要误差来源。

七、注意事项

① 沸点仪中没有装入溶液之前绝对不能通电加热,如果没有溶液,通电加热后沸点仪会炸裂。

② 一定要在停止通电加热之后,方可触碰仪器,实施各种拆卸操作。

实训九　饱和蒸气压的测定

一、实训目的

① 了解用等压管法测定乙醇饱和蒸气压的原理。

② 学会温度计与气压计的使用及其读数的校正方法，熟悉恒温槽的构造和真空泵的使用。

二、实训原理

液体的饱和蒸气压是温度的函数，温度升高时，其蒸气压增大。对于气液平衡系统，若气体是理想气体，蒸气压 p 与热力学温度 T 的关系，可用克劳修斯-克拉佩龙方程表示：

$$\frac{\mathrm{d}\ln(p/p_0)}{\mathrm{d}T}=\frac{\Delta_{\mathrm{vap}}H_{\mathrm{m}}}{RT^2}$$

式中，$\Delta_{\mathrm{vap}}H_{\mathrm{m}}$ 为摩尔汽化焓，$\mathrm{J \cdot mol^{-1}}$；$R$ 为摩尔气体常数，$8.314 \mathrm{J \cdot mol^{-1} \cdot K^{-1}}$；$p$ 为温度为 T 时液体的蒸气压，Pa；p_0 为大气压力，通常为 $1.0132\times 10^5 \mathrm{Pa}$，或由室内压力计读出。

若温度在较小的范围内变化，则 $\Delta_{\mathrm{vap}}H_{\mathrm{m}}$ 可以近似地看作常数，积分克劳修斯-克拉佩龙方程可得

$$\ln(p/p_0)=-\frac{\Delta_{\mathrm{vap}}H_{\mathrm{m}}}{RT}+B$$

$$\ln(p/p_0)=-\frac{K}{T}+B$$

$$K=\frac{\Delta_{\mathrm{vap}}H_{\mathrm{m}}}{R}$$

式中，B 为积分常数。

若将 $\ln(p/p_0)$ 对 $1/T$ 作图应得一直线，其斜率为 $-K$，通过斜率就可求得摩尔汽化焓，同时从图上可求出标准压力时液体的正常沸点。

由压力计可知

$$p=p_0-\Delta p$$

式中，p 为饱和蒸气压；p_0 为室内大气压（由室内压力计直接读出）；Δp 是由实训装置压力计读出的压差。

三、实训仪器及药品

1. 实训仪器

等压管（1支），冷凝管（1支），稳压瓶（1个），负压瓶（1个），恒温槽水浴（1套），

真空泵（1台），精密数字压力计（一台）。

2. 实训药品

乙醇（A.R.），相对分子质量46.07，密度0.7893g·cm^{-3}，凝固点低于$-130℃$，沸点78.32℃，乙醇是无色透明易挥发和易燃的液体，溶于水、甲醇、乙醚和氯仿等，有稀释性，与水能形成恒沸混合物，能溶解许多有机化合物，是一种用途很广的重要试剂。

四、实训步骤

① 实训装置的安装。按图3-13安装好整套装置，并把无水乙醇装入等压管中，使液面在等压管的2/3处。

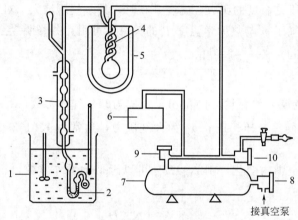

图3-13 饱和蒸气压测定装置

1—恒温槽；2—等压管；3—冷凝管；4—冷阱；5—杜瓦瓶；6—压力计；
7—真空稳压包；8—抽真空阀；9—抽气阀；10—放空阀

② 检查气密性。将冷凝管与等压管相连并固定。打开冷凝水，接通电源，打开低真空数字压力计，待电源稳定后置零。打开真空泵，关闭气阀9，打开真空阀8，再打开抽气阀9。当压力计显示压差40~50kPa时，关闭抽气阀9和抽真空阀8，当压力计显示的数字下降，证明系统漏气，此时应细致分段检查，寻找漏气部位，设法消除。

③ 装样。取下等压管，用酒精灯烘烤盛样球，赶出样品球内的空气加入乙醇，待样品管冷却，乙醇吸入球内，再烤，再装，装至2/3球的体积，在U形管中加乙醇作液封。

④ 系统抽真空，测饱和蒸气压。将等压管与系统连接好并固定，接通等压管上部的冷凝水，将恒温槽的水温调节到25℃，打开加热开关，水浴缸开始恒温加热。打开低压真空压力计6的开关。打开真空泵，关闭放空阀10，打开抽真空阀8，缓缓开启抽气阀9，排尽其中的空气。此时等压管中的液体慢慢沸腾，关闭阀门8，9，缓缓开启放空阀10，小心地将空气放入系统，调节U形管两侧液面等高，记录此时的Δp，T及大气压。

再抽气，再调节等压管双臂液面等高，重读压力差，直至两次的压力差相差无几，表示样品球上方的空气已经被乙醇充满，记下压力计上的读数。

⑤ 重复步骤④，同法测定30℃，35℃，40℃，45℃，50℃时乙醇的饱和蒸气压，记录数据，

填入相关表格。

⑥ 结束。实训结束后，缓缓打开放空阀10，将空气慢慢放入系统，使系统与大气相通。观察 U 形管气泡变化，直至压力计读数为零，关闭压力计，关闭加热器，关闭冷凝水，取下等压管，拔下电源插头，整理实训台。

五、实训记录与数据处理

① 记录。

室温 $t =$ _____；大气压 $p_0 =$ _____

实验序号	$t/℃$	T/K	$\Delta p/kPa$	p/kPa
1				
2				
3				
4				
5				
6				

② 以 $\ln(p/p_0)$ 对 $1/T$ 作图，确定直线方程

$$\ln \frac{p}{p_0} = -\frac{\Delta_{vap}H_m}{R} \times \frac{1}{T} + B = -\frac{K}{T} + B$$

并由直线斜率确定水的摩尔蒸发焓 $\Delta_{vap}H_m = KR$。

六、思考题

① 说明饱和蒸气压、正常沸点、沸腾温度的含义。

② 克劳修斯-克拉佩龙方程在什么条件下才能应用？为什么本实训测得的只是平均蒸发焓？

③ 稳压瓶的作用是什么？

七、注意事项

① 等压管中 U 形管与样品球液面间的空气必须排净。

② 在升温时，应经常开启放空阀，缓缓放入空气，使 U 形管两臂液面接近相等，如空气放入过多，可缓缓打开抽气阀抽气。

③ 实训结束，应将系统放空，使系统保持常压。

项目设计三

一、问题的提出

1. 溶液的内涵

溶液的内涵如图 3-14 所示。

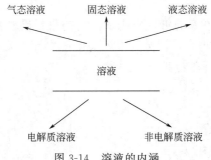

图 3-14 溶液的内涵

2. 混合物的区分

空气是氧气、氮气、稀有气体、二氧化碳等多种成分组成的混合物。

3. 渗透压

渗透压示意图见图 3-15。

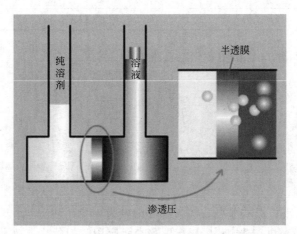

图 3-15 渗透压示意图

4. 雾凇

雾凇如图 3-16 所示。

图 3-16 雾凇

二、问题的解决

1. 溶液的内涵

两种或两种以上物质彼此以分子或离子状态均匀混合所形成的系统称为溶液。溶液根据物态可分为气态溶液、固态溶液和液态溶液。根据溶液中溶质的导电性又可分为电解质溶液和非电解质溶液。

2. 混合物的区分

多组分均匀系统中，溶剂和溶质不加区分的系统称为混合物，可分为气态混合物、液态混合物和固态混合物。

3. 渗透压

为了阻止溶剂渗透，在右边施加额外压力，使半透膜双方溶剂的液面相等而达到平衡。这个额外施加的压力就定义为渗透压 Π。

4. 雾凇

雾凇，俗称树挂，是在严寒季节里，空气中过于饱和的水汽遇冷凝结而成。这种现象在自然界中叫做凝华，也就是气态物质不经过液态阶段而直接凝结成固态的过程。凝华过程是一个放热过程。

三、必备理论知识

① 相律；
② 混合物或溶液的组成标度；
③ 饱和蒸气压；
④ 拉乌尔定律和亨利定律；
⑤ 理想稀溶液的依数性；
⑥ 相图基本知识。

项目扩展三

水的三相点是水分子自身的特性，不能加以改变。它是纯水在其饱和蒸气压下的凝固点，属于单组分系统。而冰点是在一个大气压下，被空气饱和了的水的凝固点，有空气溶入，是多组分系统。改变外压，冰点也随之改变。1927 年国际度量衡委员会将水的冰点（273.15K）定为热力学温标的基准点，但这一数据是水在一个标准大气压下被空气饱和以后达到液—固平衡的温度，因此其精确度被一些科学家所怀疑。

我国物理化学奠基人之一的黄子卿教授，在攻读博士学位期间选择了重新测定水的三相点的课题。他以严谨的科学态度精心设计实验装置，精确测定了水的三相点，在测定过程中排除了各种可能的干扰，如大气压强及水液面高度产生的附加压强对冰室平衡温度的影响；水样杂质造成的水的凝固点降低；水样严格纯化去除 CO_2；精选"三相点室"材料并严格清洗；对体系采取严格的隔热防辐射措施，采用了当时最精确的测温手段并加以校正。最终，历经长达一年的反复测试，获得了当时最精准的水的三相点温度（0.00981±0.00005）℃。这一结果被国际温标会议采纳，成为 1948 年国际实用温标（IPTS－1948）选择基准点——水的三相点重要参照数据之一,对世界计量科技发展做出了重要贡献,具有划时代意义。黄于卿精益求精、坚持不懈的工作精神,值得我们学习。

黄子卿院士,生于外强入侵、动荡不安的年代,少年时就抱有科学救国的志向。在美国取得博士学位时,正值日本发动全面侵华战争的前夕,身边人都劝他不要回国,黄子卿却坚定地回答:"我是中国人,要跟中国共命运",随后毅然回到祖国,将毕生精力奉献给教育和科学事业,在电化学、生物化学、热力学和溶液理论方面颇有建树,为我国物理化学学科的发展做出了不可磨灭的贡献。同时黄子卿教授在科学研究的同时继续进行教学,并出版了《物理化学》,这本书也是我国第一本该领域的教科书。

趣味实验三

一、人造细胞

通过渗透压的学习,已经了解到渗透现象的奥妙。其实生物体的细胞膜也是一种半透膜,它的特点是水能够透过细胞膜,而细胞液中的溶质则不能透过细胞膜。根据这些知识,就可以制造人造细胞,它的组成不是蛋白质和碳水化合物,而是一种无机物——亚铁氰化铜 $Cu_2[Fe(CN)_6]$。它虽然是一种无生命的东西,但是形态却和真的细胞一样。

在一只培养皿内盛 3%硫酸铜溶液至半满,再把亚铁氰化钾 $K_4[Fe(CN)_6]$ 的小晶体(小米粒大小)投入硫酸铜溶液中。不久,就在亚铁氰化钾晶体与硫酸铜溶液接触的地方,生成了囊状的亚铁氰化铜薄膜:

$$K_4[Fe(CN)_6]+2CuSO_4 =\!=\!= Cu_2[Fe(CN)_6]\downarrow +2K_2SO_4$$

这层薄膜把亚铁氰化钾晶体包了起来。在人工的半透膜中,亚铁氰化铜的薄膜具有很好的半透性,即水分子能够自由地透过亚铁氰化铜薄膜,但 K^+,Fe^{2+},Cu^{2+},CN^- 和 SO_4^{2-} 则不能通过薄膜。这样硫酸铜溶液内的水分子不断进入囊状薄膜内,使膜内产生了很大的渗透压力,压力增大到一定程度,这层薄膜就被胀破,于是亚铁氰化钾溶液就从膜内钻出来,它遇到硫酸铜溶液,又会发生反应,生成一层新的囊状亚铁氰化铜薄膜。这样,老的薄膜不断破裂,新的薄膜不断产生,使人造细胞不断长大。最后在培养皿内生成了一个个褐色的半透明的人造细胞,飘浮在溶液中,犹如在显微镜下看到的一个个活细胞。

二、一杯数色

二色杯:在高型烧杯(或量杯、量筒、试管)中先注入 2/5 容积的四氯化碳(CCl_4),然后小心地沿着器壁加入 2/5 容积的水(预先滴数滴浓氨水),这时可以看到杯里的液体分液两层,比较重的四氯化碳沉在下面。取数粒碘片和少量硫酸铜(俗称胆矾 $CuSO_4·5H_2O$)的粉末同时投入杯中,就会出现下层紫红、上层淡蓝的二色杯,颜色很鲜艳。

三色杯:在杯中依次小心注入等体积的四氯化碳、水(预先滴加碘化钾溶液)和异戊醇(或乙醚)使成三层液体。往杯中投入数粒碘片,就会出现,下层紫红,中层黄色,上层棕色的三色杯。如依次注入二硫化碳(CS_2)、水(滴浓氨水)和乙醚,投入碘片和硫酸铜粉末,杯中就会出现下层深紫,中层淡蓝,上层黄褐三种颜色。注意:二硫化碳和乙醚易挥发,它们的蒸气易燃,严防着火。

四色杯:在杯中依次小心注入等体积的浓硫酸、四氯化碳、稀氨水和异戊醇,使成四层液体。向杯中同时投入碘片和硫酸铜粉末,就会出现下层黄色、中层紫红、上层蓝色、最上层棕色的四色杯。

这是物质溶解性的实验。同一物质在不同的溶剂里因溶解性不同而出现各种颜色。溶解性的大小跟溶质和溶剂的性质有关,例如,碘容易溶解在某些有机溶剂中,在四氯化碳中呈紫红色、异戊醇中呈棕色。乙醚中呈黄褐色,二硫化碳中呈深紫色,但是难溶解在水里。而硫酸铜容易溶解在水中,呈现淡蓝色,却很难溶解在有机溶剂中。有一条应用范围很广的经验规律——"相似相溶"原理,即物质在跟它结构相似的溶剂里容易溶解。碘是非极性物质,容易溶解在弱极性或非极性的溶剂中,如上述有机溶剂里;硫酸铜是强极性物质,容易溶解在强极性溶剂里,例如水。这一原则不仅可应用于固-液之间,也能应用于液-液之间,实验中所用各种溶剂由于互不相溶且密度不同而使液体分层。

小 结 三

一、本项目主要概念

① 相是系统中物理性质及化学性质均匀的部分。系统相的数目称为相数。

② 混合物是指含有一种以上组分的系统,它可以是气相、液相或固相,是多组分的均匀系统。

③ 溶液一词是指含有一种以上组分的液体相和固体相。通常是将其中含量多者称为溶剂(以 A 表示),含量较少者称为溶质(以 B 表示)。

④ 液体的饱和蒸气压就是物质在一定温度下处于气液平衡共存时蒸气的压力,用 p^* 表示。

⑤ 当蒸气压等于外压($p^* = p_{外}$)时,继续加热,液体沸腾,此时的温度称为液体的沸点,用符号 T_b^* 表示。液体在常压(101.325kPa)下沸腾的温度称为正常沸点。液体在标准压力($p^{\ominus} = 100$kPa)下沸腾的温度称为标准沸点。

⑥ 在等温等压下,液态混合物中任意组分 B 在全部组成范围内都遵守拉乌尔定律,则该液态混合物称为理想液态混合物。

⑦ 在等温等压下,溶剂和溶质分别服从拉乌尔定律和亨利定律的无限稀薄溶液称为理想稀薄溶液。

⑧ 所谓理想稀薄溶液的"依数性",顾名思义是依赖于数量的性质。稀溶液中溶剂的蒸气压下降、析出固态纯溶剂时凝固点降低、溶质不挥发时沸点升高及渗透压等的数值均与稀溶液中所含溶质的数量有关,这些性质都称为稀溶液的依数性。

二、本项目主要公式及适用条件

1. 相律

$$f = C - \varphi + 2 \tag{3-2}$$

2. 纯物质的两相平衡条件

$$G_m^*(B^*, \alpha, T, p) = G_m^*(B^*, \beta, T, p) \tag{3-4}$$

3. 克拉佩龙方程

$$\frac{dp}{dT}=\frac{\Delta_\alpha^\beta H_m^*}{T\Delta_\alpha^\beta V_m^*} \tag{3-6}$$

4. 克劳修斯-克拉佩龙方程

$$\frac{d\ln\{p\}}{dT}=\frac{\Delta_{vap}H_m^*}{RT^2} \tag{3-8}$$

$$\ln\frac{p_2^*}{p_1^*}=-\frac{\Delta_{vap}H_m^*}{R}\left(\frac{1}{T_2}-\frac{1}{T_1}\right) \tag{3-9}$$

5. 特鲁顿规则

$$\frac{\Delta_{vap}H_m^\ominus(T)}{T_b}=88\,\text{J}\cdot\text{K}^{-1}\cdot\text{mol}^{-1} \tag{3-10}$$

6. 物质 B 的质量分数

$$w_B \stackrel{def}{=\!=} \frac{m_B}{\sum_B m_B} \tag{3-11}$$

7. 物质 B 的摩尔分数

$$x_B(\text{或 } y_B) \stackrel{def}{=\!=} \frac{n_B}{\sum_B n_B} \tag{3-12}$$

8. 物质 B 的物质的量浓度

$$c_B \stackrel{def}{=\!=} \frac{n_B}{V} \tag{3-13}$$

9. 溶质 B 的质量摩尔浓度

$$b_B \stackrel{def}{=\!=} \frac{n_B}{m_A} \tag{3-14}$$

10. 分压力定义

$$p_B \stackrel{def}{=\!=} y_B p \tag{3-15}$$

11. 道尔顿分压定律

$$\sum_B p_B = p \tag{3-16}$$

12. 拉乌尔定律

$$p_A = p_A^* x_A \tag{3-17}$$

13. 亨利定律

$$p_B = k_{x,B} x_B \tag{3-19}$$

$$p_B = k_{b,B} b_B \tag{3-20}$$

14. 杠杆规则

$$\frac{n_L}{n_G}=\frac{\overline{OG}}{\overline{LO}}=\frac{y_B-x_O}{x_O-x_B} \tag{3-29}$$

习 题 三

一、选择

1. 在 20℃ 时，10g 水的饱和蒸气压为 p_1^*，100g 水的饱和蒸气压为 p_2^*，则 p_1^* 和 p_2^* 的关系是（ ）。
   A) $p_1^* > p_2^*$ B) $p_1^* = p_2^*$ C) $p_1^* < p_2^*$ D) 不能确定

2. 在 25℃ 时，$CH_4(g)$ 溶解在水和苯中的亨利系数分别为 k_1 和 k_2，且知 $k_1 > k_2$，则在相同的平衡分压下，CH_4 在水中的溶解度（ ）在苯中的溶解度。
   A) 大于   B) 小于   C) 等于   D) 不能确定

3. $A(l)$ 与 $B(l)$ 可形成理想液态混合物，温度为 T 时，纯 A 及纯 B 的饱和蒸气压 $p_A^* < p_B^*$，则当混合物的组成 $0 < x_B < 1$ 时，其蒸气总压力 p 与 p_A^*，p_B^* 的相对大小关系为（ ）。
   A) $p > p_B^*$ B) $p < p_A^*$ C) $p_A^* < p < p_B^*$ D) $p > p_B^* > p_A^*$

4. $A(l)$ 与 $B(l)$ 可形成理想液态混合物，若在一定温度下，纯 A、纯 B 的饱和蒸气压 $p_A^* > p_B^*$，则在该二组分的蒸气压-组成图（p-x 图）上气、液两相平衡区，呈衡的气、液两相组成必有（ ）。
   A) $x_B > y_B$ B) $x_B < y_B$ C) $x_B = y_B$ D) 无法确定

5. 碳酸钙分解达平衡时，$CaCO_3(s) \rightleftharpoons CaO(s) + CO_2(g)$ 属于几相系统（ ）？
   A) 一相   B) 两相   C) 三相   D) 四相

6. 特鲁顿规则适用于非缔合的液体，其数值 $\dfrac{\Delta_{vap}H_m^\ominus(T)}{T_b}=$（ ）。
   A) $21 J \cdot mol^{-1} \cdot K^{-1}$ B) $88 J \cdot mol^{-1} \cdot K^{-1}$ C) $109 J \cdot mol^{-1} \cdot K^{-1}$ D) $88 kJ \cdot mol^{-1} \cdot K^{-1}$

7. 关于亨利定律的下列几点说明中，错误的是（ ）。
   A) 溶质在气相和在溶剂中的分子状态必须相同
   B) 溶质必须是非挥发性的
   C) 温度愈高或压力愈低，溶液愈稀，亨利定律愈准确
   D) 对应混合气体，在总压力不太大时，亨利定律能分别适用于每一种气体，与气体的分压无关

8. 对于恒沸混合物，下列说法中错误的是（ ）。
   A) 不具有确定组成
   B) 平衡时气相组成和液相组成相同
   C) 其沸点随外压的变化而变化
   D) 与化合物一样具有确定组成

二、填空

1. 理想液态混合物的定义是_____。
2. 理想稀薄溶液的定义是_____。
3. 拉乌尔定律可以表述为_____，用公式可以表示为_____。
4. 亨利定律可以表述为_____，用公式可以表示为_____。
5. 反应 $CH_4(g) \rightleftharpoons C(s) + 2H_2(g)$ 达平衡时，系统的相数为_____。
6. 相是指_____。
7. 一般而言，溶剂的凝固点下降系数 k_f 与_____有关。
8. 将 $Ag_2O(s)$ 放在一个抽空的容器中，使之分解得到 $Ag(s)$ 和 $O_2(g)$ 并达到平衡，则此时系统的独立组分数 $C =$ _____，自由度数 $f =$ _____。

9. 将 $CaCO_3(s)$，$CaO(s)$ 和 $CO_2(g)$ 以任意比例混合，放入一密闭容器中，一定温度下建立化学平衡，则系统的组分数 $C =$ ＿＿＿＿＿，相数 $\varphi =$ ＿＿＿＿＿，条件自由度数 $f' =$ ＿＿＿＿＿。

三、判断

1. 相是指系统处于平衡时，系统中物理性质及化学性质都均匀的部分。（　）
2. 克劳修斯-克拉佩龙方程比克拉佩龙方程的精确度高。（　）
3. 理想稀薄溶液中的溶质遵守亨利定律，溶剂遵守拉乌尔定律。（　）
4. 克拉佩龙方程适用于纯物质的任意两相平衡。（　）
5. 理想液态混合物与其蒸气成气液两相平衡时，气相总压 p 与液相组成 x_B 呈线性关系。（　）
6. 依据相律，纯液体在一定温度下，蒸气压应该是定值。（　）

四、计算

1. 指出下列平衡系统的组分数 C，相数 φ 及自由度数 f。
   (1) $NH_4Cl(s)$ 放入一抽空容器中，与其分解产物 $NH_3(g)$ 和 $HCl(g)$ 达成平衡；
   (2) 任意量的 $NH_3(g)$，$HCl(g)$ 及 $NH_4Cl(s)$ 达平衡；
   (3) $NH_4HCO_3(s)$ 放入一抽空容器中，与其分解产物 $NH_3(g)$，$H_2O(g)$ 和 $CO_2(g)$ 达成平衡。

2. 46g 乙醇溶于 1000g 水中形成混合物，其密度为 $\rho = 992 kg \cdot m^{-3}$。计算：(1) 乙醇的摩尔分数；(2) 乙醇的质量分数；(3) 乙醇的物质的量浓度；(4) 乙醇的质量摩尔浓度。（已知 $M_{水} = 18.016 g \cdot mol^{-1}$，$M_{乙醇} = 46.069 g \cdot mol^{-1}$）。

3. 1mol N_2 和 3mol H_2 混合，在 298.15K 时体积为 4.00 m^3。求混合气体的总压力和各组分的分压力（设混合气体为理想气体混合物）。

4. 25℃时水的饱和蒸气压为 133.3Pa。若一甘油水溶液中甘油的质量分数 $w_B = 0.100$，问溶液上方的饱和蒸气压为多少？

5. 0℃，101.325Pa 时，氧气在水中的溶解度为 $4.490 \times 10^{-2} dm^3 \cdot kg^{-1}$。试求 0℃时氧气在水中溶解的亨利系数 $k_x(O_2)$ 和 $k_b(O_2)$。

6. 已知甲苯、苯在 90℃下纯液体的饱和蒸气压分别为 54.22kPa 和 136.12kPa。两者可形成理想液态混合物。取 0.200kg 甲苯和 0.200kg 苯置于带活塞的导热容器中，始态为一定压力下 90℃ 的液态混合物。在恒温 90℃下逐渐降低压力，问：
   (1) 压力降到多少时，开始产生气相，此时气相的组成如何？
   (2) 压力降到多少时，液相开始消失，最后一滴液相的组成如何？
   (3) 压力为 92.00kPa 时，系统内气、液两相平衡，两相的组成如何？两相的物质的量各为多少？

项目四
界面现象及分散性质

教学目标：

① 了解液体、固体的主要的界面现象；
② 熟悉表面张力的意义和性质；
③ 掌握表面活性剂的作用及其应用；
④ 了解溶胶现象，进而掌握其光学性质和电学性质。

技能目标：

① 掌握表面活性剂的配方原理和配制工艺；
② 通过表面活性剂的性能比较，学习如何在实训中不断改进产品配方的方法；
③ 掌握鼓泡法测定液体表面张力的原理和技术；
④ 通过溶液中的吸附现象验证朗格缪尔单分子层吸附等温式；
⑤ 掌握乳状液的制备、鉴别和破乳方法。

界面性质的研究始于化学领域，因此称为界面化学，又因其许多现象属于物理现象，故又可称为界面物理，并且它在胶体科学、材料科学、生物科学、催化化学等学科领域有广泛的应用，所以界面性质的研究领域是多学科交叉、重叠的综合性的学科领域，故可综合地称之为界面物理化学或界面化学物理。它研究的问题既涉及平衡规律又涉及速率规律，也涉及物质的结构和性质。因此它的研究方法既用到热力学方法也用到动力学方法，甚至还用到统计热力学方法和量子力学方法。

 理论基础一　界面层的物理化学

一、界面和界面现象

自然界中的物质一般以气、液、固三种聚集状态存在。三种相态相互接触可以产生六种相变化（图4-1）和五种相界面（气-液、气-固、液-液、液-固、固-固界面）。界面即两相的接触面，它是存在于两相之间的厚度约为几个分子大小的一薄层。一般常把与气体接触的界面称为表面，如气-液界面常称为液体表面，气-固界面常称为固体表面。

与存在界面有关的各种物理现象和化学现象总称为界面现象。对它的研究可分为平衡与

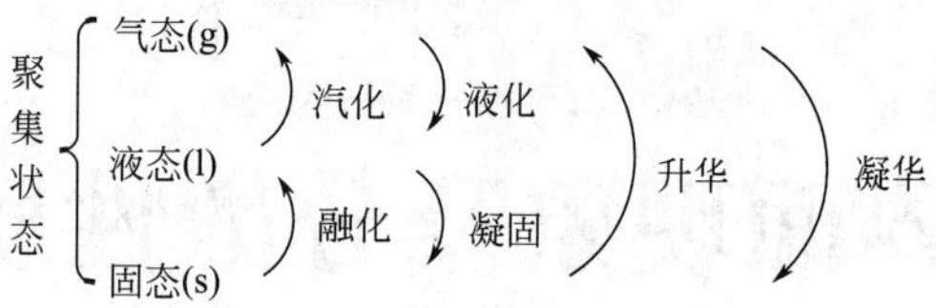

聚集状态 { 气态(g), 液态(l), 固态(s) }
汽化 / 液化
融化 / 凝固
升华 / 凝华

图 4-1 物质的聚集状态与相变化

速率两大类。自然界中的许多现象都与界面的特殊性质有关，例如，在光滑玻璃上的微小汞滴会自动呈球形，脱脂棉易于被水润湿，水在玻璃毛细管中会自动上升，固体表面会自动地吸附其他物质，微小的液滴易于蒸发等。通常用肉眼看到的如山川、云雨、楼阁等都是宏观界面，而自然界中还存在着大量的微观界面，例如生物体内就有细胞膜、生物膜，生命现象的重要过程就是在这些界面上进行的。人们需要首先研究宏观界面的规律，然后再把它应用到微观界面上。

分散度即把物质分散成细小微粒的程度。分散度的大小用比表面来表示，其定义为：单位质量的物质所具有的表面积，符号为 a_m，单位为 $m^2 \cdot kg^{-1}$；比表面还可以用单位体积物质的表面积表示，符号为 a_V，单位为 $m^2 \cdot m^{-3}$。即

$$a_m \stackrel{\text{def}}{=\!=} \frac{A_s}{m} \tag{4-1}$$

$$a_V \stackrel{\text{def}}{=\!=} \frac{A_s}{V} \tag{4-2}$$

式中，a_m 为质量表面，$m^2 \cdot kg^{-1}$；a_V 为体积表面，$m^2 \cdot m^{-3}$；A_s 为物质的总表面积，m^2；m 为物质的质量，kg；V 为物质的体积，m^3。

在一般情况下，界面的质量和性质与体相相比可以忽略不计。但是当物质被高度分散时，界面的作用则很明显。例如直径为 1cm 的球形液滴，表面积是 $3.1416cm^2$；当将其分散成 10^{18} 个直径为 10nm 的圆球形小液滴时，其总表面积可高达 $314.16m^2$，是原来的 10^6 倍，这就成为一个不可忽视的因素了。由此可知对一定量的物质而言，分散度越高，其表面积就越大，表面效应也就越明显。对于水滴，其室温下的密度为 $1g \cdot cm^{-3}$，则上述两种情况下水的比表面积分别约为 $5 \times 10 m^2 \cdot kg^{-1}$ 及 $5 \times 10^5 m^2 \cdot kg^{-1}$。此外还有一类多孔固体具有很高的比表面积，此时的表面性质非常突出，不容忽视。

许多表面性质同表面活性质点的数量直接关联，而活性质点多是因为材料表面有大的表面积，即具有大的体积表面或质量表面。例如人的大脑（见图 4-2），其总表面积比猿脑的大 10 倍。据研究资料报道，解剖结果已经证明千年伟人、大科学家爱因斯坦大脑的表面积比常人大得多。再如叶绿素（见图 4-3），由于具有较大的质量表面，从而可以提供较多的活性点，提高光合作用的量子效率。衡量固体催化剂的催化活性，其质量表面（或体积表面）的大小是重要指标之一，如活性炭的质量表面可高达 $1 \times 10^6 \sim 2 \times 10^6 m^2 \cdot kg^{-1}$，多孔硅胶的比表面积可达 $3 \times 10^5 \sim 7 \times 10^5 m^2 \cdot kg^{-1}$ 左右，活性氧化铝的质量表面也可达 $5 \times 10^5 m^2 \cdot kg^{-1}$。纳米级超细颗粒的活性氧化锌由于其巨大的质量表面而可作为隐形飞机的表面图层。

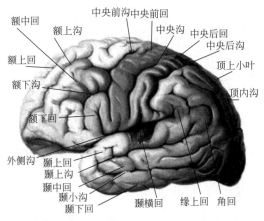

图 4-2　人脑结构图

图 4-3　叶绿素示意图

二、表面张力

1. 表面张力的概念

如图 4-4 所示,在液体内部的任意分子皆处于同类分子的包围之中。物质内部分子与其周围邻近相同分子间的吸引力是球形对称的,各个相反方向上的引力彼此抵消,总的受力效果是合力为零。但是物质界面层的分子处于两个体相之间,受到两相分子不同的作用,它一方面受到本相内物质分子的作用,另一方面又受到性质不同的另一相中分子的作用,处于表面层的分子受周围分子的引力是不均匀、不对称的,因此表面层的性质与其内部不同。以液体及其蒸气所形成的系统为例,液体内部的分子由于所受合力为零,因此可以无规则的运动而不消耗功。但是由于气体分子较为稀薄,则在气液界面上的分子(即液体表面层分子)受气相分子的引力小,受本体液相分子的引力大,故液体表面层分子处于力场不对称的环境中所受合力不为零,而是受到一个指向液体内部的拉力,力图把表面分子拉入内部,所以液体表面有自动收缩的趋势,它的宏观表现就是界面将收缩至具有最小面积。这就是为什么小液滴(或小气泡)总是呈球形,水银珠和荷叶上的水珠也收缩为球形,肥皂泡要用力吹才能变大的原因。因为球形表面积最小,而扩张表面就需要对系统做功。

另外,由于界面上不对称力场的存在,使得界面层分子有自发与外来分子发生化学或物理作用的趋势,借以补偿力场的不对称性。在任何两相界面的表面层都具有某种特殊性质。对于单组分系统,这种特性主要来自同一物质在不同相中的密度不同;而对于多组分系统,这种特性则来自表面层的组成和任一相的组成均不相同。许多重要的现象,如毛细管现象、润湿作用、液体过热、蒸气过饱和、吸附作用等均与上述界面特性相关。

液体表面的最基本的特性是趋向于收缩。它如同一张绷紧了的富于弹性的橡皮膜,其中存在着使薄膜面积减小的收缩张力。这种张力在表面中处处存在,在表面边缘处则可以明确表示。收缩张力的总和与表面边缘的长度成正比。由此,表面张力定义为垂直作用于表面单位长度上的紧缩力,用符号 σ 表示,单位为 $N \cdot m^{-1}$ 或 $J \cdot m^{-2}$。表面张力作用的结果是使液体表面缩小,其方向对于平液面是沿着液面并与液面平行[图 4-5(a)],对于弯曲液面则与液面相切［图 4-5（b）］。

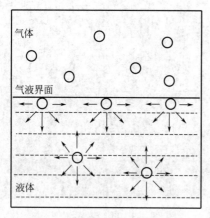

图 4-4 界面层分子与体相分子

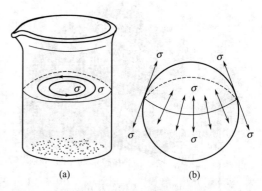

图 4-5 表面张力的方向

与液体的表面张力类似，其他界面如固体表面、液-液界面、液-固界面等，由于界面层分子受力不对称，也同样存在着界面张力。界面张力定义为：界面中单位长度上的收缩张力。此力沿着界面的切线方向作用于边缘上，并垂直于边缘。收缩张力的总和与界面边缘的长度成正比。界面张力符号也用 σ 表示，单位同样为 $N \cdot m^{-1}$ 或 $J \cdot m^{-2}$。可见，表面张力就是气-液界面或气-固界面的界面张力。

2. 表面张力的影响因素

影响表面张力的因素主要有分子间作用力、温度和压力。

(1) 分子间作用力的影响 物质的表面张力与物质所接触相的性质有关，也与分子间作用力有关。液体或固体中的分子间的相互作用或化学键力越大，表面张力就越大。一般情况下，气相对液体的表面张力影响不大；而不同液体表面张力之间的差异主要是由于液体分子之间的作用力不同而造成的。一般说来极性液体表面张力比较大，而非极性液体的表面张力则较小。例如，水是非极性的溶液，分子之间因为有氢键，所以表面张力较大。另外，熔融的盐以及熔融的金属，分子间分别以离子键和金属键相互作用，故它们的表面张力也很高。固体分子间的相互作用力远大于液体的，所以固体物质一般要比液体物质具有更高的表面张力。通常原子之间是金属键的物质的表面张力最大，其次是离子键、极性共价键，具有非极性共价键分子的物质表面张力最小。概括起来就是

$$\sigma_s > \sigma_l > \sigma_g$$

$$\sigma_{金属键} > \sigma_{离子键} > \sigma_{极性共价键} > \sigma_{非极性共价键}$$

(2) 温度的影响 对于纯液体，表面张力指的是与饱和了本身蒸气的空气相接触时测得的数据（见表 4-1）。同一种物质的表面张力因温度不同而异。当温度升高时物质的体积膨胀，分子间的距离增加，分子之间的相互作用减弱，所以表面张力一般随温度的升高而减小。液体的表面张力受温度的影响较大，且表面张力随温度的升高近似呈线性下降。当温度接近临界温度时，饱和液体与饱和蒸气的性质趋于一致，相界面趋于消失，此时液体的表面张力趋于零。

表 4-1　一些纯液体的表面张力　　　　　　　　　　　　单位：N·m^{-1}

$t/℃$	$\sigma(H_2O)$	$\sigma(C_6H_5NO_2)$	$\sigma(C_6H_6)$	$\sigma(CH_3COOH)$	$\sigma(CCl_4)$	$\sigma(C_2H_5OH)$
0	0.07564	0.0464	0.0316	0.0295	0.0292	0.0240
25	0.07197	0.0432	0.0282	0.0271	0.0261	0.0218
50	0.06791	0.0402	0.0250	0.0246	0.0231	0.0198
75	0.0635	0.0373	0.0219	0.0220	0.0202	—

（3）压力的影响　表面张力一般随压力增加而下降。这是由于增加气相的压力，可使气相的密度增大，同时气体分子更多地被液面吸附，减小液体表面分子受力不对称的程度；此外可使气体在液体中溶解度也增大，气体分子更多地溶于液体，改变液相成分。这些因素的综合效应，使得表面张力下降。通常每增加 1MPa 的压力，表面张力约降低 1mN·m^{-1}。例如 20℃ 时，101.325kPa 下水和四氯化碳的表面张力 σ 分别为 72.8mN·m^{-1} 和 26.8mN·m^{-1}，而在 1MPa 下分别是 71.8mN·m^{-1} 和 25.8mN·m^{-1}。

三、液体的界面现象

1. 润湿作用

（1）润湿的类型　如果在一块玻璃板的表面滴上少许液体，那么在未滴液体之前玻璃板是与气体接触的，滴上液滴后取代了部分气-固界面，产生了新的液-固界面。这种固体表面的气体或液体被另一种液体取代的现象称为润湿作用。润湿无处不在，是最常见的现象之一，有着广泛的实际应用。没有润湿，动、植物就无法吸取养料，无法生存。在人类的日常生活中既需要润湿，但有时也需要不润湿，如防雨布、防水涂料等都要求表面不被水润湿。在许多工业领域，如在矿物浮选、注水采油、机械润滑、金属焊接、喷洒农药、洗涤、印染、防水、油漆等方面，皆涉及与润湿程度有密切关系的技术。

润湿是指固体表面上的气体（或液体）被液体（或另一种液体）取代的现象。润湿产生的原因是固体与液体接触后系统的吉布斯函数降低（即 $\Delta G<0$）。按润湿程度的深浅或润湿性能的优劣一般可将润湿分为三种类型：黏附润湿、浸渍润湿和铺展润湿。

如图 4-6 所示，将液体滴在固体表面上，由于性质不同，有的会自动铺展开来，在固体表面形成一光滑的薄层，称为铺展润湿（简称铺展）；有的则黏附在表面上成为平凸透镜状，

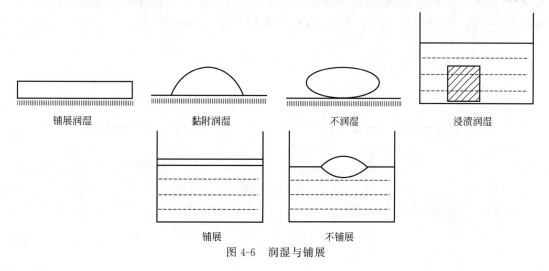

图 4-6　润湿与铺展

称为黏附润湿（简称沾湿）；如果液体不黏附而保持椭球状，则称为不润湿。例如将水滴在一干净的玻璃板上，水滴会在玻璃表面铺展开；若在石蜡板表面滴上小水滴，则水滴呈现小球状。此外，如果是能被液体润湿的固体完全浸入液体之中，则称为浸渍润湿（简称浸湿）。如将液体滴在另一种与之不互溶或部分互溶的液体表面上，也可能形成不同的形状，有的铺展开来，有的则形成双凸透镜状的液滴，它们分别称为铺展与不铺展。

可见，沾湿是指液体与固体从不接触到接触，使部分气-液界面和气-固界面转变成新的液-固界面的过程；浸湿是指将具有一定表面积的固体浸入液体中，原来的气-固界面被液-固界面所取代的过程；而当液体滴到固体表面上后，少量的液体在光滑的固体表面自动展开形成一光滑的薄层，新生的液-固界面在取代气-固界面的同时，气-液界面也扩大了同样的面积，这一过程就是铺展。液-液间的铺展和不铺展，与液-固间的铺展润湿和黏附润湿非常相似。

根据吉布斯函数判据，润湿若能自发进行，则必有

$$\Delta G_{沾湿} = \sigma_{l\text{-}s} - (\sigma_{g\text{-}l} + \sigma_{g\text{-}s}) < 0$$

$$\Delta G_{浸湿} = \sigma_{l\text{-}s} - \sigma_{g\text{-}s} < 0$$

$$\Delta G_{铺展} = \sigma_{g\text{-}l} + \sigma_{l\text{-}s} - \sigma_{g\text{-}s} < 0$$

由此可知，三种润湿类型的吉布斯函数变的关系为

$$\Delta G_{沾湿} < \Delta G_{浸湿} < \Delta G_{铺展}$$

从而得到结论：若铺展润湿可自发进行，则黏附润湿和浸渍润湿一定能自发进行。

(2) 润湿角　液体在固体表面上形成的液滴，可以是扁平状，也可以是圆球状，这主要是由各种界面张力的大小来决定的，如图4-7所示。有三种界面张力同时作用于 O 点处的液体分子之上：固体表面张力 $\sigma_{g\text{-}s}$（沿 OM 方向）力图把液体分子拉向左方，以覆盖更多的气-固界面；液-固界面张力 $\sigma_{l\text{-}s}$（沿 ON 方向）力图把液体分子拉向右方，以缩小液-固界面；而液体表面张力 $\sigma_{g\text{-}l}$（沿 OP 方向）则力图把液体分子拉向液面的切线方向，以缩小气-液界面。当固体表面为光滑的水平面时，若三种力处于平衡状态，则存在下列关系：

$$\sigma_{g\text{-}s} = \sigma_{l\text{-}s} + \sigma_{g\text{-}l}\cos\theta \tag{4-3}$$

式(4-3)称为杨方程，是杨氏于1805年提出来的。当系统达平衡时，在气、液、固三相交界处，气-液界面与液-固界面之间的夹角（即 OP 和 ON 间的夹角）称为润湿角（也叫接触角），用 θ 表示。它是从液-固界面出发，经过液体，到达气-液界面切线所走过的角度。实际上，润湿角就是液体表面张力 $\sigma_{g\text{-}l}$ 与液-固界面张力 $\sigma_{l\text{-}s}$ 间的夹角。

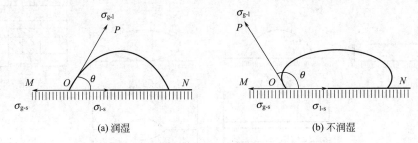

(a) 润湿　　　　　　　　　　(b) 不润湿

图4-7　润湿作用与润湿角

根据式(4-3)可得

$$\cos\theta = \frac{\sigma_{g\text{-}s} - \sigma_{l\text{-}s}}{\sigma_{g\text{-}l}} \tag{4-4}$$

式(4-4)用来计算接触角（θ）的大小。接触角还可以通过实验测定，例如用斜板法、吊片法等实验方法测量。但是，由于受表面清洁度、滞后等因素的影响，而不易测准，固体表面粗糙时接触角也会发生变化。接触角的大小是由在气、液、固三相交界处三种界面张力的相对大小决定的，从接触角的数值可以看出液体对固体润湿的程度。由式(4-3)得到如下结论。

① 当 $\theta=0°$ 时，$\cos\theta=1$，$\sigma_{g\text{-}s}=\sigma_{l\text{-}s}+\sigma_{g\text{-}l}$，这是完全润湿的情况。在三种润湿中，液体不仅能沾湿、浸湿固体，还可以在固体表面上铺展开来。例如水，能在洁净玻璃表面铺展形成一层薄膜。

② 当 $0°<\theta<90°$ 时，如图 4-7 (a) 所示，$0<\cos\theta<1$，$\sigma_{g\text{-}s}>\sigma_{l\text{-}s}$，固体能被液体所润湿。这时液体不仅能沾湿固体，还能浸湿固体。在毛细管中上升的液面呈凹型半球状液面，就属于这一类。

③ 当 $90°<\theta<180°$ 时，如图 4-7 (b) 所示，$\cos\theta<0$，$\sigma_{g\text{-}s}<\sigma_{l\text{-}s}$，固体不为液体所润湿，例如水银滴在玻璃上。

因此，习惯上人们常用接触角来判断液体对固体的润湿：把 $\theta<90°$ 的情形称为润湿；$\theta>90°$ 时称为不润湿；$\theta=0°$ 或不存在时称为完全润湿；$\theta=180°$ 时称为完全不润湿。例如，水在玻璃上的接触角 $\theta<90°$（非常干净的玻璃与非常纯净的水之间的 $\theta=0°$），水可在玻璃毛细管中上升，通常说水能润湿玻璃；而水银在玻璃上的接触角 $\theta=140°$，水银柱在玻璃毛细管中下降，通常说水银不能润湿玻璃。用接触角来判断润湿与否，最大的好处是直观，但它不能反映出润湿过程的能量变化，也没有明确的热力学意义。

润湿与铺展在生产实践中有着广泛的应用。例如，脱脂棉易被水润湿，但经憎水剂处理后，可使水在其上的接触角 $\theta>90°$，这时水滴在布上呈球状，不易进入到布的毛细孔中，经振动很容易脱落。利用该原理可制成雨衣和防雨设备。农药喷洒在植物上，若能在叶片及虫体上铺展，将会明显地提高杀虫效果。

2. 毛细管作用

(1) 毛细管现象　把一支半径恒定的毛细管垂直地插入某液体中，一般说来，毛细管内液面的高度与管外液面的高度不同。例如当把毛细管插入水中时，管中的水柱表面会呈凹形曲面，致使水柱上升到一定高度，如图 4-8 (a) 所示；当把毛细管插入水银中时，见图 4-8 (b)，管内水银面呈凸形，同时水银柱下降一定的高度。这种将毛细管插入液面后，发生的液面沿毛细管上升（或下降）的现象，称为毛细管现象。若液体能润湿管壁，即 $\theta<90°$，管内液面将呈凹形，此时液体在毛细管中上升，如图 4-8 (c) 所示；反之，若液体不能润湿管壁，即 $\theta>90°$，管内液面将呈凸形，此时液体在毛细管中下降，如图 4-8 (d) 所示。产生这种现象的原因是在毛细管内的弯曲液面上存在着附加压力。

(2) 弯曲液面附加压力　静止液体的表面一般是一个平面，但是若在滴定管或毛细管中装上水，则水面是向下弯曲的；若滴定管中装的是水银，则水银面呈凸形，是向上弯曲的。这是由于表面张力的作用，在弯曲液面的内外，所受到的压力不相等。将毛细管插入水中时，由于在凹面上液体所受到的压力小于平面上液体所受的压力，因此管外液体（实际上为平面）被压入管内［见图 4-8 (a)］，直到在管外平面处液柱的静压力与凹面上的附加压力相等后才达平衡；同理可以解释将毛细管插入水银中，管内水银面下降的现象［见图 4-8 (b)］。用毛细管法测定液体的表面张力就是根据这个原理而进行的。由此可见，毛细管现象就是由于附加压力而引起的毛细管内液面与管外液面有高度差的现象。

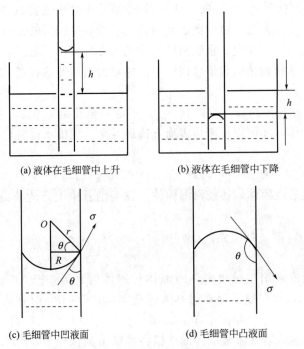

(a) 液体在毛细管中上升　　(b) 液体在毛细管中下降

(c) 毛细管中凹液面　　(d) 毛细管中凸液面

图 4-8　毛细管现象

在一小液面上（见图 4-9），沿着液面的四周及其以外的表面对小液面有表面张力的作用，力的方向与液面边界垂直，而且沿边界处与表面相切。如果液面是水平的，如图 4-9(a) 所示，则作用于边界的力 σ 也是水平的，平衡时沿液面边界的表面作用力互相抵消，此时液体表面内外的压力相等，而且等于表面上的外压 p_0。如果液面是弯曲的，则沿着液面的四周边界上的表面作用力 σ 不是水平的，其方向如图 4-9(b)，图 4-9(c) 所示，平衡时作用于边界的力将有一合力。当液面为凸形时，合力指向液体内部；当液面为凹形时，合力指向液体外部，这就是附加压力的来源。

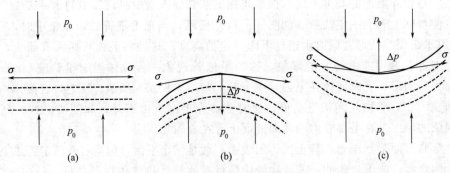

图 4-9　弯曲液面上的附加压力

对于凸面［如气相中的液滴，见图 4-9(b)］，曲面受到一个指向液体内部的附加的压力，使得凸液面被拉向液体内部而低于平液面［见图 4-8(b)］。对于凹面［见图 4-9(c)］，由于受到指向液体外部的合力作用，因此曲面被拉出液面而高于平液面［见图 4-8(a)］。总之，由于表面张力的作用，与平面不同，在弯曲液面的两侧存在一压力差，称为弯曲液面的附加压力，用符号 Δp 表示。

$$\Delta p \stackrel{\text{def}}{=\!=} p_\alpha - p_\beta \tag{4-5}$$

式中，α 为弯曲液面内之相；β 为弯曲液面外之相；p_α 为弯曲液面内侧所承受的压力；p_β 为弯曲液面外侧所承受的压力；Δp 为弯曲液面的附加压力。

这样定义的 Δp 总是一个正值。对于小液珠（凸液面），弯曲液面的液体的附加压力 $\Delta p = p_内 - p_外 = p_l - p_g > 0$，即 $p_l > p_g$，Δp 方向指向液相；而对于液体中的气泡（凹液面），则弯曲液面的气体的附加压力 $\Delta p = p_内 - p_外 = p_g - p_l > 0$，即 $p_g > p_l$，Δp 方向指向气相。可见，附加压力的方向总是指向曲面的球心。

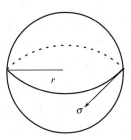

图 4-10 弯曲液面上的附加压力

显然，附加压力的大小与弯曲液面曲率半径有关。为导出弯曲液面的附加压力 Δp 与曲率半径的关系，设有一小液滴（凸液面），如图 4-10 所示，其曲率半径为 r，则弯曲液面对于单位水平面上的附加压力（即压强）为

$$\Delta p = \frac{F}{A} = \frac{\sigma \cdot 2\pi r}{\pi r^2} = \frac{2\sigma}{r}$$

即

$$\Delta p = \frac{2\sigma}{r} \tag{4-6}$$

式(4-6) 称为杨-拉普拉斯方程。它表明弯曲液面的附加压力与液体表面张力成正比，与曲率半径成反比。表面张力越大，曲率半径越小（即液滴或气泡越小），附加压力 Δp 就越大。式(4-6) 适用于计算气相中的小液滴或液体中的小气泡的附加压力。对于空气中的气泡（如肥皂泡）的附加压力，因其有内外两个气-液界面，故 $\Delta p = 4\sigma/r$。

应用弯曲液面的附加压力可解释毛细管现象。如图 4-8（a）所示，把一支半径为 R 的毛细管垂直地插入某液体中，毛细管内液面升高 h。这时毛细管内为凹液面，见图 4-8（c），其曲面球心为 O，球面曲率半径为 r，液体表面张力为 σ，图中接触角 $\theta < 90°$，说明该液体能够润湿管壁。由图 4-8（c）中的几何关系可以看出：接触角 θ 与毛细管的半径 R 及弯曲液面的曲率半径 r 之间的关系为

$$\cos\theta = \frac{R}{r}$$

从而

$$r = \frac{R}{\cos\theta}$$

由于附加压力 Δp 指向大气，而使凹液面下的液体所承受的压力小于管外水平液面的压力。在这种情况下，液体将被压入管内，直至上升的液柱所产生的静压力 $\rho g h$ 与附加压力 Δp 在数值上相等时，才可达到力的平衡状态，即

$$\Delta p = \frac{2\sigma}{r} = \rho g h$$

可得

$$h = \frac{2\sigma}{\rho g r} = \frac{2\sigma}{\rho g R / \cos\theta} = \frac{2\sigma\cos\theta}{\rho g R}$$

因此，液体在毛细管中上升的高度

$$h = \frac{2\sigma\cos\theta}{\rho g R} \tag{4-7}$$

式中，h 为液体在毛细管中上升的高度；θ 为气-液界面与液-固界面之间的接触角；R 为毛细管半径；σ 为液体的表面张力；ρ 为液体的密度；g 为重力加速度，$g=9.81$ $N \cdot kg^{-1}$。

由式(4-7)可知，在一定温度下，毛细管越细，液体的密度越小，液体对管壁润湿得越好，液体在毛细管中上升得越高。若液体不能润湿管壁，则 $\theta > 90°$（例如将玻璃毛细管插入水银内），$\cos\theta < 0$，h 为负值，呈现毛细管内液面下降的现象，此时 h 的数值表示管内凸液面下降的深度。

综上，表面张力的存在是弯曲液面产生附加压力的根本原因，而毛细管现象则是弯曲液面具有附加压力的必然结果。掌握了这些基本知识，有利于对表面效应的深入理解，例如农民锄地，不但可以铲除杂草，而且可以破坏土壤中的毛细管，防止植物根下的水分沿毛细管上升到地表而蒸发。

3. 亚稳状态

由于界面效应的存在，系统分散度增加、粒径减小，就会引起液体或固体的饱和蒸气压升高的现象。这种现象只有在颗粒的粒径很小时，才会达到可以觉察的程度。在通常情况下，这些表面效应是可以忽略不计的。但在蒸气冷凝、液体凝固、液体沸腾以及溶液结晶等过程中，由于要从无到有生成新相，且最初生成的新相的颗粒是极其微小的，其比表面积和表面吉布斯函数（ΔG）都很大，因此在系统中要产生新相极为困难。由于新相难以生成，就会产生过饱和蒸气、过冷液体、过热液体以及过饱和溶液等状态，它们不是热力学平衡态，而是热力学不完全稳定的状态，不能长期稳定存在，但在适当条件下能稳定存在一段时间，故称为亚稳状态。一旦新相生成，亚稳状态则失去平衡，最终达到稳定的相态。

(1) 过饱和蒸气　恒温下将不饱和的蒸气加压，若压力超过该温度下液体的饱和蒸气压时仍不出现液体，则这种按照相平衡的条件应当凝结而未凝结的蒸气就称为过饱和蒸气。当蒸气凝结成液体时，刚出现的液体必然是微小的液滴。过饱和蒸气之所以可能存在，是因为新生成的极微小的液滴（新相）的蒸气压大于平液面上的蒸气压。若蒸气的过饱和程度不高，对于微小液滴来说，还未达到饱和状态，因而微小液滴既不可能产生，也不可能存在。例如在 0℃ 附近，水蒸气有时要达到 5 倍于平衡蒸气压，才开始自动凝结；其他蒸气，如甲醇、乙醇及乙酸乙酯等也有类似的情况。

当蒸气中有灰尘等微粒存在或容器的内表面粗糙时，这些物质可以成为蒸气凝结的核心，作为微小液滴的生长点，有利于液滴核心的生成和长大，使得在蒸气的过饱和程度较小的情况下，生成半径较大的液滴，蒸气就开始凝结。人工降雨的原理，就是当云层中的水蒸气达到饱和或过饱和的状态时，在云层中用飞机喷撒微小的 AgI 颗粒，此时 AgI 颗粒就成为云层中水的凝结中心，使水滴（新相）生成时所需要的过饱和程度大大降低，云层中的水蒸气就容易凝结成水滴而落向大地。离子也可成为凝结的核心，研究基本粒子的威尔逊云雾室就是根据这个原理制成的。

(2) 过热液体　液体沸腾时，一方面在液体表面上要进行汽化，另一方面在液体内部刚出现的蒸气必然是极微小的气泡（新相），但由于弯曲液面的附加压力的存在，使气泡难以形成。如图 4-11 所示，在大气压力 $p_0=101.325$ kPa，温度 $t=0$℃ 的纯水中，在离液面高度 $h=0.02$ m 的深处，假设存在一个半径为 $r=1 \times 10^{-8}$ m 的小气泡，纯水的表面张力 $\sigma = 58.85 \times 10^{-3}$ N·m^{-1}，密度 $\rho = 958.1$ kg·m^{-3}。在上述条件下可以算出：

① 弯曲液面对小气泡的附加压力

$$\Delta p = \frac{2\sigma}{r} = \frac{2 \times 58.85 \times 10^{-3} \text{N} \cdot \text{m}^{-1}}{1 \times 10^{-8} \text{m}} = 1.177 \times 10^{4} \text{kPa}$$

② 小气泡所受的静压力

$$p_{静} = \rho g h = 958.1 \text{kg} \cdot \text{m}^{-3} \times 9.8 \text{N} \cdot \text{kg}^{-1} \times 0.02 \text{m} = 0.188 \text{kPa}$$

③ 小气泡存在时内部气体的压力

$$p_g = p_0 + p_{静} + \Delta p = 101.325 \text{kPa} + 1.177 \times 10^{4} \text{kPa} + 0.188 \text{kPa} = 1.187 \times 10^{4} \text{kPa}$$

通过以上计算可知，小气泡内气体的压力远高于100℃时水的饱和蒸气压，所以小气泡不可能存在。若要使小气泡存在，必须继续加热，使小气泡内水蒸气的压力达到气泡存在所需压力时，小气泡才可能产生，并不断长大，液体才开始沸腾。此时液体的温度必然高于该液体的正常沸点。这种在恒定外压下加热的液体，当温度超过该压力下液体的沸点时，按照相平衡条件应当沸腾而未沸腾的液体就称为过热液体。上述计算表明，弯曲液面的附加压力是造成液体过热的主要原因。

如果在液体中没有可提供气泡（新相种子）的物质存在，液体在沸腾温度时将难以沸腾。例如蒸馏时，液体的过热常造成暴沸现象。为防止暴沸，可加入一些沸石、素烧瓷片或一端封闭的玻璃毛细管，因为这些多孔性物质的孔中储存有气体，加热时它们能提供一些小气泡，这些气体作为新相种子成为气化的核心，绕过了产生极微小气泡的困难阶段，过热程度大大降低，使液体在过热程度较小时即能沸腾。在科学实验基本粒子研究中采用的气泡室就是根据此原理制成的。

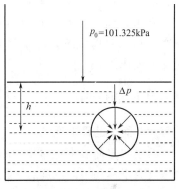

图 4-11　产生过热液体示意图

（3）过冷液体　在恒定的外压下冷却液体，若液体温度低于该压力下的凝固点仍不发生凝结，这种按照相平衡的条件应当凝固而未凝固的液体称为过冷液体。液体凝固时刚出现的固体必然是微小晶体。按照相平衡条件，当温度低于凝固点时应当有晶体析出，但由于新生成的晶粒（新相）极微小，熔点较低，此时对微小晶体尚未达到饱和状态，所以不会有微小晶体析出，温度必须继续下降到正常熔点以下，液体才能达到微小晶体的饱和状态而开始凝固。在一定温度下，微小晶体的饱和蒸气压恒大于普通晶体的饱和蒸气压，是液体产生过冷现象的主要原因。

过冷液体也很常见，假如很纯的水有时可冷却到－40℃，仍呈液态而不结冰。在过冷的液体中，若加入小晶体作为新相种子，则能使液体迅速凝固成晶体。在用重结晶方法提纯物料时，希望避免过冷现象，常加入这种物质的小晶体作为"晶种"，它们成为凝固的核心使液体在过冷程度很小时即能结晶或凝固。剧烈的搅拌或用玻璃棒摩擦器壁常可破坏过冷状态，可能是因为搅拌带入空气中的灰尘或摩擦时产生的玻璃微粒成了结晶的核心。在液体冷却时，其黏度随温度的降低而增加，这就增大了分子运动的阻力，阻碍分子做整齐排列而成晶体的过程。因此在液体的过冷程度很大时，黏度较大的液体不利于结晶中心的形成和长大，有利于过渡到非结晶状态的固体，即生成玻璃体状态。

（4）过饱和溶液　在一定温度下，向一定量的溶剂里加入某种溶质，当溶质不能继续溶解时所得到的溶液叫做这种溶质的饱和溶液。在一定温度、压力下，当溶液的浓度已超过该温度、压力下溶质的溶解度时，溶质应当结晶析出而仍未析出的溶液就称为过饱和溶液。溶液结晶时刚出现的溶质固体表现为微小颗粒晶体。之所以会产生过饱和现象，是由于在同样温度下小颗粒晶体的溶解度大于普通晶体溶解度的缘故。而小颗粒晶体之所以会有较大的溶解度，则是因为它的饱和蒸气压恒大于普通晶体的蒸气压，使得过饱和溶液能够存在，并处于亚稳状态。

在结晶操作中，如果溶液的过饱和程度太大，生成的晶体就很细小，不利于过滤和洗涤，因而影响产品的质量。在生产中，为获得较大颗粒晶体，防止溶液的过饱和程度过高，可在过饱和程度不太大时投入小晶体作为新相种子（晶种）。从溶液中结晶出来的晶体往往大小不均一，此时溶液对小晶体是不饱和的，对大晶体是过饱和的，采用延长保温时间的方法可使微小晶体不断溶解而消失，大晶体则不断长大，粒子逐渐趋向均一，称为陈化。

上述四种状态都不是处于真正的平衡状态，而是处于相对不稳定的亚稳状态，但有时这些状态却能维持相当长时间不变。亚稳状态之所以可能存在，原因是新相生成困难。在科研和生产中，有时需要破坏这种状态，如上述的结晶过程。但有时则需要保持这种亚稳状态长期存在，如金属的淬火，就是将金属制品加热到一定温度，保持一段时间后，将其在水、油或其他介质中迅速冷却，保持其在高温时的某种结构，这种结构的物质在室温下虽属亚稳状态，却不易转变。所以经过淬火可以改变金属制品的性能，从而达到制品所要求的质量。

四、表面活性剂

1. 溶液界面上的吸附现象

溶质在界面层中比体相中相对浓集或贫乏的现象称为溶液界面上的吸附。若溶质界面层的浓度大于体相中的浓度（即浓集），称为正吸附；若溶质界面层的浓度小于体相中的浓度（即贫乏），称为负吸附。

由前面的学习已经知道，表面张力是使液体表面尽量缩小的力，它是液体分子间的一种凝聚力，以液体的表面伸展一个单位面积所需单位长度的力来表示，其单位为 $N \cdot m^{-1}$，常用单位有 $mN \cdot m^{-1}$。要使液相表面伸展，就必须抵抗这种使表面缩小的力，而且表面张力愈小，液相的表面就愈易伸展。

有些溶质加入后能使溶液的表面张力降低，另一些溶质加入后却使溶液的表面张力升高。例如，水的表面张力因加入溶质形成溶液而改变。无机盐、糖类物质、不挥发性的酸碱（如 H_2SO_4，$NaOH$）等，由于这些物质的离子对于水分子的吸引而趋向于把水分子拖入溶液内部，此时在增加单位表面积所做的功中还必须包括克服静电引力所消耗的功，因此溶液的表面张力升高。这些物质被称为非表面活性物质。而低级脂肪醇、脂肪酸等能使水的表面张力下降，此类物质被称为表面活性物质。把加入后能使液体的表面张力下降的物质称为表面活性物质，而把加入后能使液体的表面张力升高的物质称为表面惰性物质。通常，表面活性物质在溶液界面上的吸附为有机物的正吸附，相反表面惰性物质则为无机物的负吸附。

当在水中加入油酸钠、十二烷基磺酸钠时，水的表面张力更能够显著地降低。这种能显著降低液体表面张力的物质称为该液体的表面活性剂。表面张力的降低意味着与纯水相比可以做较少的功就能使表面展开。这样一来，它既较易形成薄膜状，又极易形成泡沫。肥皂泡的形成就是这一原理的具体体现。生活中洗涤用得最多的洗衣粉、肥皂、香皂等都是表面活性剂,它们降低了水的表面张力,能使油污等脂质物质溶于水,所以能洗干净衣服。表面活性剂的特性之一就是即使在低浓度下也能显著地降低水的表面张力。

2. 表面活性剂的结构特征

表面活性剂分子的结构特征是具有亲水的极性基团(即亲水基)和疏水的非极性基团(即亲油基),且两部分分别处于表面活性剂分子的两端,因此表面活性剂分子具有两亲性(亲水性和亲油性),也称为两亲性分子。其中亲油基通常为饱和或不饱和的碳氢链,或者是含杂环或芳香族基团的碳链。亲水基可以是阴离子、阳离子或非离子基团。常见的亲水基一般有—COO^-,—NH_2,—SO_3^-,—OSO_3^-,—OPO_3^{2-},—O—$(CH_2CH_2O)_n$H,—CONHCH$_2$CH$_2$OH,—N(CH$_2$CH$_2$OH)$_2$,—N(CH$_3$)$_2$,—N(CH$_2$CH$_3$)$_2$ 等。表 4-2 中列举了不同类型亲水基和亲油基的表面活性剂。

表 4-2 不同类型亲水基和亲油基的表面活性剂

表面活性剂类型	表面活性剂实例	亲油基-亲水基
阴离子型	硬脂酸钠	$CH_3(CH_2)_{16}$—COO^-Na^+
	十二烷基硫酸钠	$CH_3(CH_2)_{11}$—$SO_4^-Na^+$
	十二烷基苯磺酸钠	$CH_3(CH_2)_{11}C_6H_4$—$SO_3^-Na^+$
阳离子型	溴化十六烷基三甲铵	$CH_3(CH_2)_{15}$—$N^+(CH_3)_3 Br^-$
	氯化十二烷基吡啶	$C_{12}H_{25}$—$C_5H_5N^+Cl^-$
非离子型	七氧乙烯单十六烷基酯	$CH_3(CH_2)_{15}$—$(OCH_2CH_2)_7OH$

以长碳链的脂肪酸钠为例(见图 4-12),亲水的羧基(—COO^-)使脂肪酸分子有进入水中的趋向,而疏水的碳氢链[—$(CH_2)_n$—CH_3]则竭力阻止其在水中溶解。因此表面活性剂分子加入水中时,疏水的亲油基为了逃逸水的包围,使得表面活性剂分子形成如下两种排布方式[如图 4-13(b)所示]:其一,亲油基被推出水面伸向空气,亲水基留在水中,结果表面活性剂分子在界面上定向排列,形成单分子表面膜;其二,分散在水中的表面活性剂分子以其非极性部位自相结合,形成亲油基向里、亲水基朝外的多分子聚集体,称为缔合胶体或胶束,可呈现近似球状、层状或棒状,如图 4-14 所示。当胶束在水中形成时,胶束的亲油基构成能够包裹油滴的核,而它们的亲水基形成一个外壳,保持与水接触,见图 4-14(a)。表面活性剂在油中聚集,聚集体指的是反胶束,见图 4-14(d)。在反胶束中,亲水基在核内;亲油基在外,保持与油的充分接触。

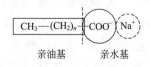

图 4-12 表面活性剂的分子结构

可见,表面活性剂分子的亲水基和亲油基是构成分子定向排列和形成胶束的根本原因。表面活性剂分子的亲油基聚于胶束内部,避免与极性的水分子接触;分子的极性亲水基则露

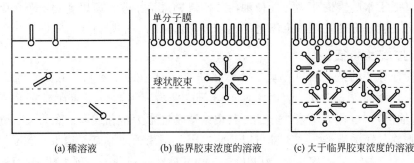

图 4-13 表面活性剂分子在溶液中的排布

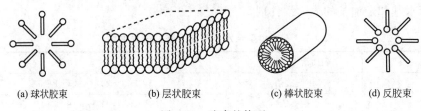

图 4-14 胶束的构型

于外部，与极性的水分子发生作用，并对胶束内部的亲油基团产生保护作用。形成胶束的化合物一般为两亲分子，因此除了以胶束的形式溶于水等极性溶剂以外（即水包油），还能以反胶束的形式溶于非极性溶剂中（即油包水）。表面活性剂通过在气液两相界面吸附以降低水的表面张力，也可以通过吸附在液体的界面之间来降低油水界面张力。

表面活性剂分子进入或逸出水面趋势的大小，决定于分子中极性基与非极性基的强弱对比。对于表面活性物质来说，非极性成分大，则表面活性也大。由于疏水部分企图离开水而移向表面，所以增加单位表面所需的功较之纯水当然要小些，因此溶液的表面张力明显降低。表面活性剂可显著降低表面张力，并与其浓度有关。

当表面活性剂的浓度超过某一数值后，表面已排满，如再提高浓度，多余的表面活性剂分子只能在体相中形成胶束［见图 4-13(c)］，不具有降低表面张力的作用，因而表现为表面张力不再随浓度增大而降低。表面活性剂分子开始形成缔合胶束的最低浓度叫做临界胶束浓度，用 CMC 表示。当表面活性剂浓度超过 CMC 后，溶液中存在很多胶束，往往能使一些不易溶于水的物质因进入胶束而增加其溶解度，这种现象称为增溶作用。

3. 表面活性剂的分类

表面活性剂分类方法有多种，根据来源可分为天然表面活性剂与合成表面活性剂；根据溶解性质可分为水溶性表面活性剂与油溶性表面活性剂；根据亲水基解离性质的不同可分为离子型表面活性剂与非离子型表面活性剂两大类。当表面活性剂溶于水时，凡能在水中解离生成离子的，称为离子型表面活性剂；凡在水中不能解离的，就称为非离子型表面活性剂。而离子型表面活性剂按其在水溶液中具有表面活性作用的离子的电性不同，还可再分为阴离子型表面活性剂、阳离子型表面活性剂和两性表面活性剂。见表 4-2。

（1）阴离子型表面活性剂　如果表面活性剂解离后能起活性作用的部分是阴离子，就称为阴离子型表面活性剂。例如肥皂在水中能生成具有长链脂肪酸基的阴离子［CH_3—$(CH_2)_n$—COO^-］。常见的阴离子型表面活性剂主要有肥皂、烷基磺酸钠、芳基磺酸钠、烷基硫酸钠、仲烷基硫酸钠等。常用作洗涤剂、润湿剂、乳化剂和分散剂。它可与非离子型表面活性剂一起使用，但不能与阳离子型表面活性剂混合，因为在水溶液中二者相遇会发生电中和生成沉淀而失去活性。

（2）阳离子型表面活性剂　如果表面活性剂解离后能起活性作用的部分是阳离子，就称为阳离子型表面活性剂。例如十六烷基三甲基季铵溴化物和十八烷基二甲基苄基季铵氯化物。绝大多数阳离子型表面活性剂是含氮有机化合物（主要是季铵化合物），少数是含磷或含硫有机化合物。它的价格较高，具有较强的杀菌能力和吸附力。一般不用作润湿剂、乳化剂或洗涤剂，广泛用作杀菌剂和消毒剂。由于能在织物表面生成亲油性薄膜而产生电正性，因而可用作纺织品的柔软剂和静电防止剂等。

（3）两性表面活性剂　如果表面活性剂分子在水中发生解离后，其亲水基的不同部位上分别带有正电荷和负电荷，就称这种表面活性剂为两性表面活性剂。从结构上看，这种表面活性剂与疏水基相连接的既有阳离子，也有阴离子。它是一种温和的表面活性剂。与单一的阴离子型、阳离子型表面活性剂不同，在两性表面活性剂分子的一端同时存在有酸性基和碱性基。酸性基大都是羧基、磺酸基或磷酸基，碱性基则为氨基或季氨基。它能与阴离子、非离子型表面活性剂混配，性质稳定，能耐酸、碱、盐等。蛋黄里的卵磷脂就是天然的两性表面活性剂。

（4）非离子表面活性剂　如果表面活性剂在水中不能发生解离，就称为非离子型表面活性剂。非离子型表面活性剂在水溶液中不产生离子，它的溶解是由于它具有对水亲和力很强的基团。大多数为液态和浆料态，它在水中的溶解度随着温度的升高而降低。非离子型表面活性剂和阴离子型相比，乳化能力更高，并具有一定的耐硬水能力，是净洗剂、乳化剂配方中不可或缺的成分。它具有良好的洗涤、分散、乳化、润湿、增溶、匀染、防腐蚀和保护胶体等多种性能，广泛地用于纺织、造纸、食品、塑料、皮革、玻璃、石油、化纤、医药、农药、涂料、染料、化肥、胶片、照相、金属加工、选矿、建材、环保、化妆品、消防和农业等各方面。

4. 表面活性剂的应用

（1）洗涤　许多油类对衣物、餐具等润湿良好，在其上能自动地铺展开来，但却很难溶于水中，只用水是洗不净衣物、餐具上的油污的。在洗涤时，必须用肥皂、洗衣粉等去污剂。去污剂也称洗涤剂，是用于除去污垢的表面活性剂。常用的去污剂有油酸钠和其他脂肪酸的钠盐、钾盐、十二烷基硫酸钠或磺酸钠等阴离子型表面活性剂。

洗涤剂作用原理

一个典型的从织物表面上洗去油垢的洗涤过程主要由以下几步构成：①油垢开始与表面活性剂溶液接触；②表面活性剂的亲油基溶入油垢中；③表面活性剂的亲水基溶入水中；④在手的揉搓或洗衣机的强烈搅动作用影响下，表面活性剂分子携带油污进入水中形成胶束的悬浮液，这样织物上的油垢就被洗下来了。

洗涤功能是表面活性剂最主要的功能。尽管几千年来人类在日常生活中总是要与洗衣服打交道，但过去主要是靠体力劳动。现代化的洗衣机和节能的要求主要依靠的是各种由高效表面活性剂加上其他化学品复配起来的合成洗涤剂。

（2）润湿　固体表面与液体接触时，原来的气-固界面消失，形成新的液-固界面，这种现象称为润湿。水能生成氢键，因此具有很高的表面张力。当水滴落到新的织物表面时，由于织物通常经过后整理具有一定的疏水性，水的高表面张力使它形成水珠留在织物上。若在水中加入少量的表面活性剂，则表面活性剂的疏水亲油基插入织物的表面上，疏油亲水基在水的边界层中，使水的表面张力显著降低，水珠迅速扩散、伸展成平面，就可达到完全润湿。

若把含油的织物浸入表面活性剂溶液中，就会立即发生表面活性剂分子被织物吸附的现象。它们的分子挤入油膜内部并把油膜分为小滴，就可被漂洗下来，这时织物表面已不再被油所浸润而是被表面活性剂的溶液润湿。这种作用称为再润湿。

（3）乳化　两种互相不溶的液体在容器中自然地形成两层（以油和水为例，密度小的油为上层，密度大的水为下层），若加入合适的表面活性剂，在强烈搅拌下油层被分散，表面活性剂的亲油基吸附到油珠的界面层，形成均匀的微小液滴，这一过程称为乳化。乳化是一种液-液界面现象。像这样两种互不相溶的液体，其中一种以微小液滴的形式均匀地分散在另一种液体中形成的分散系统叫做乳状液。乳状液中以小液珠状态存在的一相叫做分散相，也叫内相或不连续相。乳状液中的另一相叫做分散介质，也叫外相或连续相。研究表明，要形成稳定的乳状液，往往要加入第三种物质，这种能使乳状液形成并稳定存在的物质叫做乳化剂。乳化剂可以有许多种，其中最重要、用得最多的是各种各样的表面活性剂。

乳化在食品工业中用得非常广泛。鲜奶油是奶脂在水中的乳化液，而黄油则是水在油中的乳化体。化妆品中油膏的配制以及高分子生产中的乳液聚合等，都是乳化作用的直接应用。

（4）增溶　表面活性剂在水溶液中达到临界胶束浓度（CMC）后，一些不溶性或微溶性物质在胶束溶液中的溶解度可显著增加，形成透明胶体溶液，这种作用称为增溶。例如甲酚在水中的溶解度仅 2% 左右，但在肥皂溶液中，却能增加到 50%。起增溶作用的表面活性剂称为增溶剂，被增溶的物质称为增溶质。非极性物质如苯和甲苯可完全进入胶束内核的非极性环境而被增溶；水杨酸这类带极性基团的分子，则以其非极性基插入胶束内核，极性基则伸入胶束外层和亲水基中。在药剂中，一些挥发油、脂溶性维生素、激素等许多难溶性药物常可借此增溶，形成澄清溶液或提高浓度。

（5）起泡和消泡　泡沫是由一层很薄的液膜包围着气体，使气体分散在液体中的一种分散系统。气体是分散相，液体是分散介质。纯液体往往只能形成短暂的泡沫，一些含有表面活性剂的溶液（如中草药的乙醇或水浸出液，含有蛋白质、树胶以及其他高分子化合物的溶液等），当剧烈搅拌或蒸发浓缩时，可产生稳定的泡沫。这些表面活性剂通常有较强的亲水性，在溶液中可降低溶液的界面张力而使泡沫稳定，这种具有较好起泡性能的物质叫做起泡剂。起泡剂主要是各种各样的表面活性剂，比如十二烷基硫酸钠、十二烷基苯磺酸钠和十二胺的盐酸盐等。

泡沫在洗涤剂、灭火等方面有很重要的作用，但有时却是有害的，要防治和加以消除。在产生稳定泡沫的情况下，加入一些亲油性较强的表面活性剂，可与泡沫液层争夺液膜表面而吸附在泡沫表面上，代替原来的起泡剂，而其本身并不形成稳定的液膜，使得泡沫破坏。这种加入泡沫系统中能使泡沫很快被破坏的物质称为消泡剂。表面活性剂是一种重要的消泡剂，比如磷酸三丁酯和聚二甲基硅氧烷等。少量的辛醇、戊醇、醚等也可起到类似的作用。

（6）消毒、杀菌　大多数阳离子型表面活性剂和两性表面活性剂都可用作消毒剂，少数阴离子型表面活性剂也有类似作用，如甲酚皂、甲酚磺酸钠等。表面活性剂的消毒和杀菌作用可归结于它们与细菌生物膜蛋白质的强烈相互作用，使之变性或破坏。这些消毒剂在水中都有比较大的溶解度，根据使用浓度，可分别用于手术前皮肤消毒、伤口消毒、器械消毒和环境消毒等。如广谱杀菌剂苯扎溴铵，在用于皮肤消毒、局部湿敷和器械消毒时分别用的是 0.5% 苯扎溴铵醇溶液、0.02% 苯扎溴铵水溶液和 0.05% 苯扎溴铵水溶液（含 0.5% 亚硝酸钠）。

表面活性剂在日常生活中可用作去垢剂、柔顺剂、乳化剂、涂料、胶黏剂、墨水、泻药、除草剂和杀虫剂、护发素、洗发精、防雾剂、可降解洗涤剂等，是生产日用品广泛应用的原料。但是表面活性剂具有一定的危害性，比如常用的洗涤剂能够提高水在土壤中的渗透能力，但是效果仅仅持续数日。许多标准洗衣粉含有一定量的化学品，如钠和溴，由于它们会破坏植物，不适于土壤。商业土壤润湿剂会持续起效果一段时间，最终还是会被微生物降解，然而，有一些会对水生物的生物循环产生影响。因此必须小心防止这些产品流入地表。

五、固体的界面现象

1. 固体表面的吸附现象

固体表面与液体表面有一个重要的共同点，就是表面层分子受力是不对称的，因此固体表面也有表面张力存在。但固体表面又与液体表面有一个重要的不同，即固体表面上分子几乎是不可移动的。这使得固体不能像液体那样收缩表面以降低表面吉布斯函数，但是固体可以从表面的外部空间吸引气体或液体分子到表面，以减小表面分子受力不对称的程度，降低表面张力及表面吉布斯函数。所以固体表面会自发地将气体富集到其表面，使气体在固体表面的浓度（或密度）不同于在气相中的浓度（或密度）。

在溴蒸气或在碘的水溶液中加入一些活性炭，蒸气和溶液的颜色将逐渐变浅，说明溴和碘逐渐富集于活性炭的表面上，这就是气体在气-固界面上或溶液中的溶质在液-固界面上的吸附作用。这种为使表面能降低，固体表面自发地捕获气体（或液体）分子，使之在固体表面上浓集的现象称为固体对气体（或液体）的吸附。起吸附作用的固体物质称为吸附剂，被吸附的物质称为吸附质。例如用活性炭吸附甲烷气体，活性炭是吸附剂，甲烷是吸附质。反过来，吸附质从吸附剂表面脱离的现象称为脱附，也称解吸。脱附是吸附的逆过程，它遵循着与吸附相同的规律。

固体表面可以对气体或液体进行吸附的现象很早就为人们所发现并加以应用了。我国劳动人民很早就知道新烧好的木炭有吸湿、吸臭的性能。在湖南长沙马王堆一号汉墓里就是用木炭作为防腐层和吸湿剂的。这说明我国早在2000多年前对吸附的应用已达到相当高的水平。制糖工业中，用活性炭来处理糖液，以吸附其中杂质，从而得到洁白的产品，此种措施至少已有上百年的历史。在现代化的生产和科学实验中，固体表面的吸附同样有着广泛的应用。人们利用吸附回收少量的稀有金属，对混合物进行分离、提纯，处理污染以及净化空气等。具有高比表面的多孔固体如活性炭、硅胶、氧化铝、分子筛等常被用于化学工业中的气体纯化、催化反应、有机溶剂回收等许多过程，以及城市的环境保护、现代高层建筑和潜水艇的空气净化调节、民用和军用的防毒面具等方面。很多情况下利用吸附比其他方法更简便省事，而且往往产品质量较好。分子筛富氧就是利用某些分子筛优先吸附氮的性质，从而提高空气中氧的浓度。从天然气中回收汽油成分也采用吸附的办法。天然气基本上是低级脂肪烃的混合物，碳原子数越多的分子越容易被活性炭（或其他吸附剂）所吸附，因此，将天然气通过一定的吸附剂，被吸附的成分中主要是汽油，然后用过热水蒸气处理吸附剂，就可以将汽油成分提出来。又例如工厂"废气"中既有不少有害成分但也夹杂着不少有用成分，对于有用成分必须予以回收，而对于有害成分则必须除去，利用适当的吸附剂可达到此目的。各种类型的吸附剂已广泛应用于工业生产，吸附也已经成为重要的化工单元操作之一。近年来，人们又在研究将高比表面的吸附剂用于洁净能源甲烷、氢气等的吸附存储，以及空气、石油气的变压吸附分离等重要领域，不断将气-固界面吸附的应用扩展到更广阔的范围。

2. 吸附现象分类

气体或液体分子碰撞到固体表面上发生吸附后,根据吸附状态的不同,可将吸附分为单分子层吸附和多分子层吸附。按照吸附作用力的不同,吸附又可区分为物理吸附和化学吸附。物理吸附时,吸附剂与吸附质分子间以范德华引力相互作用;而化学吸附时,吸附剂与吸附质分子间发生化学反应,以化学键相结合。由于物理吸附与化学吸附在分子间作用力上有本质的不同,所以表现出许多不同的吸附性质,见表4-3。

表4-3 物理吸附与化学吸附的比较

特 征	物理吸附	化学吸附	特 征	物理吸附	化学吸附
吸附力	范德华力	化学键	吸附稳定性	差,易脱附	好,不易脱附
吸附分子层数	单分子层或多分子层	单分子层	活化能	小(甚至可为零)	大(不可忽略)
吸附温度	低	高	电子转移	无	有
吸附热	较小(接近于液化热)	较大(接近于化学反应热)	可逆性	可逆	不可逆
吸附速率	快(不受温度影响)	慢(受温度影响大)	吸附平衡	易达到	不易达到
吸附选择性	无选择性	有选择性			

因物理吸附作用力是范德华力,它是普遍存在于所有分子之间的,所以当吸附剂表面吸附了气体分子之后,被吸附的分子还可以再吸附气体分子,因此物理吸附可以是多层的。而气体分子在吸附剂表面上依靠范德华力形成多层吸附时,犹如气体凝结成液体一样,故吸附热与气体的凝结热具有相同的数量级,它比化学吸附热小得多。又由于物理吸附力是分子间力,所以吸附基本上是无选择性的,不过临界温度高的气体,也就是易于液化的气体比较易于被吸附。如 H_2O 和 Cl_2 的临界温度分别高达373.91℃和144℃,而 N_2 和 O_2 的临界温度分别低至-147.0℃和-118.57℃,所以吸附剂容易从空气中吸附水蒸气和氯气。活性炭可以从空气中吸附氯气而作为防毒面具,依据的就是这一原理。此外,由于吸附力弱,物理吸附也容易脱附,吸附速率快,易于达到吸附平衡。

与物理吸附不同,产生化学吸附的作用力是很强的化学键。在吸附剂表面与被吸附的气体之间形成了化学键以后,就不会再与其他气体分子成键,故吸附是单分子层的。化学吸附过程发生化学键的断裂与形成,吸附热的数量级与化学反应相当,比物理吸附热大得多。化学吸附由于在吸附剂与吸附质之间发生化学反应,所以化学吸附选择性很强,这点非常重要。因为很多气相反应速率很慢,往往需要催化剂来加速。在反应物之间可发生众多反应的情况下,使用选择性强的催化剂就可以使所期望的反应进行。此外,一般来说化学键的生成与破坏是比较困难的,因此化学吸附平衡较难建立。

物理吸附与化学吸附不是截然分开的,两者有时可同时发生,并且在不同的情况下,吸附性质也可以发生变化。例如,一氧化碳气体(CO)在金属钯(Pd)上的吸附,低温下是物理吸附,高温时则表现为化学吸附;而氢气(H_2)在许多金属上的化学吸附则是以物理吸附为前奏的,其吸附活化能接近于零。

3. 朗格缪尔单分子层吸附等温式

在吸附的同时发生脱附现象,当吸附速率和脱附速率相等时,吸附质在溶液中的浓度和吸附剂表面上的浓度都不再发生改变,这样的状态称为吸附平衡。可见,吸附平衡是系统的吸附速率等于脱附速率时所对应的动态平衡。在气-固和液-固界面上进行吸附时,在一定温度和压力下,一定量吸附剂吸附的吸附质的量称为吸附量。吸附量是吸附研究中最重要的物理量,对于了解和比较吸附剂与吸附质的作用、吸附剂的优劣、吸附条件等有重要意义。

在一定的温度、压力下,当气体在固体表面被吸附,达到吸附平衡时,吸附量通常用单位质量的固体所吸附的气体体积来表示,称为该气体在该固体表面上的吸附量,符号为 Γ,即

$$\Gamma \stackrel{\text{def}}{=} \frac{V}{m} \tag{4-8}$$

式中,Γ 为吸附量,$m^3 \cdot kg^{-1}$;V 为被吸附的气体在吸附温度、压力下的体积,m^3;m 为固体的质量,kg。

在表达吸附量变化时,常使用覆盖率的概念,符号为 θ,定义为任一瞬间固体表面被覆盖的分数,即

$$\theta \stackrel{\text{def}}{=} \frac{\Gamma}{\Gamma_\infty} \tag{4-9}$$

式中,Γ_∞ 是固体表面被气体单分子层完全覆盖时的吸附量,即饱和吸附量,或称最大吸附量。

1916年,科学家朗格缪尔在研究低压下气体在金属上的吸附时,根据实验数据发现了一些规律,然后又从动力学的观点出发,提出了固体对气体的吸附理论,一般称为朗格缪尔单分子层吸附理论。这个理论的基本观点是,认为气体在固体表面上的吸附乃是气体分子在吸附剂表面凝集和逃逸(即吸附与脱附)两种相反过程达到动态平衡的结果。该理论的基本假设如下。

① 固体表面对气体分子的吸附是单分子层的。即固体表面上每个吸附位置上只能吸附一个分子,气体分子只有碰撞到固体的空白表面才能被吸附。

② 固体表面是均匀的。固体表面上各个位置的吸附能力是相同的。

③ 被吸附到固体表面上的气体分子之间无相互作用力。气体分子的吸附与脱附的难易程度,与其周围是否有被吸附分子的存在无关。

④ 吸附平衡是动态平衡。气体分子碰撞到固体的空白表面上,可以被吸附;若被吸附的分子所具有的能量,足以克服固体表面对它的吸引力时,它可以重新回到气相,发生脱附现象。当吸附速率大于脱附速率时,整个过程表现为气体的被吸附。但随着吸附量的逐渐增加,固体表面上未被气体分子覆盖的部分(空白表面)就愈来愈少,气体分子碰撞到空白表面上的可能性就必然减少,吸附速率逐渐降低。与此相反,随着固体表面被覆盖程度的增加,脱附速率却愈来愈大。当吸附速率与脱附速率相等时,从表面上看,气体不再被吸附或脱附,但实际上吸附与脱附仍在同时不断地进行着,只是二者速率相等而已,这时达到了吸附的动态平衡。

以 k_a 及 k_d 分别代表吸附与脱附的速率常数,A 代表气体分子,M 代表固体表面,A-M 代表吸附状态,则吸附的过程可以表示为

$$A + M \underset{k_d}{\overset{k_a}{\rightleftharpoons}} A-M$$

若 θ 为固体表面被覆盖的分数,则 ($1-\theta$) 代表固体表面上空白面积的分数。依据吸附模型,吸附速率 ν_a 应正比于气体的压力 p 及空白表面分数 ($1-\theta$),脱附速率 ν_d 应正比于表面覆盖率 θ,即

$$v_a = k_a(1-\theta)p$$
$$v_d = k_d\theta$$

当达到吸附平衡时，吸附速率和脱附速率应相等，所以
$$k_a(1-\theta)p = k_d\theta$$

整理，得
$$\theta = \frac{k_a p}{k_a p + k_d} \tag{4-10}$$

令 $b = \dfrac{k_a}{k_d}$，则 b 是吸附作用的平衡常数（也叫做吸附系数），b 值的大小代表了固体表面吸附气体能力的强弱程度。其值与吸附剂、吸附质的本性及温度有关。b 值越大，则表示吸附能力越强。将其代入式(4-10)，得

$$\theta = \frac{bp}{1+bp} \tag{4-11}$$

再将覆盖率 θ 的定义式 $\theta = \dfrac{\Gamma}{\Gamma_\infty}$ 代入式(4-11)，得

$$\Gamma = \Gamma_\infty \frac{bp}{1+bp}$$

变换，得

$$\frac{p}{\Gamma} = \frac{1}{\Gamma_\infty b} + \frac{p}{\Gamma_\infty} \tag{4-12}$$

式(4-11)和式(4-12)就称为朗格缪尔单分子层吸附等温式。从式(4-12)可以看出，若以 $\dfrac{p}{\Gamma}$ 对 p 作图，可得一直线，由直线的斜率 $\dfrac{1}{\Gamma_\infty}$ 及截距 $\dfrac{1}{\Gamma_\infty b}$ 可求得饱和吸附量 Γ_∞ 与吸附平衡常数 b。由式(4-11)可见，朗格缪尔吸附等温式定量地指出了表面覆盖率 θ 与平衡压力 p 之间的关系（见图4-15）。

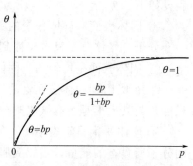

图 4-15 朗格缪尔单分子层吸附等温线

① 当压力足够低或吸附很弱时，$bp \ll 1$，则 $\theta = \dfrac{\Gamma}{\Gamma_\infty} = bp$，即吸附量与压力成正比，$\theta$ 与 p 呈线性关系。

② 当压力足够高或吸附很强时，$bp \gg 1$，则 $\theta = \dfrac{\Gamma}{\Gamma_\infty} = 1 \Longrightarrow \Gamma = \Gamma_\infty$，表明固体表面上的吸附达到饱和状态，吸附量达到最大值，即 θ 与 p 无关。

③ 当压力适中或吸附作用适中时，$\theta = \dfrac{\Gamma}{\Gamma_\infty} = \dfrac{bp}{1+bp}$，吸附量与平衡压力 p 呈曲线关系。

4. 多相催化作用

在催化领域中关于吸附的研究和应用，对工农业生产和国民经济具有特殊的重要意义，没有对吸附的深入研究，很难设想会有今日石油化工和煤化工如此蓬勃的发展。气态或液态反应物与固态催化剂在两相界面上进行的催化反应，称为多相催化反应。

多相催化剂通常为固体物质，所以催化剂是通过它的表面来起作用的。多相催化反应就

是在固体催化剂表面上实现的多步骤过程。一般说来,多相催化反应进行时包含下面五个基本步骤:

① 反应物分子从气相本体扩散到固体催化剂表面;
② 反应物分子被催化剂表面所吸附;
③ 反应物分子在催化剂表面上进行化学反应,生成产物;
④ 产物分子从催化剂表面上脱附;
⑤ 产物扩散离开催化剂表面,进入到气相本体中。

这五个基本步骤有物理变化也有化学变化,其中①、⑤是物理扩散过程,②、④是吸附和脱附过程,③是表面化学反应过程。每一步都有它们各自的历程和动力学规律。所以研究一个多相催化过程的动力学,既涉及固体表面的反应动力学问题,也涉及吸附和扩散动力学的问题。

吸附、表面反应、脱附这三个步骤都是在表面上实现的,因而它们的速率就与表面上被吸附物质的浓度有关。被吸附物质中可包括反应物、产物以及其他物质,但它们在表面上的浓度目前还不能直接观测,只能利用一定的模型(例如朗格缪尔吸附模型)来间接计算。以下为常用的多相催化剂。

(1) 固体酸碱催化剂 固体酸碱催化剂容易与产物分离,又可反复使用,在操作工艺上要方便得多。其次,不存在对反应系统的腐蚀问题,更无"三废"污染之虑。第三,固体酸碱催化剂可以通过对制备条件的选择和改变来控制它的酸碱性以达到所预期的反应活性和选择性。特别是可以使同一个催化剂既具有酸性又具有碱性,即所谓双功能催化剂,用这种催化剂可以使同时需要酸碱中心的反应得以进行。

近30年来,由于在工业生产上的突破促进了对固体酸碱催化剂的深入研究,因而又促进了化学工业特别是石油化工方面的发展。目前已成功地开发了烃类裂化、异构化、聚合、水合、芳烃烷基化,以及醇脱水等重要反应的催化剂。以重油裂化生产汽油为例,它是油品生产中的一个极为重要的环节。采用沸点范围为200~500℃的重馏分油为原料,反应温度在450~550℃才有较大的平衡转化率。由于产量大(每年裂化油在几百万吨以上),因此在收率上的微小增益就会带来巨大的经济效益。最早是采用热裂化办法,由于生产出来的汽油辛烷值低,就在实验室和小规模生产上试验过用 $AlCl_3$ 液相催化剂,曾得到过收率为30%的高辛烷值汽油,然而却带来了过多的焦状物,以及芳烃与催化剂混为一体难以分离的问题,始终未能实现工业化。1936年美国采用天然黏土(经过酸洗的白土、微晶膨润土、高岭土等)作为固体催化剂,使高辛烷值的汽油生产有了飞跃的发展。这些黏土都是水合硅铝酸盐,含有可以交换的 Ca^{2+},Mg^{2+},Fe^{3+},经硫酸处理后都成为 H^+ 型,属于表面酸性物质。该催化剂的主要缺点是抗硫性差。

(2) 沸石分子筛催化剂 自然界有一种结晶硅铝酸盐,当将它们加热时会产生熔融并发生类似起泡沸腾的现象,人们称这类矿石为沸石或泡沸石。沸石的晶体具有许多大小相同的"空腔","空腔"之间又有许多直径相同的微孔相连,形成均匀的、尺寸大小为分子直径数量级的孔道。因而不同孔径的沸石就能筛分大小不一的分子,故又得名为"分子筛"。当然具有分子筛作用的不仅是沸石,还有微孔玻璃、炭分子筛、某些高聚物以及无机薄膜等。也不是所有的沸石都有分子筛作用,但习惯上已将分子筛与沸石相提并论。

自1756年发现第一个天然沸石(辉沸石)以来,已陆续发现有6种之多,其中主要的有斜发沸石、毛沸石、丝光沸石、方沸石和菱沸石。在对天然沸石进行系统研究之后,为得到纯净的沸石，人们开始致力于人工合成沸石。到 1954 年沸石的人工合成就已经工业化了。人工合成沸石首先在化学工业中作为吸附剂，广泛用于干燥、净化或分离气体及液体。20 世纪 60 年代开始在催化剂和催化剂载体的应用中崭露头角。目前人工合成的沸石已超过一百种，常用的有 A 型、X 型、Y 型、M 型和 ZSM 型等。许多重要的工业催化反应已离不开分子筛催化剂，例如，催化裂化、加氢裂解、异构化、重整、歧化和烷基转移等反应。近来又发展了一种非硅铝元素的合成沸石，预计也会在催化领域中开创一个新的局面。

（3）金属催化剂　金属催化剂是一类重要的工业催化剂，主要包括块状催化剂（如电解银催化剂、熔铁催化剂、铂网催化剂等）和分散、负载型的金属催化剂（如 Pt-Re/Al_2O_3 重整催化剂，Ni/Al_2O_3 加氢催化剂等），用于加氢、脱氢反应，也有一部分用于氧化反应。

几乎所有的金属催化剂都是过渡金属，这与金属的结构、表面化学键有关。金属适合作哪种类型的催化剂，要看其对反应物的相容性。如过渡金属 Ni 是很好的加氢、脱氢催化剂，因为 H_2 很容易在其表面吸附，反应不进行到表层以下。但只有贵金属 Pd，Pt（也有 Ag）可作氧化反应催化剂，因为它们在相应温度下能抗拒氧化。故对金属催化剂的深入认识，要了解其吸附性能和化学键特性。

在选择和设计金属催化剂时，常考虑金属组分与反应物分子间应有合适的能量适应性和空间适应性，以利于反应分子的活化。然后考虑选择合适的助催化剂和催化剂载体以及所需的制备工艺，并严格控制制备条件，以满足所需的化学组成和物理结构，包括金属晶粒大小和分布等。

（4）半导体催化剂　在催化反应中广泛应用的另一类催化剂则是半导体类型的过渡金属氧化物，例如 ZnO，NiO，WO_3，Cr_2O_3，MnO_2，MoO_3，V_2O_5，Fe_3O_4，CuO 等，也有复氧化物，如 V_2O_5-MoO_3，MoO_3-Bi_2O_3 等。某些硫化物如 MnS_2，CoS_2 等也属于半导体催化剂类型。它们共同的特点是能加速以电子转移为特征的氧化、加氢和脱氢等反应。

由于这类金属氧化物的熔点高、耐热性好和对毒物的敏感性小等特点，与其他类型催化剂相比在使用上有一定的优越性。

理论基础二　胶体系统

一、胶体化学的基本概念

1. 分散系统

胶体与界面化学是研究表面现象和分散系统的物理、化学性质的科学，其内容涉及各种表面现象、表面层结构与性质（如吸附作用、润湿作用、表面活性剂的作用、膜化学等）以及各种分散系统的形成，同时研究它的动力学、光学、电学性质以及稳定性。胶体分散系统在生物界和非生物界都普遍存在，在实际生活和生产中也占有重要的地位。如在石油、冶金、造纸、橡胶、塑料、纤维、肥皂等工业部门，以及在生物学、土壤学、医学、生物化学、气象学、地质学等其他学科中都广泛地接触到与胶体分散系统有关的问题。由于实际的需要，也由于本身具有丰富的内容，因此胶体分散系统的研究得到了迅速的发展，已经成为一门独立的学科。

把一种或几种物质分散在另一种物质中所构成的系统称为分散系统，被分散的物质称为分散相（或分散质），而起分散作用的物质称为分散介质。胶体化学研究的主要对象就是粒子直径至少在某个方向上介于1～1000nm的分散系统。

2. 分散系统的分类

分散系统的分类是错综复杂的。根据分散相及分散介质的聚集态，分散系统的分类可见表4-4。

表4-4 分散系统按聚集状态分类

名称	分散介质	分散相	通称	实例
气溶胶	气	液	—	云、雾、喷雾
		固	悬浮体	烟、粉尘、沙尘暴
液溶胶	液	气	泡沫	奶酪、肥皂泡沫、灭火泡沫
		液	乳状液	牛奶、人造黄油、石油、含水原油
		固	溶胶、悬浮液、软膏	金溶胶、碘化银溶胶、油漆、油墨、牙膏、泥浆、钻井液
固溶胶	固	气	固态泡沫	沸石、泡沫塑料、泡沫玻璃、泡沫金属
		液	固态乳状液	珍珠、蛋白石、黑磷(P-Hg)、某些宝石
		固	固态悬浮体	加颜料的塑料、照相胶片、有色玻璃、某些合金

分散相以分子形式溶于分散介质中形成的分散系统是均相分散系统。分散相不溶于分散介质时形成的分散系统是非均相分散系统，也叫多相分散系统。均相分散系统的分散相通常叫溶质，分散介质通常叫溶剂，这样的分散系统也叫溶液。例如小分子溶液、电解质溶液等。对溶质、溶剂不加区分的均相分散系统称之为混合物。均相分散系统的分散相及分散介质的质点大小数量级为1nm以下，且透明、不发生散射现象，溶质扩散速度快，是热力学稳定系统。

根据分散相粒子的大小（见图4-16），分散系统可分为真溶液（$d<1nm$），胶体分散系统（$1nm<d<1000nm$）和粗分散系统（$d>1000nm$）。

$$\text{分散系统}\begin{cases}\text{真溶液}\\\text{胶体分散系统}\begin{cases}\text{溶胶}\\\text{缔合胶束溶液(也叫胶体电解质)}\\\text{高分子溶液}\end{cases}\\\text{粗分散系统}\end{cases}$$

图4-16 分散系统按分散相粒子大小分类

分散相的质点大小在1nm（10^{-9}m）以下的分散系统称作真溶液。真溶液的粒子能通过滤纸，扩散快，能渗析，在普通显微镜和超显微镜下都看不见。胶体系统与小分子真溶液相比，具有很多特殊性。如真溶液透明，不发生光散射，溶质扩散速率快，溶质与溶剂均可通过半透膜，长期放置溶质与溶剂不会自动分离成两相，为热力学稳定系统。而胶体系统可透明或不透明，但均可发生光散射，胶体粒子扩散速率慢，不能透过半透膜，有较高的渗透压。

胶体分散系统和粗分散系统在生物界和非生物界都普遍存在；在实际生活和生产中均有重要应用，如在化工、石油、冶金、印染、涂料、塑料、纤维、橡胶、洗涤剂、化妆品、牙膏等生产部门，以及在医学、生物学、土壤学、气象学、地质学、水文学、环境科学等领域都涉及它们的原理。

二、胶体分散系统

分散相的质点大小在 1~1000nm（10^{-9}m~10^{-6}m）的分散系统称之为胶体分散系统。胶体分散系统的粒子能通过滤纸，扩散极慢，在普通显微镜下看不见，在超显微镜下可以看见。

胶体系统中的分散相可以是一种物质也可以是多种物质，可以是由许多的原子或分子（通常是 10^3~10^9 个）组成的粒子，也可以是一个大分子。胶体分散系统通常又可分为三类：溶胶、缔合胶束溶液（也叫胶体电解质）及高分子溶液。

1. 溶胶

溶胶一般是许许多多原子或分子聚集成的，粒子大小的三维空间尺寸均在 1~1000nm，分散于另一相分散介质之中，且粒子与分散介质间存在相的界面的分散系统。这是一类高度分散的多相系统，分散相不能溶于分散介质中，故有很大的相界面，很高的界面能，因此是热力学不稳定系统。其主要特征概括为高度分散的、多相的、热力学不稳定系统，也叫憎液胶体。

(1) 溶胶的制备　从分散度的大小来看，胶体系统的分散度大于粗分散系统，而小于一般的真溶液。因此，胶体的制备或者是将粗分散系统进一步分散，或者是使小分子或离子聚集。制备过程可用图 4-17 简单表示。

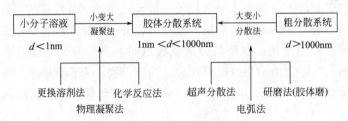

图 4-17　溶胶的制备过程

归结起来，溶胶的制备方法主要有两类。

① 小分子溶液用凝聚法由小变大制备，包括物理凝聚法、化学反应法及更换溶剂法。例如，将松香的乙醇溶液加入水中，由于松香在水中的溶解度低，则松香以溶胶颗粒大小析出，形成松香的水溶胶，这是更换溶剂法。

② 粗分散系统用分散法由大变小制备，包括研磨法、电弧法及超声分散法。

(2) 溶胶的结构　溶胶中的分散相与分散介质之间存在着界面。任何溶胶粒子的表面上总是带有电荷（或是正电荷或是负电荷）。其中由分子、原子或离子形成的固态微粒，称为胶核。胶核常具有晶体结构，过剩的反离子一部分分布在滑动面以内，另一部分呈扩散状态分布于介质之中。若分散介质为水，所有的反离子都应当是水化的。滑动面所包围的带电体，称为胶体粒子。整个扩散层及其所包围的胶体粒子，则构成电中性的胶团。

例如用 $AgNO_3$ 的稀溶液和 KI 的稀溶液反应生成 AgI 溶胶，形成的非常小的不溶性微粒，称为胶核。它是胶体颗粒的核心，具有一定的晶体结构，表面积也很大。

① 如果在稀的 $AgNO_3$ 溶液中，缓慢地滴加少量的 KI 稀溶液，可得到 AgI 的正溶胶，过剩的 $AgNO_3$ 则起到稳定剂的作用。由 m 个 AgI 分子形成的固体微粒的表面上吸附 n 个

Ag^+，即形成带正电荷的 AgI 胶体粒子，其胶团结构式可如图 4-18（a）所示。

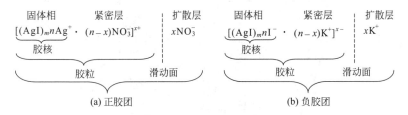

图 4-18 碘化银胶团的结构式

② 若在稀的 KI 溶液中，滴加少量的 $AgNO_3$ 稀溶液，则 KI 过量。AgI 微粒表面将吸附 I^- 离子，胶核表面带负电荷，K^+ 为反离子，生成 AgI 的负溶胶。这时胶团结构式则应表示为图 4-18（b）的形式。

在同一个溶胶中，每个固体微粒所含的分子个数 m 可以大小不等，其表面上所吸附的离子的个数 n 也不尽相等。在滑动面两侧，过剩的反离子所带的电荷应与固体微粒表面所带的电荷大小相等而符号相反。即 $(n-x)+x=n$。KI 为稳定剂的 AgI 溶胶的胶团剖面图，如图 4-19 所示。图中的实线小圆圈表示 AgI 微粒；AgI 微粒连同其表面上的 I^- 构成胶核；第二个实线圆圈表示滑动面；最外边的实线圆则表示扩散层的范围，即整个胶团的大小。

由图 4-19 可知，包括胶核与紧密层在内的胶粒是带电的，胶粒与分散介质（包括扩散层和溶液本体）间存在着滑动面，滑动面两侧的胶粒与介质之间可以相对运动。扩

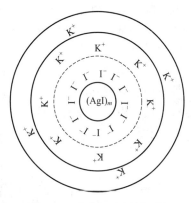

图 4-19 碘化银胶团剖面图

散层带的电荷与胶粒带电的符号相反，通常所说溶胶带正电或负电是指胶粒而言，整个胶团总是电中性的。胶团没有固定的直径和质量，同一种溶胶的 m 值也不是一个固定的数值。不同溶胶的胶团可有各种不同的形状，例如聚苯乙烯溶胶的胶团接近球状，而 $Fe(OH)_3$ 溶胶为针状，V_2O_5 溶胶为带状等。

（3）溶胶的性质　溶胶具有如下主要性质。

① 丁达尔效应。1869 年丁达尔发现，若令一束会聚的光通过溶胶，则从侧面（即与光束前进方向垂直的方向）可以看到在溶胶中有一个发光的圆锥体，这就是丁达尔效应（如图 4-20 所示）。其他分散系统也会产生这种现象，但是远不如溶胶显著，因此丁达尔效应实际上就成为判别溶胶与真溶液的最简便的方法。丁达尔效应的另一特点就是当光通过分散系统时，在不同的方向观察光柱有不同的颜色，例如 AgCl，AgBr 的溶胶，在光透过的方向观察，呈浅红色；而在与光垂直的方向观测时，则呈淡蓝色。

光束投射到分散系统上，可以发生光的吸收、反射、散射或透过。当入射光的频率与分子的固有频率相同时，则发生光的吸收；当光束与系统不发生任何相互作用时，则可透过；当入射光的波长小于分散粒子的尺寸时，则发生光的反射；若入射光的波长大于分散相粒子的尺寸时，则发生光的散射现象。可见光的波长在 400～760nm，一般胶体粒子的尺寸为 1～1000nm，当可见光束投射于胶体系统时，如胶体粒子的直径小于可见光波长，则发生光的散射现象。光是一种电磁波，其振动的频率高达 10^{15} Hz，光的照射相当于外加电磁场作用于胶体粒子，使围绕分子或原子运动的电子产生被迫振动，如此之大的频率，质量又远大

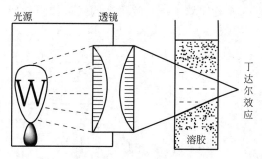

图 4-20 丁达尔效应图

于电子的原子核则无法跟上振动,这样被光照射的微小晶体上的每个分子,便以一个次级光源的形式,向四面八方辐射出与入射光有相同频率的次级光波,由此可知,产生丁达尔效应的实质是光的散射。丁达尔效应又称为**乳光效应**,它是溶胶的重要性质之一。清晨,在茂密的树林中常常可以看到从枝叶间透过的一道道光柱,这也是丁达尔现象。这是因为云、雾、烟尘也是胶体,只是这些胶体的分散介质是空气,分散相是微小的尘埃或液滴。

② 布朗运动。1827年,植物学家布朗在显微镜下,看到了悬浮于水中的花粉粒子处于不停息的、无规则的运动状态。此后发现凡是线度小于 $4\mu m$ 的粒子,在分散介质中皆呈现这种运动。由于这种现象是布朗首先发现的,故称为布朗运动。如图 4-21 所示。

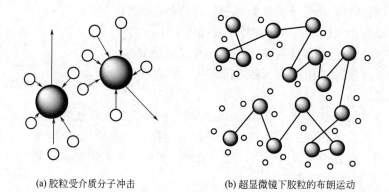

(a) 胶粒受介质分子冲击　　　　(b) 超显微镜下胶粒的布朗运动

图 4-21 布朗运动

在分散系中,分散介质的分子皆处于无规则的热运动状态,它们从四面八方连续不断地撞击分散相的粒子。对于粗分散的粒子来说,在某一瞬间可能被数以千万次的撞击,从统计的观点来看,各个方向上所受撞击的概率应当相等,合力为零,所以不能发生位移。即使是在某一方向上遭到较多次数的撞击,因其质量太大,难以发生位移而无布朗运动。对于接近或达到胶体大小的粒子,与粗分散的粒子相比较,它们所受到的撞击次数要小得多。在各个方向上所遭受的撞击力,完全相互抵消的概率甚小。某一瞬间,粒子从某一方向受到冲击便可以发生位移,即布朗运动,如图 4-21(a)所示。图 4-21(b)是每隔相等的时间,在超显微镜下观察一个粒子运动的情况。它是空间运动在平面上的投影。可近似地描绘胶体粒子的无序运动。由此可见,布朗运动是分子热运动的必然结果,是胶体粒子的热运动。

③ 电泳现象。早在1809年,俄国的卢斯将两根玻璃管插入潮湿的黏土中,并于管中加等高度的水,插入两电极通电后,发现黏土粒子向正极移动,水层变浑液面下降,负极水面则升高。现在知道这是因为黏土颗粒带负电荷之故。在外电场的作用下,胶体粒子在分散介

质中定向移动的现象，称为电泳。

图 4-22 是一种测定电泳速度的实验装置。以 $Fe(OH)_3$ 溶胶为例，实验时先在 U 形管中装入适量的 NaCl 溶液[或 $Fe(OH)_3$ 溶胶的超离心滤液]，再通过支管从 NaCl 溶液的下面缓慢地压入棕红色的 $Fe(OH)_3$ 溶胶。使其与 NaCl 溶液之间有清楚的界面存在，通入直流电后可以观察到电泳管中阳极一端界面下降，阴极一端界面上升，$Fe(OH)_3$ 溶胶向阴极方向移动。这说明 $Fe(OH)_3$ 胶体粒子带正电。实践证明，$Fe(OH)_3$，$Al(OH)_3$ 等碱性溶胶带正电，而金、银、铝、硅酸等溶胶以及淀粉颗粒、微生物等带负电。要注意介质的 pH 以及溶胶的制备条件，这些常常会影响溶胶所带电荷的正负。例如蛋白质（是由多种氨基酸结合而成的有机高分子化合物），当介质的 pH 大于等电点时带负电荷，小于等电点时带正电荷。

中性粒子在外电场中不会发生定向移动，电泳现象说明胶体粒子是带电的。实验还证明，若在溶胶中加入电解质，则对电泳会有显著影响。随外加电解质的增加，电泳速度常会降低甚至变成零，外加电解质还能够改变胶粒带电的符号。

电泳的应用相当广泛，利用电泳现象可以进行分析鉴定或分离操作。对于生物胶体，可用纸上电泳方法对其成分加以鉴定。在生物化学中常用电泳法分离和区别各种氨基酸和蛋白质。例如，利用电泳分离人体血液中的血蛋白、球蛋白和纤维蛋白原等。在医学中利用血清在纸上的电泳，可在纸上得到不同蛋白质前进的次序，反映了其运动速度，以及从谱带的宽度反映其中不同蛋白质含量的差别，其结果类似于色谱分析法，医生可以利用这种图谱作为诊断的依据。

④ 电渗。在外加电场作用下，分散介质由过剩的反离子所携带，通过多孔膜或极细的毛细管移动的现象称为电渗，此时带电的固相不动。图 4-23 的仪器可以直接观察到电渗现象。图中 3 为多孔塞（其作用相当于多孔膜），1，2 中盛液体，当在电极 5，6 上施以适当的外加电压时，从刻度毛细管 4 中液体弯月面的移动可以观察到液体的移动。

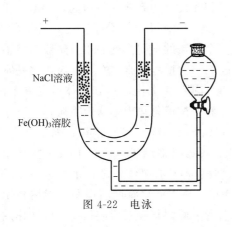

图 4-22 电泳

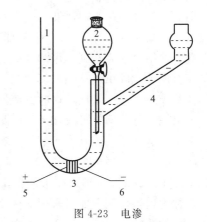

图 4-23 电渗

1，2—液体；3—多孔塞；4—刻度毛细管；5，6—电极

液体运动的原因是在多孔性固体和液体的界面上有双电层存在。由图 4-18 可知在外电场的作用下，与表面结合不牢固的扩散层离子向带相反电荷的电极方向移动，而与表面结合较紧的紧密层则是不动的，扩散层中的离子移动时带动分散介质一起运动。

实验表明，液体移动的方向因多孔塞的性质而异。例如当用滤纸、玻璃或棉花等构成多孔塞时，则水向阴极移动，这表示此时液相带正电荷；而当用氧化铝、碳酸钡等物质构成多孔塞时，则水向阳极移动，显然此时液相带负电荷。和电泳一样，溶胶中外加电解质对电渗速度的影响很显著，随电解质浓度的增加电渗速度降低，甚至会改变液体流动的方向。

⑤ 溶胶的聚沉。溶胶中的分散相微粒互相聚结，颗粒变大，进而发生沉淀的现象称为聚沉。任何溶胶从本质上来看都是不稳定的，所谓的稳定只是暂时的，总是要发生聚沉的。例如通过加热、辐射或加入电解质皆可导致溶胶的聚沉。

许多溶胶对电解质都特别敏感。适量的电解质对溶胶起稳定剂的作用；如果电解质加入得过多，尤其是含高价反离子的电解质的加入，往往会使溶胶发生聚沉。这主要是因为电解质的浓度或电荷增加时，都会压缩扩散层，使扩散层变薄，排斥力降低，当电解质的浓度足够大时就会使溶胶发生聚沉。

在溶胶中加入高分子化合物既可使溶胶稳定，也可能使溶胶聚沉。作为一个好的聚沉剂，应当是相对分子质量很大的线型聚合物。聚沉剂可以是离子型的，也可以是非离子型的。例如，聚丙烯酰胺及其衍生物就是一种良好的聚沉剂，其相对分子质量可高达几百万。若在溶胶中加入较多的高分子化合物，许多个高分子化合物的一端吸附在同一个分散相粒子的表面上，或者是许多个高分子线团环绕在胶体粒子的周围，形成水化外壳，将分散相粒子完全包围起来，对溶胶则起到保护作用。

2. 缔合胶束溶液

缔合胶束溶液有时也称为胶体电解质，通常是由结构中含有非极性基团的碳氢化合物部分和带有较小的极性基团（通常能解离）的电解质分子表面活性剂（如离子型表面活性剂）缔合形成的胶束。胶束可以是球状、层状及棒状等（见图4-14），其三维空间尺寸介于1～1000nm，通常以水作为分散介质，胶束中表面活性剂的亲油基团向里，亲水基团向外，分散相与分散介质之间有很好的亲和性。胶束溶解于溶剂中，形成了一类高度分散的、均相的、热力学稳定系统。

前面已经介绍了表面活性剂，它由极性的亲水基和非极性的亲油基所构成，溶解于水中后能迅速聚集于水-空气界面，使表面张力急剧降低。当浓度较小时，分子仍是单分散状态，或有轻度的缔合。当达到一定浓度，表面上已形成完全覆盖的定向排列的单分子膜，溶液中则开始形成球状胶束，这一浓度即临界胶束浓度（CMC）。继续增加浓度，表面张力基本不变，球状胶束则相应增加，这时的溶液称为胶束溶液。其胶束大小已达到胶体研究的范围，由于胶束是由分子缔合形成，因而归类于缔合胶体。胶束溶液是热力学稳定系统。

室温下进行苯在纯水中的溶解度实验，100g水仅溶解0.07g苯即达饱和；而100g 10%的油酸钠溶液，最多可溶解9g苯。其他碳氢化合物也可得类似结果。这时10%油酸钠溶液的浓度已超过其CMC值，胶束体积变大。这种通过胶束容纳有机物使之在水中溶解度增加的现象称为增溶作用。如果表面活性剂浓度小于CMC，基本上没有增溶作用。增溶作用不同于一般的溶解，后者溶质在溶液中是分子分散，前者溶质则与胶束形成整体。增溶作用也不是乳化作用，后者形成乳状液，是热力学不稳定的多相分散系统，经搁置一定时间会分层。

增溶作用在生命过程中有重要意义，人体吸收脂肪就是靠在胆汁中增溶而实现的，生活中肥皂的去污也靠增溶作用，工业中更有许多应用。在乳液聚合中，虽然链的引发是在水中，聚合则主要发生在增溶于表面活性剂胶束（如磺化脂肪酸盐）的单体中。在石油开采的驱油工艺中,也是用表面活性剂、水、助剂配制成的胶束溶液,在岩层中推进时将砂石上附着的原油冲洗、驱赶下来,并增溶于表面活性剂的胶束之中。

3. 高分子溶液

高分子溶液是一维空间尺寸(线尺寸)达到 1~1000nm 的大分子(如蛋白质分子、高聚物分子等)溶于分散介质之中形成的高度分散的、均相的、热力学稳定系统。由于高分子是以分子形式溶于介质中的,分散相和分散介质之间没有相界面,因此它在性质上与溶胶有某些相似之处(如扩散慢、大分子不通过半透膜),所以把它称为亲液胶体。

高分子化合物,一般是指摩尔质量 M_B 大于 $1\sim10^4\,\mathrm{kg\cdot mol^{-1}}$ 的分子,有天然的(如蛋白质、淀粉、核酸、纤维素等)和合成的(如高聚物分子)。一种特定的蛋白质有一定的摩尔质量,但合成的高聚物分子具有摩尔质量的分布。通常使用数均摩尔质量 $<M_N>$ 和质均摩尔质量 $<M_m>$ 表示。

数均摩尔质量即按数量平均的相对分子质量。它是某系统的总质量为分子总数所平均的结果,系统中低相对分子质量部分对数均摩尔质量有较大影响。数均摩尔质量通常由渗透压、蒸气压、沸点升高等依数法测定。

$$<M_N> \stackrel{\text{def}}{=\!=} \frac{\sum N_B M_B}{\sum N_B} (N_B \text{ 为分子数}) \tag{4-13}$$

质均摩尔质量即按质量平均的相对分子质量。系统中高相对分子质量部分对质均摩尔质量有较大影响。质均摩尔质量通常由光散射法测定。

$$<M_m> \stackrel{\text{def}}{=\!=} \frac{\sum m_B M_B}{\sum m_B} (m_B \text{ 为分子质量}) \tag{4-14}$$

溶胶(憎液胶体)对电解质的存在是十分敏感的,而高分子溶液(亲液胶体)对电解质不敏感,直到加入大量的电解质,才能使高分子溶液发生聚沉现象,称之为盐析作用。这是由于所加入的大量电解质对高分子的去水化作用而引起的。

高分子溶液在适当条件下,可以失去流动性,整个系统变为弹性半固体状态。这是因为系统中大量的高分子好像许多弯曲的细线,互相联结形成立体网状结构,网架间充满的溶剂不能自由流动,而构成网架的高分子仍具有一定柔顺性,所以表现出弹性半固体状态。这种系统叫做凝胶;液体含量较多的凝胶也叫做胶冻。如琼脂、血块、肉冻等含水量有时可达99%以上。高分子溶液(或溶胶)在一定的外界条件下可以转变为凝胶,称之为胶凝作用。这是由于高分子溶液中的大分子依靠分子间力、氢键或化学键力发生自身连接,搭起空间网状结构,而将分散介质(液体)包进网状结构中失去了流动性所造成的。分散质点形状的不对称性,降低温度,加入胶凝剂(如电解质),提高分散物质的浓度,延长放置时间等,都能促进凝胶的形成。

胶凝作用与盐析作用相比较,前者所用的胶凝剂一般比后者为少,胶凝剂的浓度必须适当。胶凝作用不是凝聚过程的终点,胶凝有时能继续转变而成为盐析,使凝胶最终分离为两相。胶凝现象不限于高分子溶液,氢氧化铝、氢氧化铁、氢氧化铬和五氧化二钒等溶液也有这种现象。由于这些物质的胶粒有一定程度的亲液性质,胶体粒子的形状不是球状的(如杆状的、片状的等),以致它们之间也能互相连接形成网状结构,而成为凝胶。生活中常见的豆腐、肉冻、果冻,生命组织中的细胞壁、血管壁,实验和生产中使用的硅胶、橡胶、渗滤膜、硅-铝催化剂、离子交换树脂等都是凝胶。

　　凝胶按其性质，可分为脆性凝胶和弹性凝胶。脆性凝胶当失去或重新吸收分散介质时，形状和体积几乎都不改变，例如硅胶、TiO_2、SnO_2等凝胶；而弹性凝胶当失去分散介质后，体积显著缩小，但当重新吸收分散介质时，体积又重新膨胀，例如琼脂、白明胶、皮革、纸张等。

　　干燥的弹性凝胶吸收分散介质而体积增大的现象称为溶胀。溶胀是高分子化合物溶解的第一阶段，对于某些物质在一定溶剂中，例如生橡胶在苯中，随着溶胀的进行，最后达到全部溶解，称为无限溶胀。但另一些高分子化合物，例如硫化橡胶，由于形成了有交联的网状结构，在溶胀过程中所吸收的液体量达到最大值后不再继续膨胀，这种溶胀现象称为有限溶胀。

　　弹性凝胶的溶胀对溶剂是有选择性的。例如琼脂和白明胶仅能在水和甘油的水溶液中溶胀，而不能在酒精和其他有机液体中溶胀。橡胶只能在CS_2和C_6H_6等有机液体中溶胀，而不能在水中溶胀。溶胀时除溶胀物的体积增大外，还伴随有热效应，这种热效应称为溶胀热。除个别情况外，溶胀都是放热的。当一物质溶胀时，它对外界施加一定的压力，称为溶胀压力，这种压力在某些情况下能达到很大。在古代就有利用溶胀压力来分裂岩石的例子，在岩石裂缝中间塞入木块，再注入大量的水，于是木质纤维发生溶胀产生巨大的溶胀压力使岩石裂开。进行溶胀过程的研究对食品工业、有关的化学工业以及其他方面也是需要的。

三、粗分散系统

　　分散相的质点大小超过$1\mu m$（$10^{-6}m$）的分散系统称为粗分散系统。粗分散系统粒子不能通过滤纸，不扩散，不渗析，在普通显微镜下能看见，目测就是浑浊的。粗分散系统包括悬浮液、乳状液、泡沫及粉尘等，它们都是非均相分散系统。粗分散系统中分散相的粒子大于胶体粒子，也是高分散度的系统，有很大的界面，很高的界面能，因此粗分散系统也是热力学不稳定系统。由于粗分散系统的很多性质与胶体系统类似，故也属于胶体化学的范畴。

1. 乳状液

　　一种或几种液体以液珠形式分散在另一种与其不互溶（或部分互溶）液体中所形成的分散系统称之为乳状液。乳状液中的分散相粒子大小一般在1000nm以上，用普通显微镜可以观察到，因此它不属于胶体分散系统而属于粗分散系统。在自然界、生产以及日常生活中都经常接触到乳状液，例如开采石油时从油井中喷出的含水原油、橡胶树割淌出的乳胶、合成洗发精、洗面奶、配制成的农药乳剂、炼油厂的废水以及牛奶等都是乳状液。

　　在乳状液中，分散相和分散介质都是液体，但不互溶或相互溶解度极小。其中一相通常是有极性的水或水溶液，可用"W"表示；另一相为非极性的有机物质，如苯、苯胺、煤油等，习惯上把它们称为"油"，并且用"O"表示。乳状液一般可分为两大类：一类为油分散在水中，称为水包油型，见图4-24（a），用符号O/W表示；另一类为水分散在油中，称为油包水型，见图4-24（b），用符号W/O表示。乳状液中的分散相称为内相，分散介质称为外相。当某一相的体积分数大于74%时，只能生成该相作为外相的乳状液。

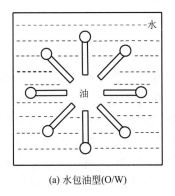
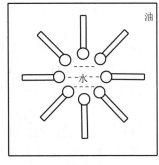

(a) 水包油型(O/W)　　　　　　(b) 油包水型(W/O)

图 4-24　乳状液的类型

因油水互不相溶，要得到比较稳定的乳状液，必须加入乳化剂。常用的乳化剂多为表面活性剂、蛋白质类及固体粉末等。乳化剂能使乳状液比较稳定存在的作用，称为**乳化作用**。在生产、科研中有时需要制得稳定的乳状液，有时则需破坏它。使乳状液破坏的过程，称为破乳或去乳化作用。例如，由牛奶提取油脂制成奶油，原油脱水等就是破乳过程。此外，乳状液的絮凝作用、聚结作用都可使乳状液破坏。破乳的方法有两种：一为物理法，如离心分离；二为物理化学法，即加入另外的化学物质破坏或去除起稳定作用的乳化剂。

2. 泡沫

气体分散在液体或固体中所形成的分散系统称之为泡沫。前者为液体泡沫；后者为固体泡沫。气泡的大小一般在 1000nm 以上，肉眼可见，故泡沫属于粗分散系统。

泡沫技术的应用十分广泛，在生产中有时利用泡沫的存在，如灭火剂、杀虫剂、饮料、啤酒、泡沫冶金、泡沫浮选、泡沫除尘、泡沫玻璃、泡沫陶瓷、泡沫塑料等领域。以矿物的浮选为例，先将矿石粉碎成尺寸在 0.1nm 以下的颗粒，加入足量的水、适量的浮选剂及少量的起泡剂；再强烈鼓入空气，即形成大量气泡；这时憎水性强的有用矿物附着在气泡上并随之上浮至液面；而被水润湿的长石、石英等废石则沉于水底。加入浮选剂的目的是增加矿物的憎水性。一般当水对矿物的接触角在 50°～70°以上时即能达到浮选的效果。浮选后提高了矿物的品位，而利于冶炼。

有时需要防止泡沫的出现或破坏泡沫，如化工生产、发酵、精馏、造纸、印染及污水处理等工艺过程中，泡沫的出现将会给操作带来诸多不便，如溢锅、汽塔及涂层中起泡等，则需利用消泡剂加以消除。泡沫的破坏即为消泡。消泡的原则是消除泡沫的稳定因素，例如把构成液膜的液体提纯，减小形成泡沫的液体的黏度，用适当办法消除起泡剂及加入消泡剂等。

3. 悬浮液及悬浮体

不溶性固体粒子分散在液体中所形成的分散系统称为悬浮液。悬浮液中的分散相粒度，通常其三维线度均在 10^{-6} m 以上。由于其颗粒较大，不存在布朗运动，不可能产生扩散和渗透现象，在自身重力下易于沉降。通常利用沉降分析法测定悬浮液体中分散相的高度分布，例如测定黄河水不同区段的泥沙分布。

当固体粒子的三维线度均在 10^{-6} m 以上，分散在气体中所形成的系统称为悬浮体。例如沙尘暴就是悬浮体。我国北方某些省区由于天然植被遭到破坏，致使土地沙漠化，从而在特定气候条件下形成沙尘暴。

四、纳米粒子

纳米是长度单位，$1nm=10^{-9}m$，即十亿分之一米，一只乒乓球放在地球上就相当于将一纳米直径的小球放在一只乒乓球上。纳米粒子通常是指尺寸在 $1\sim100nm$ 的粒子。就其大小而论是处在原子簇和宏观物体之间的过渡区，这样的系统具有一些特殊性质。它既不是典型的微观系统，又不是典型的宏观系统，而是介于二者之间的典型的介观系统，它具有一系列新颖的物理化学性质，这些性质正是体相材料中所忽略的或根本不具有的。

当可见光照射到纳米粒子上会发生散射而不是反射，纳米铜不但没有紫铜色的光泽而且不导电。这种效应为实际应用开拓了广泛的新领域。利用纳米粒子的熔点低，可采取粉末冶金的新工艺。调节颗粒的尺寸，可制造具有一定频宽的微波吸收纳米材料，用于电磁波屏蔽、隐形飞机等。纳米银与普通银的性质完全不同，普通银为导体，而粒径小于 $20nm$ 的纳米银却是绝缘体。金属铂是银白色金属，俗称白金；而纳米级金属铂是黑色的，俗称为铂黑。纳米粒子具有很高的活性，例如木屑、面粉、纤维等粒子若小到纳米级的范围时，一遇火种极易引起爆炸。纳米粒子是热力学不稳定系统，易于自发地凝聚以降低其表面能，因此对已制备好的纳米粒子，如果久置则需设法保护，例如保存在惰性空气中或其他稳定的介质中以防止凝聚。

这些特性使纳米材料表现出许多特殊的物理和化学性质。广义上，纳米材料是指在三维空间中至少有一维处于纳米尺度范围（$1\sim100nm$）或由它们作为基本单元构成的材料，即纳米材料是物质以纳米结构按一定方式组装成的系统。通常所说的纳米材料主要是指纳米粒子、纳米管、纳米薄膜和纳米复合材料。纳米技术能通过改变材料的尺寸，使其有效面积增加，从而改变材料的力学、光学、电学、磁学、化学以及生物学特性。例如 SiO_2 是电阻材料，但制成纳米级尺度时可成为导体材料。而有些电阻材料，在制备成纳米材料后甚至可以变成超导材料。具有沸石结构的纳米 CeO_2 与 Cu 组成的纳米复合材料，可以消除汽车尾气中排放出来的 SO_2、CO_2 等。

纳米技术的应用研究不仅局限于信息传导的新材料上，而且纳米技术的微型化在化学、物理、电子工程及生命科学等学科的交叉领域中发挥重要的作用，并形成许多新的学科增长点，如纳米物理学、纳米化学、纳米电子学、纳米机械学、纳米材料学、纳米生物学、纳米医药学乃至纳米军事学等等，使得人们不得不相信，21世纪将会是一个纳米技术世纪。

实训十 洗衣粉的合成和餐具洗涤剂的制备

一、实训目的

① 掌握粉状洗涤剂配制的方法和操作,掌握洗衣粉配方中各组分的作用。

② 掌握洗洁精的配方原理和配制工艺。

③ 提高学生的动手能力和实际操作技能。

洗衣粉的合成和餐具洗涤剂的制备

二、实训原理

合成洗涤剂是由表面活性剂(如烷基苯磺酸钠、脂肪醇硫酸钠)和各种助剂(如三聚磷酸钠)配制而成的一种洗涤用品。按产品外观形态分为固体洗涤剂和液体洗涤剂。固体洗涤剂产量最大,习惯上称为洗衣粉,包括细粉状、颗粒状和空心颗粒状等,也有制成块状的;液体洗涤剂近年发展较快。还有介于二者之间的膏状洗涤剂,也称洗衣膏。

洗衣粉的基本成分包括表面活性剂、水软化物质、芳香物质、增白物质等,有的洗衣粉中还含有香精和色素以及填充剂等。常利用中和吸收成型工艺制备洗衣粉。磺酸与纯碱(碳酸钠)中和时,不希望产生 CO_2,否则混合物易溢出容器。为此配方中磺酸和纯碱以等物质的量相混合,使反应按下式进行。

$$C_{12}H_{25}-C_6H_4-SO_3H + Na_2CO_3 \longrightarrow C_{12}H_{25}-C_6H_4-SO_3Na + NaHCO_3$$

餐具洗涤剂配制时,通常先利用十二烷基苯磺酸与氢氧化钠中和,制得十二烷基苯磺酸钠(LAS)。然后将十二烷基苯磺酸钠(LAS)、脂肪酸聚氧乙烯醚(AEO-9)、脂肪(椰油)酸二乙醇胺(6501)等表面活性剂混配成洗涤剂,用氯化钠调节黏度。

三聚磷酸钠为一种常用的水软化物质,它具有软化水质、分散污垢、缓冲碱剂及抗结块性能等特点。它能防止水中的钙、镁离子造成的阴离子表面活性剂失活,提高表面活性剂利用率。三聚磷酸钠广泛应用于各种洗衣粉中,无磷洗衣粉中不含有三聚磷酸钠。

羧甲基纤维素钠(英文缩写 CMC),是天然纤维素经过化学改性后所获得的一种纤维衍生物,是重要的水溶性聚阴离子化合物。它易溶于冷热水,具有许多不同寻常的和极有价值的综合物理、化学性质,是一种用途广泛的天然高分子衍生物。CMC 具有增稠、分散、乳化、悬浮、黏合、成膜、保护胶体和保护水分等优良性能,广泛应用于食品、医药、牙膏等行业。

荧光增白剂的特性是能激发入射光线产生荧光,使所染物质获得类似萤石的闪闪发光的效应,使肉眼看到的物质很白,达到增白的效果。它可以吸收不可见的紫外光(波长范围为 360~380nm),转换为波长较长的蓝色或紫色的可见光,因而可以补偿基质中不想要的微黄色,同时反射出比原来入射的波长(400~600nm)更多的可见光,从而使制品显得更白、更亮、更鲜艳。荧光增白剂是一种色彩调理剂,具有亮白增艳的作用,广泛用于造纸、纺织、洗涤剂等多个领域中。二苯乙烯联苯二磺酸钠（CBS）是目前广泛适用于洗衣液中的一种荧光增白剂，CBS 分子式为：

碳酸钠的工业品习惯称纯碱或苏打。在合成洗衣粉中加入纯碱的作用在于保持洗涤剂溶液有一定的 pH。稳定 pH 可使洗衣粉溶液不会因遇到酸性污垢而失去活性，这是因为烷基苯磺酸钠活性物只有在碱性状态下才有效。碳酸钠还可以与脂肪污垢发生皂化反应而生成肥皂，能够提高洗衣粉的去污力。

硅酸钠又称水玻璃，它的水溶液俗称泡花碱。在合成洗衣粉中，硅酸钠是一种很重要的助剂，它与其他助剂配用具有协同效应。硅酸钠能够使溶液的 pH 维持不变，具有缓冲作用，能够维持洗涤液的碱性，从而使洗涤剂的消耗量降低。硅酸钠溶解于水后，水解生成的硅酸在水中形成胶态的胶粒群，从而增加了洗涤液的胶体性能，提高了去污力。它还具有增加洗涤溶液乳化力和稳定泡沫的作用。硅酸钠在料浆配制过程中，可以调节料浆的流动性，稳定三聚磷酸钠，使其不分解成正磷酸盐。在喷雾干燥中，硅酸钠可以增加洗衣粉颗粒的强度、均匀性和自由流动性，改善成品的溶解度，防止洗衣粉结块并使洗衣粉在较高水分下得以保存。它与碳酸钠配用可软化暂时硬水，除去水中的镁盐，对织物有一定保护作用。

硫酸钠，也称芒硝或元明粉，用来制硫化钠、纸浆、玻璃、水玻璃、瓷釉，也用作缓泻剂和钡盐中毒的解毒剂等。印染上用于调节染料和纤维的上染率，纺织工业上用于调配维尼纶纺丝凝固剂，是洗涤工业合成洗涤剂的填充料。

香精又称调和香精或调和香料，是将天然香料和人造香料按照适当比例调和（配制）而成的具有一定香气类型的产品。例如玫瑰型香精、茉莉型香精、橙花型香精等。调和比例一般以质量分数表示，广泛用于洗发水、沐浴露、洗衣粉、洗衣液、洗洁精、洗手液、清洗剂、空气清新剂、工艺蜡烛、香皂、洗衣皂、佛香、蚊香、人体香水、汽车香水、护肤品、牙膏、纸巾、花露水等产品的加香。

三、实训仪器及药品

1. 实训仪器

烧杯（200mL，1个），玻璃棒（1支），喷壶（1个）。

2. 实训药品

纯碱，硅酸钠，硫酸钠，三聚磷酸钠，羧甲基纤维素钠（CMC），二苯乙烯联苯二磺酸钠（CBS，荧光增白剂），十二烷基苯磺酸，过硼酸钠，次氯酸钠，氢氧化钠，苯甲酸钠，脂肪酸聚氧乙烯醚（AEO-9），脂肪（椰油）酸二乙醇胺（6501），硫酸，茉莉香精，氯化钠（饱和溶液）。

四、实训步骤

① 洗衣粉的合成。按照表 4-5 的配方比例称取药品。取一 200mL 烧杯，加入纯碱、硅

酸钠、硫酸钠、三聚磷酸钠、羧甲基纤维素钠（CMC）、荧光增白剂等粉状物质，混合均匀。在不断搅拌下缓慢加入十二烷基苯磺酸，混合均匀，喷入水，促使中和反应迅速进行，放置陈化24h，即为洗衣粉产品。该产品呈浅黄色，如需制得白的洗衣粉，可加入1份过硼酸钠或次氯酸钠等漂白剂。

表 4-5 洗衣粉制备配方

组 分	质量分数/%	组 分	质量分数/%
纯碱	7.5	硫酸钠	36
硅酸钠	8	荧光增白剂(CBS)	0.2
三聚磷酸钠	28	十二烷基苯磺酸	18
羧甲基纤维素钠(CMC)	1	水	2

② 餐具洗涤剂的配制。按照表4-6的配方比例称取药品。取一200mL烧杯，加入水、氢氧化钠、苯甲酸钠，溶解后，加入十二烷基苯磺酸，缓慢搅拌，发生中和反应。待十二烷基苯磺酸溶解后，加入AEO-9、6501，搅拌溶解，用硫酸或氢氧化钠调节pH为7.5，加入香精，混合均匀，加入NaCl饱和溶液，调节黏度。静置脱除泡沫，即可灌装。

表 4-6 餐具洗涤剂制备配方

组 分	质量分数/%	组 分	质量分数/%
十二烷基苯磺酸	8	苯甲酸钠	0.5
氢氧化钠	1	NaCl饱和溶液	2.5
AEO-9	4	茉莉香精	0.2
6501	4	水	余量

③ 实训结束，清洗并整理仪器。

五、实训记录与数据处理

1. 洗衣粉合成数据记录

组 分	质量	组 分	质量	组 分	质量
纯碱/g		羧甲基纤维素钠(CMC)/g		茉莉香精/g	
硅酸钠/g		苯甲酸钠/g		水/g	
三聚磷酸钠/g		NaCl饱和溶液/g		制得的洗衣粉质量/g	

2. 餐具洗涤剂的配制数据记录

组　分	质量	组　分	质量	组　分	质量
十二烷基苯磺酸/g		6501/g		茉莉香精/g	
氢氧化钠/g		苯甲酸钠/g		水/g	
AEO-9/g		NaCl饱和溶液/g		制得的洗涤剂/g	

六、思考题

① 洗衣粉和洗洁精根据什么原理洗涤去污？

② 肥皂和洗衣粉在成分上有什么区别？

七、注意事项

① 洗衣所用的合成洗涤剂在使用过程中要加以注意，洗衣粉可以和软水剂、乳化剂、氯漂粉等一起使用，但从洗涤效果上分析，氯漂粉单独使用最好。

② 餐具洗涤剂一般为厨房所用，要兼有洗涤和消毒功能，并且为碱性的洗涤剂。

实训十一 肥皂和洗衣粉的性能比较

一、实训目的

① 探讨温度对洗衣粉洗涤效果的影响。

② 了解典型洗涤剂肥皂（高级脂肪酸钠）和洗衣粉（十二烷基苯磺酸钠）的性能比较。

肥皂和洗衣粉的性能比较

二、实训原理

用于洗涤的表面活性剂以阴离子型和非离子型为主。

表面活性剂是洗衣粉的主要成分，优先吸附在各种界面上，降低水的表面张力，改变系统界面的状态，去除衣物的污渍。一般表面活性剂中含有疏水基团和亲水基团，在洗涤过程中其乳化作用和通透作用，使衣服中的脂肪类物质进入水中。最普通、最传统的阴离子表面活性剂就是人类使用了几百年的肥皂（高级脂肪酸钠）。肥皂是由脂肪经碱液（例如 NaOH）加热水解生成的脂肪酸钠，反应后加入 NaCl，经盐析得到的固体产品。

其中，R_1，R_2，R_3 分别代表 $C_8 \sim C_{20}$ 的烷基长链。合成洗涤剂工业问世之后，使用最普遍的是十二烷基苯磺酸钠，它是以十二烷醇与氯磺酸作用生成十二烷基硫酸酯，再经中和制得。

$$C_{12}H_{25}OH + ClSO_3H \longrightarrow C_{12}H_{25}OSO_3H + HCl$$

$$2C_{12}H_{25}OSO_3H + Na_2CO_3 \longrightarrow 2C_{12}H_{25}OSO_3Na + CO_2 + H_2O$$

加酶洗衣粉除含有普通洗衣粉的成分外，还含有多种酶制剂，如蛋白酶、脂肪酶、淀粉酶、纤维素酶等。我国在洗衣粉中添加的酶最主要的是碱性蛋白酶。碱性蛋白酶能使蛋白质水解成可溶于水的多肽和氨基酸，有助于取出例如汗渍、血渍、青草、黏液以及各种食品类蛋白质污垢。碱性脂肪酶可以催化水解各类动植物油脂和人体皮脂腺分泌物及化妆品污垢，能使甘油三酯水解成容易用水冲洗掉的甘油二酯、甘油单酯和游离脂肪酸，从而达到清除衣物上脂质污垢的作用。

$$脂肪 \xrightarrow{\text{脂肪酶}} 甘油 + 脂肪酸$$

淀粉酶能水解直链淀粉中的 1,4-α-糖苷键，使糊化淀粉迅速分解为可溶解的糊精和低聚糖。它可以去除例如来自面条、巧克力、肉汁和婴儿食品中含有淀粉的污垢。

$$\text{淀粉} \xrightarrow{\text{淀粉酶}} \text{麦芽糖}$$

表面活性剂可以产生泡沫,将油脂分子分散开;水软化剂可以分散污垢;酶可以将大分子有机物分解为易溶于水的小分子有机物,从而与纤维分开。因此一般洗衣粉不易清除的血渍和奶渍,加酶洗衣粉则可以除去。

三、实训仪器及药品

1. 实训仪器

恒温水浴(1套),电子天平(1台),电吹风机(1个),滴管(1个),玻璃棒(1支),烧杯(1个),量筒(2支),棉布(2块)。

2. 实训药品

肥皂,洗衣粉,$CaCl_2$ 溶液(5%)。

四、实训步骤

① 准备工作。取两块同样大小干净的方棉布,在每块棉布上各滴加植物油6滴,然后用吹风机将棉布吹干,备用。

② 洗衣粉洗涤效果性能测试。称取洗衣粉3g于500mL的烧杯中,向烧杯内加入自来水150mL,置于水浴上加热。调节水浴温度为35℃,用玻璃棒搅拌,使洗衣粉完全溶解。

放入一块有污渍的方棉布,以稳定的速度搅拌,同时开始计时。洗涤中每隔半分钟,挑出洗涤的棉布检查是否洗涤干净,如洗涤干净,记下洗涤花费的时间,最长不超过15min。

③ 肥皂洗涤效果性能测试。重复步骤2,将洗衣粉换成肥皂,测试洗涤时间,记录并对比洗涤效果,得出结论。

④ 发泡和消泡性能的比较。

取肥皂和洗衣粉各1.0g,分别溶于100mL温水中,然后各取25mL澄清液加到两个100mL量筒中,振荡15s,静置10s,记下体积,通过它们形成的泡沫高度,比较两者起泡能力。

然后再各加入2mL 5% $CaCl_2$ 溶液(硬水离子),振荡15s,静置10s,记下它们的体积,考察两者受其影响的程度。

⑤ 实训完毕,整理仪器。

五、实训记录与数据处理

1. 洗涤效果性能比较

洗涤剂名称	油渍量/滴	洗涤剂用量/g	水用量/mL	洗涤时间/min
洗衣粉				
肥皂				

根据洗涤时间得出结论,看哪种洗涤剂的洗涤效果更佳。

2. 发泡、消泡性能比较

项　　目		肥皂	洗衣粉
透明度比较(填:较透明、不透明或半透明)			
取澄清液振荡后	泡沫初始刻度值/mL		
	泡沫终了刻度值/mL		
	泡沫体积/mL		
	发泡性能比较(填<、=或>)	肥皂____洗衣粉	
加 2mL $CaCl_2$ 后	泡沫初始刻度值/mL		
	泡沫终了刻度值/mL		
	泡沫体积/mL		
	消泡性能比较(填<、=或>)	肥皂____洗衣粉	

六、思考题

① 洗衣粉较易清除衣物的血渍和奶渍，说明该洗衣粉中加入的是什么酶？为什么？

② 为什么洗涤前先将衣物浸于加有适量洗衣粉的温水一段时间，污渍就容易除去？

七、注意事项

① 使用加酶洗衣粉时，必须注意洗涤用水的温度不得超过 60℃，温度过高会使酶失去活性。

② 人体皮肤细胞有蛋白质，使用加酶洗衣粉后如不彻底清洗双手，就会使手的皮肤受到腐蚀，因此应避免与洗衣粉长时间地接触。

实训十二 溶液表面吸附的测定

一、实训目的

① 掌握鼓泡法测定液体表面张力的原理和技术。
② 了解一定温度下浓度对表面张力的影响。
③ 进一步了解气泡压力与毛细管半径及表面张力的关系。

二、实训原理

纯液体表面的分子，由于受内部分子的引力作用而具有表面张力。当加入溶质时溶剂的表面张力可能升高，也可能降低。若升高，则溶质在表面的浓度比内部浓度小。若降低，则溶质在表面的浓度比内部浓度大。这种溶质在表面的浓度与在内部浓度不同的现象，就是溶液的表面吸附。实验表明，在一定的压力下溶质的吸附与溶液的浓度及溶液表面张力之间的关系，可用吉布斯公式表示：

$$\Gamma = -\frac{c}{RT}\left(\frac{\mathrm{d}\sigma}{\mathrm{d}c}\right)_p$$

式中，Γ 为吸附量，$\mathrm{mol \cdot m^{-2}}$；$c$ 为溶液浓度，$\mathrm{mol \cdot m^{-3}}$；$\sigma$ 为溶液的表面张力，$\mathrm{J \cdot m^{-2}}$；R 为摩尔气体常数，$R=8.314\mathrm{J \cdot mol^{-1} \cdot K^{-1}}$；$T$ 为绝对温度，K。

若 $\dfrac{\mathrm{d}\sigma}{\mathrm{d}c}>0$，则 $\Gamma<0$，即随着溶液浓度的增加，溶液表面张力是增加的，这时吸附量为负，称为负吸附。这类物质为非表面活性物质。

若 $\dfrac{\mathrm{d}\sigma}{\mathrm{d}c}<0$，则 $\Gamma>0$，即随着溶液浓度的增加，溶液表面张力是降低的，吸附量为正，称为正吸附。这时溶质的加入使表面张力下降，随溶液浓度的增加，表面张力降低。这类物质称为表面活性物质。本实训研究的正丁醇在水溶液表面上的吸附，属于正吸附的情况。

测定溶液表面张力的方法有许多种，如鼓泡法、圆环法、毛细管升高法等。本实训采用鼓泡法，也可称之为最大气泡法，来测定表面张力，仪器装置如图 4-25 所示。其中 1 是管端为毛细管的玻璃管，与液面相切，毛细管中压力为大气压 p_0。试管 2 内压力也为 p_0。5 为减压瓶，当打开它的活塞时，5 中的水即流出，系统减压。随着系统内部压力减小，逐渐把毛细管内液面压至管口，形成气泡。从浸入液面下的毛细管端鼓出空气泡时，需要高于外部大气压的附加压力以克服气泡的表面张力，此时的气泡的曲率半径最小（即等于毛细管半径），压力差也最大。已知附加压力与表面张力成正比，与气泡的曲率半径成反比。

$$\Delta p = \frac{2\sigma}{r}$$

此压力差可用压力计 3 中最大液柱差来表示

$$\Delta p = \rho g \Delta h$$

式中，ρ 为压力计中液体的密度，g 为重力加速度。所以

$$\rho g \Delta h = \frac{2\sigma}{r}$$

即

$$\sigma = \frac{r}{2}\rho g \Delta h = K \Delta h$$

或

$$K = \frac{\sigma}{\Delta h} \tag{4-15}$$

K 为仪器常数，可用已知表面张力的物质测定。对于同一支毛细管和压力计来讲，K 为定值。若两种不同液体的表面张力分别为 σ_0 和 σ，测得压力计的液柱差为 Δh_0 和 Δh，则

$$\frac{\sigma}{\sigma_0} = \frac{\Delta h}{\Delta h_0} \tag{4-16}$$

如果其中一种液体的表面张力 σ_0 已知，例如水（不同温度下水和空气界面上的表面张力见表4-7），则另一种液体的表面张力 σ 可结合式(4-15)、式(4-16)得出，即

$$\sigma = \frac{\sigma_0}{\Delta h_0} \times \Delta h = K \Delta h$$

表 4-7 水的表面张力

温度/℃	表面张力/($\times 10^{-3}$ N·m^{-1})	温度/℃	表面张力/($\times 10^{-3}$ N·m^{-1})	温度/℃	表面张力/($\times 10^{-3}$ N·m^{-1})
0	75.64	19	72.90	30	71.18
5	74.92	20	72.75	35	70.38
10	74.22	21	72.59	40	69.56
11	74.07	22	72.44	45	68.74
12	72.93	23	72.28	50	67.91
13	73.78	24	72.13	55	67.05
14	73.64	25	71.97	60	66.18
15	73.49	26	71.82	70	64.42
16	73.34	27	71.66	80	62.91
17	73.19	28	71.50	90	60.75
18	73.05	29	71.35	100	58.85

三、实训仪器及药品

1. 实训仪器

表面张力测定仪（见图4-25，自行装配）。

2. 实训药品

蒸馏水，正丁醇溶液（0.01~0.5 mol·L^{-1}，配制方法见表4-8）。

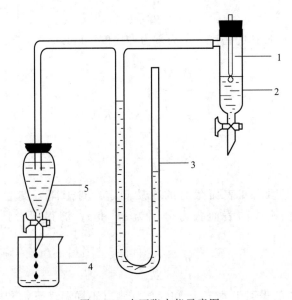

图 4-25 表面张力仪示意图
1—玻璃毛细管；2—滴液试管；3—压力计；4—烧杯；5—减压瓶

表 4-8 正丁醇溶液各浓度配制参考数据（250mL）

浓度/(mol·L^{-1})	正丁醇/mL	加蒸馏水/mL	浓度/(mol·L^{-1})	正丁醇/mL	加蒸馏水/mL
0.01	0.232	249.77	0.3	6.86	243.14
0.05	1.15	248.85	0.4	9.15	240.85
0.1	2.29	247.71	0.5	11.44	238.56
0.2	4.58	245.42			

四、实训步骤

① 仪器的清洗。将表面张力仪中的毛细管 1，试管 2 用洗液浸泡数分钟后，用自来水及蒸馏水冲洗干净，不在玻璃面上留有水珠，使毛细管有很好的润湿性。

② 仪器常数 K 的测定。在减压瓶中装入一定量的自来水，塞紧塞子。在试管 2 中注入少量蒸馏水，装好毛细管 1，并使其尖端刚好与液面接触（多余液体可放掉）。为检查仪器是否漏气，打开减压瓶 5 的活塞滴水减压，在压力计上有一定压力差时关闭活塞，停 1min 左右，若压力计高度差不变，说明仪器不漏气。再打开活塞继续滴水减压，空气泡便从毛细管下端逸出，控制活塞使空气泡逸出速度为每分钟 20 个左右。可以观察到，当空气泡刚破裂时压力计高度差最大。读取压力计的最大示数 Δh，重复 3 次，记录数据并求其平均值记为 Δh_0。由已知实训条件下的温度，查表 4-7 得到蒸馏水的表面张力 σ_0，再结合测得的压力计高度差 Δh 就可以算出 K 值。

③ 正丁醇溶液表面张力的测定。将表面张力仪中的蒸馏水放掉，用少量待测溶液冲洗内部及毛细管 2~3 次，然后倒入要测量的正丁醇溶液。从最低浓度开始，依次测定。其余操作同步骤 2 仪器常数的测定。

正丁醇溶液测试完毕后，洗净滴液试管及毛细管，重测一次蒸馏水的表面张力，目的在于观察测试期间因温度变化而引起的误差情况，作为处理或校正实验结果的依据。

④ 实训结束，整理仪器。

五、实训记录与数据处理

① 仪器常数 K 的测量记录表。

次　　数	Ⅰ	Ⅱ	Ⅲ
压力计的最大示数 Δh/cm			
压力计的平均示数 Δh_0/cm			
室温 t/℃		水的表面张力 σ_0/(N·m^{-1})	
计算过程	$K = \dfrac{\sigma_0}{\Delta h_0} =$		
仪器常数 K/(N·cm^{-2})			

② 正丁醇溶液的表面张力数据记录表。

序号	正丁醇浓度 /(mol·L^{-1})	压力计的最大示数 Δh/cm				表面张力 σ /(N·m^{-1})
		Ⅰ	Ⅱ	Ⅲ	平均	
1	0.01					
2	0.05					
3	0.1					
4	0.2					
5	0.3					
6	0.4					
7	0.5					

计算过程

$\sigma_1 = K\Delta h_1 =$

$\sigma_2 = K\Delta h_2 =$

$\sigma_3 = K\Delta h_3 =$

$\sigma_4 = K\Delta h_4 =$

$\sigma_5 = K\Delta h_5 =$

$\sigma_6 = K\Delta h_6 =$

$\sigma_7 = K\Delta h_7 =$

③ 根据实测数据，以浓度为横坐标，正丁醇的表面张力为纵坐标，绘制表面张力-浓度关系曲线，并分析其规律。

六、思考题

① 为什么不能将毛细管插到液体里去？
② 为什么压力计内装水而不装汞？

七、注意事项

① 实训成败的关键在于毛细管尖端和表面张力仪的洁净，注意洗净。
② 杂质对 σ 影响很大，所以配制溶液最好用双蒸水。

实训十三　临界胶束浓度的测定

一、实训目的

① 了解表面活性剂的临界胶束浓度 CMC 值的含义。
② 测定阴离子型表面活性剂——十二烷基硫酸钠的 CMC 值。
③ 熟悉 DDS-11A 型电导率仪的测量原理和操作方法。

二、实训原理

在表面活性剂溶液中，当溶液浓度增大到一定值时，表面活性离子或分子将会发生缔合，形成胶束。对于某指定的表面活性剂来说，其溶液开始形成胶团的最小浓度称为该表面活性剂溶液的临界胶束浓度，简称 CMC。

表面活性剂溶液的许多物理化学性质随着胶束的形成而发生突变。表面活性剂溶液，其浓度只有在稍高于 CMC 时，才能充分发挥其作用（润湿作用、乳化作用、洗涤作用、发泡作用等），故将 CMC 看作是表面活性剂溶液表面活性的一种量度。因此，测定 CMC 值和掌握影响 CMC 的因素，对于深入研究表面活性剂的物理化学性质是至关重要的。原则上，表面活性剂溶液随浓度变化的物理化学性质皆可用来测定 CMC，常用的方法如下。

① 表面张力法。表面活性剂溶液的表面张力随溶液浓度的增大而降低，在 CMC 处发生转折。因此可由 $\sigma\text{-}\lg c$ 曲线确定 CMC 值，此法对离子型和非离子型表面活性剂都适用。

② 电导法。利用离子型表面活性剂水溶液电导率随浓度的变化关系，作 $\kappa\text{-}c$ 曲线或 $\Lambda_m\text{-}\sqrt{c}$ 曲线，由曲线上的转折点求出 CMC 值。此法仅适用于离子型表面活性剂。

③ 染料法。利用某些染料的生色有机离子（或分子）吸附于胶束上，而使其颜色发生明显变化的现象来确定 CMC 值。只要染料合适，此法非常简便，亦可借助于分光光度计测定溶液的吸收光谱来进行确定。适用于离子型、非离子型表面活性剂。

④ 增溶作用法。利用表面活性剂溶液对物质的增溶能力随其溶液浓度的变化来确定 CMC 值。

本次实训通过电导法测定阴离子型表面活性剂溶液的电导率来确定 CMC 值。

在恒定的温度下，稀的强电解质水溶液的电导率 κ 与其摩尔电导率 Λ_m 的关系为

$$\Lambda_m = \frac{\kappa}{c}$$

式中，Λ_m 为电解质溶液的摩尔电导率，$S \cdot m^2 \cdot mol^{-1}$；$c$ 为电解质溶液的浓度，$mol \cdot m^{-3}$。

电解质溶液的摩尔电导率随其浓度而变。若温度恒定，则在极稀的浓度范围内，强电解质溶液的摩尔电导率 Λ_m 与其溶液浓度的平方根（$\sqrt{c}$）呈线性关系。

$$\Lambda_m = \Lambda_m^\infty - A\sqrt{c}$$

式中，Λ_m^∞ 为无限稀释时溶液的摩尔电导率；A 为常数。

对于胶体电解质，在稀溶液时的电导率、摩尔电导率的变化规律也同强电解质一样，但

是随着溶液中胶束的生成，电导率和摩尔电导率发生明显变化。如图 4-26 和图 4-27 所示，这就是电导法确定 CMC 的依据。

电解质溶液电导率的测量，是通过测量其溶液的电阻而得出的。测量方法可采用交流电桥法，本实训采用 DDS-11A 型电导率仪进行测量。

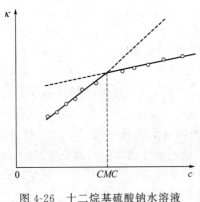

图 4-26　十二烷基硫酸钠水溶液
电导率与浓度的关系

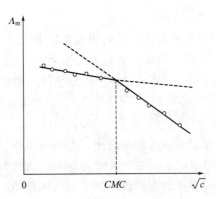

图 4-27　十二烷基硫酸钠水溶液
摩尔电导率与浓度的关系

三、实训仪器及药品

1. 实训仪器

电导率仪（DDS-11A 型，1 台），铂黑电导电极（DJS-1 型，1 支），磁力加热搅拌器（HT-1 型，1 台），烧杯（100mL，2 个），移液管（50mL，2 支），酸式滴定管（1 支）。

2. 实训药品

十二烷基硫酸钠（$C_{12}H_{25}SO_4Na$，$0.020 mol \cdot L^{-1}$，$0.010 mol \cdot L^{-1}$，$0.002 mol \cdot L^{-1}$），蒸馏水。

四、实训步骤

① 调节电导率仪，参照实训——电导率测定。

② 移取 $0.002 mol \cdot L^{-1}$ 十二烷基硫酸钠溶液（$C_{12}H_{25}SO_4Na$）50mL，放入 1 号烧杯中，并将烧杯置于磁力搅拌器上。电极用蒸馏水淋洗，用滤纸小心擦干（注意：千万不可擦掉电极上所镀的铂黑），插入仪器的电极插口内，旋紧插口螺丝，并把电极夹固定好，小心地浸入烧杯的溶液中，打开搅拌器电源，选择适当速度进行搅拌（注意：不可打开加热开关）。使电导率仪处于"测量"状态，待示数稳定后读取电导率值。然后依次向烧杯中滴入 $0.020 mol \cdot L^{-1}$ 十二烷基硫酸钠溶液 1mL，4mL，5mL，5mL，5mL，并测其电导率。记录滴入溶液的体积和测量的电导率值。

③ 另取 $0.010 mol \cdot L^{-1}$ 十二烷基硫酸钠溶液（$C_{12}H_{25}SO_4Na$）50mL，放入 2 号烧杯中，并将烧杯置于磁力搅拌器上。插入电极进行搅拌，待示数稳定后读取电导率值。然后依次向烧杯中滴加 $0.020 mol \cdot L^{-1}$ 十二烷基硫酸钠溶液 8mL，10mL，10mL，15mL，并测其电导率。记录所滴入溶液的体积和测量的电导率值。

④ 实训结束后,关闭电源,取出电极,用蒸馏水淋洗干净,放入指定的容器中。

五、实训记录与数据处理

① 记录数据并计算不同十二烷基硫酸钠水溶液的浓度 c,$\sqrt{c}$ 和摩尔电导率 Λ_m。

项目	1号烧杯					
	Ⅰ	Ⅱ	Ⅲ	Ⅳ	Ⅴ	Ⅵ
每次滴入烧杯中溶液的体积/mL	0	1	4	5	5	5
烧杯中累积的溶液总体积/mL	50	51	55	60	65	70
电导率 $\kappa/(\mu S \cdot cm^{-1})$						
$c/(mol \cdot L^{-1})$						
$\sqrt{c}/(mol^{0.5} \cdot L^{-0.5})$						
计算过程	$\Lambda_{m,Ⅰ}=\dfrac{\kappa_Ⅰ}{c_Ⅰ}=$ $\Lambda_{m,Ⅱ}=\dfrac{\kappa_Ⅱ}{c_Ⅱ}=$ $\Lambda_{m,Ⅲ}=\dfrac{\kappa_Ⅲ}{c_Ⅲ}=$			$\Lambda_{m,Ⅳ}=\dfrac{\kappa_Ⅳ}{c_Ⅳ}=$ $\Lambda_{m,Ⅴ}=\dfrac{\kappa_Ⅴ}{c_Ⅴ}=$ $\Lambda_{m,Ⅵ}=\dfrac{\kappa_Ⅵ}{c_Ⅵ}=$			
$\Lambda_m/(\mu S \cdot cm^2 \cdot mol^{-1})$						

项目	2号烧杯				
	1	2	3	4	5
每次滴入烧杯中溶液的体积/mL	0	8	10	10	15
烧杯中累积的溶液总体积/mL					
电导率 $\kappa/(\mu S \cdot cm^{-1})$					
$c/(mol \cdot L^{-1})$					
$\sqrt{c}/(mol^{0.5} \cdot L^{-0.5})$					
计算过程	$\Lambda_{m,1}=\dfrac{\kappa_1}{c_1}=$ $\Lambda_{m,2}=\dfrac{\kappa_2}{c_2}=$ $\Lambda_{m,3}=\dfrac{\kappa_3}{c_3}=$			$\Lambda_{m,4}=\dfrac{\kappa_4}{c_4}=$ $\Lambda_{m,5}=\dfrac{\kappa_5}{c_5}=$	
$\Lambda_m/(\mu S \cdot cm^2 \cdot mol^{-1})$					

② 根据实训所得数据,作 κ-c 曲线和 Λ_m-$\sqrt{c}$ 曲线,分别在曲线的延长线交点上确定出

CMC 值。

六、思考题

① 表面活性剂临界胶束浓度 CMC 的意义是什么？
② 电导法测定表面活性剂的临界胶束浓度的影响因素有哪些？

七、注意事项

① 电导电极上所镀的铂黑不可擦掉，否则电极常数将发生变化。
② 电极在冲洗后必须擦干，以保证溶液浓度的准确，电极在使用过程中，其极片必须完全浸入所测的溶液中。
③ 每次测量前，必须将仪器进行校正。
④ 测量过程中，搅拌速度不可太快，以免碰坏电极。

实训十四 溶胶和乳状液的制备及性质研究

溶胶和乳状液的
制备及性质研究

一、实训目的

① 用不同方法制备溶胶，观察现象，了解胶体的光学性质和电学性质。

② 验证电解质对溶胶聚沉作用的实验规律。

③ 制备一种乳状液并鉴别其类型。

二、实训原理

胶体溶液或溶胶为多相系统，有很大的相界面，是热力学不稳定系统。为了形成这种系统并能相对稳定存在，在制备过程中除了分散相及分散介质外，还必须有稳定剂存在，这种稳定剂可以是外加的第三种物质，也可以是系统内已有的物质。

溶胶的制备方法，大致分为两种类型，即分散法和凝聚法。凝聚法是把物质的分子或离子凝结成较大的胶粒。凝聚法中的化学反应法是一种较为简便的方法，若化学反应生成难溶化合物，那么在一定条件下，就能将此化合物制成溶胶。一般而言，先令化学反应在稀溶液中进行，其目的是使晶粒的增长速率变慢，此时得到的是细小的粒子，即粒子直径为 1～100nm，使粒子的沉降稳定性得到保证。其次，让一种反应物过量（或反应物本身进行水解的产物），使其在胶粒表面形成双电层，以阻止胶粒的聚集。例如 $FeCl_3$ 在水中即可水解生成红棕色 $Fe(OH)_3$ 溶胶，其反应式为

$$FeCl_3(稀水溶液)+3H_2O \xrightarrow{煮沸} Fe(OH)_3(溶胶)+3HCl$$

胶体系统中分散相颗粒小于或接近于可见光的半波波长，因此当光线照射到胶体分散系统时，就被分散相颗粒所散射。从而表现出丁达尔现象，此现象可用来鉴别胶体。

胶体能够稳定存在的原因是胶体粒子带电和胶粒表面溶剂化层的存在。于溶胶中加入适量的电解质溶液会引起溶胶发生聚沉作用，这是因为电解质的加入使得与分散相粒子所带电荷符号相反的离子（即反离子）进入了吸附层，从而抵消了胶粒的电荷，胶体的稳定性减小，致使溶胶产生聚沉。通常用聚沉值表示聚沉能力。在一定的条件下，能使某溶胶发生聚沉作用所需电解质的最低浓度，称为该电解质对该溶胶的聚沉值，单位为 $mmol·L^{-1}$。电解质中起聚沉作用的主要是与胶粒所带电荷相反的离子，且随着离子浓度的增加聚沉作用增强。一般情况，就聚沉能力（即聚沉值的倒数）而言，二价离子超过一价离子数十倍，而三价离子往往是一价离子的数百倍，即三价＞二价＞一价。无机盐是常用的聚沉剂。

制成的胶体中常含有其他杂质，会影响胶体的稳定性，所以必须净化。溶胶的净化是根据半透膜允许离子或分子透过而不允许胶粒透过的特性来进行渗析的。实训中可用火棉胶来制备半透膜。

乳状液液滴的大小通常在 1～50μm，因此可以在简单的显微镜下看到。乳状液的制备一般采用分散法，且必须加入第三种物质——乳化剂，使用不同的乳化剂，在适当的条件下可形成不同类型的乳状液。

鉴别乳状液类型的方法通常有三种，即电导法、稀释法及染色法。电导法是利用水和油的导电能力不同，水可以导电，油可以认为不导电，根据乳状液电导率的数量级即可判别其类型；稀释法是把两滴乳状液置于载玻片上，分别滴加水和油，若能与水混溶则为 O/W 型，如果与油混溶则为 W/O 型；染色法是利用有机染料溶于油不溶水的特性，取一滴乳状液置于载玻片上，加入少许只溶于油的染料（如苏丹Ⅲ），混匀后在显微镜下观察，若在无色连续相中分布着红色的小油滴则为 O/W 型，而当无色液滴分散在红色连相内则为 W/O 型。当然也可以选用只溶于水的染料，情况正好相反。

在一定条件下可以把 O/W 型乳状液和 W/O 型乳状液相互转换，也就是在乳状液中进行转相。发生这种情况的原因之一可以是改变稳定剂的特性。例如通过化学方法把碱金属皂转化为碱土金属皂，即可使 O/W 型乳状液转化为 W/O 型乳状液。

三、实训仪器及药品

1. 实训仪器

烧杯（100mL，8个），玻璃棒（1支），酒精灯（1个），石棉网（1个），锥形瓶（125mL，1个），试管（20mL，5支），暗箱（1个），具塞量筒（50mL，2个），载玻片（2个），电导率仪（DDS-11A型，1台）。

2. 实训药品

$FeCl_3$ 溶液（20%），$NH_3·H_2O$（10%），KI 溶液（$1.0mol·L^{-1}$），$AgNO_3$ 溶液（$0.1mol·L^{-1}$），HCl（$0.2mol·L^{-1}$），水玻璃（偏硅酸钠水溶液，20%～25%），KCl 溶液（$2.5mol·L^{-1}$），K_2CrO_4 溶液（$0.25mol·L^{-1}$），$K_3[Fe(CN)_6]$ 溶液（$0.025mol·L^{-1}$），水，煤油（或菜籽油），油酸钠溶液（1%），$MgCl_2$ 饱和溶液。

四、实训步骤

1. 溶胶的制备

（1）氢氧化铁溶胶的制备　取 5mL 20% $FeCl_3$ 溶液放在小烧杯中，加水稀释至 50mL，用滴管滴入 10%氨水至沉淀不再增加为止，沉淀过滤，用水洗涤数次，取下沉淀放在另一小烧杯中，加水 50mL，再加入 20% $FeCl_3$ 溶液 2～3mL，用玻璃棒搅动，并小火加热，最后可得到透明的 $Fe(OH)_3$ 溶胶。

（2）碘化银溶胶的制备　取一个 125mL 的锥形瓶，注入 $1.0mol·L^{-1}$ 碘化钾溶液 20mL，用滴管逐滴加入 $0.1mol·L^{-1}$ 的硝酸银溶液，边滴入边振荡，直到溶液刚发现乳黄色为止，即制得黄色 AgI 溶胶。

（3）硅酸溶胶的制备　硅酸溶胶又称硅溶胶，分子式为 $mSiO_2·nH_2O$，是硅酸的多分子聚合物的溶胶，呈无色半透明或乳白色黏液形式。制备时，在一洁净试管里注入约 10mL $0.2mol·L^{-1}$ 盐酸，并滴加 20%～25%浓度的水玻璃（硅酸钠水溶液）约 1mL，随加随振荡，即得硅酸溶胶。

2. 丁达尔效应

用 50mL 烧杯盛蒸馏水 20mL，在暗箱中看是否形成光路。另取 50mL 烧杯，内盛 20% $FeCl_3$ 溶液 10mL，在暗箱中看是否形成光路。再取步骤 1 制得的氢氧化铁溶胶、碘化银溶胶和硅酸溶胶依次放在暗箱中看是否形成光路。总结结论，填入表中。

3. 聚沉作用

取 5 支试管加以标号，在第一支试管中加入 10mL 2.5mol·L^{-1} KCl 溶液，其余 4 支各加 9mL 蒸馏水。由第一支试管中移取 1mL 溶液到第二支试管，混匀后，由第二支试管移取 1mL 溶液到第三支试管，依此类推，直到最后一支试管中移取 1mL 液体弃去。用移液管吸取 Fe(OH)$_3$ 溶胶，顺次加入每一试管中 1mL，记下时间并将试管中液体摇匀。这样在 5 支试管中 KCl 浓度顺次相差 10 倍。15min 后进行比较，测出使溶胶聚沉的电解质最低浓度。

同法进行 0.25mol·L^{-1} K$_2$CrO$_4$ 溶液和 0.025mol·L^{-1} K$_3$[Fe(CN)$_6$] 溶液的试验，求出不同价态离子聚沉值之比。

4. 制备乳状液并鉴别其类型

首先取 20mL 水与 10mL 煤油（或菜籽油）于具塞量筒中，剧烈振荡，观察现象。再取 20mL 1%的油酸钠溶液于具塞量筒中，加入 10mL 煤油，盖以瓶塞并剧烈振荡，观察乳状液的形成。最后取 5mL 乳状液于小烧杯中，然后加入数滴氯化镁溶液，用玻璃棒充分搅拌，再测其电导率，若外相是水应有一定的电导，否则电导值很小。

5. 实训结束，整理和清洗仪器。

五、实训记录与数据处理

1. 溶胶制备和丁达尔效应记录表

物　质	物　性		丁达尔效应	
	物质颜色	物质状态（透明度、黏稠度等）	有/无丁达尔现象	光柱颜色
蒸馏水				
FeCl$_3$ 溶液				
Fe(OH)$_3$ 溶胶				
AgI 溶胶				
硅酸溶胶				

2. 聚沉作用分析

求 KCl 溶液、K$_2$CrO$_4$ 溶液、K$_3$[Fe(CN)$_6$] 溶液对 Fe(OH)$_3$ 溶胶的聚沉值，并比较其聚沉能力（聚沉值的倒数）的相对大小。

聚沉剂	KCl 溶液		K$_2$CrO$_4$ 溶液		K$_3$[Fe(CN)$_6$] 溶液	
产生丁铎尔现象的聚沉剂浓度/(mol·L^{-1})（在对应浓度后划"√"）	1	2.5	1	0.25	1	0.025
	2	0.25	2	0.025	2	0.0025
	3	0.025	3	0.0025	3	0.00025
	4	0.0025	4	0.00025	4	0.000025
	5	0.00025	5	0.000025	5	0.0000025
聚沉值 c/(mol·L^{-1})						

续表

聚沉剂	KCl 溶液	K_2CrO_4 溶液	$K_3[Fe(CN)_6]$ 溶液
聚沉能力 $CA/(L \cdot mol^{-1})$			
聚沉能力比较(>)			
计算过程	$CA(KCl) = \dfrac{1}{c(KCl)} =$ $CA(K_2CrO_4) = \dfrac{1}{c(K_2CrO_4)} =$ $CA(K_3[Fe(CN)_6]) = \dfrac{1}{c(K_3[Fe(CN)_6])} =$		

3. 记录制得的乳状液的性质并鉴别其类型

物性判断 \ 乳状液	（水＋煤油）	（油酸钠＋煤油）
颜色		
分层情况（分层、不分层）		
透明度（透明、半透明、不透明）		
是否乳状液（是、否）		
电导率 $\kappa/(\mu S \cdot cm^{-1})$		
乳状液类型（O/W 型、W/O 型）		

六、思考题

① 从理论上讲，胶体是热力学不稳定系统，胶粒有相互聚集成大颗粒而沉降析出的趋势。然而，为什么胶体还能稳定存在？

② 举例说明乳状液与悬浮液有什么不同。

七、注意事项

① 玻璃仪器必须洗干净。

② 制备 AgI 溶胶时，滴定管读数一定要准，锥形瓶需事先洗净烘干。

项目设计四

一、问题的提出

1. 五种相界面

五种相界面如图 4-28 所示。

项目四 界面现象及分散性质

(a) 气液界面

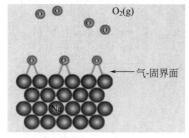

(b) 气固液面

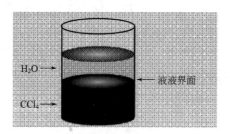

(c) 液液界面

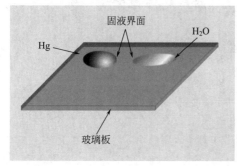

(d) 固液界面

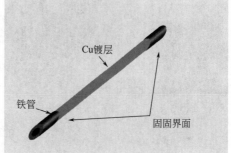

(e) 固固界面

图 4-28 五种相界面示意图

2. 液体及其蒸气组成的表面

液体及其蒸气组成的表面如图 4-29 所示。

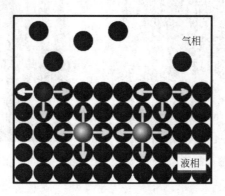

图 4-29 液体蒸发表面

3. 表面活性剂的作用

表面活性剂的作用以图 4-30 为例。

171

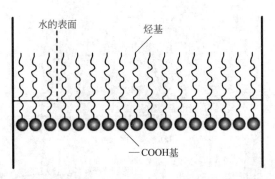

图 4-30　脂肪酸分子在水溶液表面上的定向排列

4. 自然界的分散系统

自然界的分散系统如图 4-31 所示。

(a) 酚酞溶液　　　(b) 果冻　　　(c) 天然乳胶　　　(d) 粉尘

图 4-31　自然界分散系统

5. 溶液和溶胶的区别——丁达尔效应

溶胶的丁达尔现象如图 4-32、图 4-33 所示。

图 4-32　实验室液溶胶的丁达尔现象

图 4-33　自然界气溶胶的丁达尔现象

6. 乳状液的形态

（1）牛奶——水包油（图 4-34）

（2）天然奶油——油包水（图 4-35）

图 4-34　水包油型乳状液

图 4-35　油包水型乳状液

二、问题的解决

1. 五种界面

自然界中的物质一般以气、液、固三种聚集状态存在。三种相态相互接触可以产生六种相变化和五种相界面（气-液、气-固、液-液、液-固、固-固界面）。

2. 液体及其蒸气组成的表面

在两相界面（特别是气-液界面）上，处处存在着一种张力，它可引起液体表面的收缩。

3. 表面活性剂的作用

脂肪酸分子合理的排列是羧基向水，碳氢链向空气，从而降低表面张力，提高表面活性。

4. 自然界的分散系统

按分散相粒子的大小，分散系统分为真溶液、胶体分散系统和粗分散系统。其中酚酞溶液属于真溶液，果冻属于胶体分散系统，天然乳胶和粉尘属于粗分散系统。

5. 溶液和溶胶的区别

当光束通过溶液时，由于溶液十分均匀，散射光因相互干涉而完全抵消，看不见散射光。当光束通过溶胶时，由于胶粒直径小于可见光波长，主要发生散射，可以看见明亮的光柱。

6. 乳状液的形态

乳状液一般可分为两大类：水包油型、油包水型。

三、必备理论知识

① 界面和表面；
② 表面张力的方向和作用原理；
③ 毛细管现象和弯曲液面附加压力；
④ 表面活性剂的结构特征和应用；
⑤ 溶胶的性质：丁达尔效应、布朗运动、电泳现象、电渗、聚沉；
⑥ 乳状液分类：水包油型（用符号 O/W 表示），油包水型（用符号 W/O 表示）。

项目扩展四

胶体科学的形成，可以追溯到史前的陶器制造，两千多年前的造纸技术以及豆腐、乳酪、馒头、墨汁、颜料等生活文化用品的制作。胶体系统的研究则起始于19世纪中叶。在19世纪60年代以前，人们已陆续观察到了一些胶体的特性。例如，19世纪初就有人注意到悬浮在水中的黏土微粒带负电，观察到胶体颗粒的电泳现象；1827年英国植物学家布朗在显微镜下观察到悬浮于水中的藤黄粒子在不停顿地运动（布朗运动）；1845～1850年，意大利化学家塞尔米总结出了一些无机溶胶的生成条件和盐类对它们的凝聚作用；1857年法拉第观察到了胶体溶液对光的折射作用。

我国的胶体化学先驱傅鹰先生是杰出的物理化学家，在表面化学的吸附理论方面进行了深入、系统、独具特色的研究工作，受到国际学术界的赞誉。他是"美国两次都留不住的科学家"。傅鹰先生出生于国家内外交困的动乱年代，从小就深深感受到了国家被列强欺凌和当时政府的无能，因此立志要通过自己的努力实现国家富强、百姓安居乐业的强国梦。1922年公费去美国留学，并获得博士学位。尽管美国给出了优厚的待遇，但他一心牵挂着苦难的祖国和人民，经历了重重困难险阻，最终终于回到祖国温暖的怀抱。

作为中国胶体科学的主要奠基人，傅鹰先生在胶体与表面化学的研究方面做出了杰出的贡献，他研究了中国蒙脱土的吸附和润湿、石油钻井泥浆流变性、离子交换理论和应用、矿物浮选等国家建设急需的应用课题，解决了生产中的许多实际问题；首次提出了利用润湿热测定固体粉末比表面的公式和方法，早于BET吸附法八年；在北京大学创建了我国第一个胶体化学教研室，这极大地推动了我国胶体与表面化学领域研究的发展。傅鹰先生的高尚品德和爱国精神感染着每一代中国青年人。

趣味实验四

一、点水成冰

在250mL烧杯中放入醋酸钠晶体（$NaAc·3H_2O$）60g并注入蒸馏水40mL，然后在水浴上加热至晶体全部溶解，继续数分钟，取出盛有溶液的烧杯，静置冷却到室温。

用玻璃棒伸入溶液内轻轻摩擦一下杯壁或搅动一下溶液或向溶液内投入一粒醋酸钠晶体作为"晶种"，顿时溶液内会析出针状结晶，并迅速遍及整个烧杯底部，好像结成了"冰块"。注意：①溶液在冷却过程中，切勿受振动或粘上灰尘；②实验完毕，醋酸钠应回收。

这是过饱和溶液不稳定性的实验。醋酸钠的热饱和溶液在不受扰动下冷却，结晶作用往往不会发生。这种溶液称为过饱和溶液，是一种亚稳系统（不稳定系统，但尚能存在）。当搅动此溶液或加入溶质的"晶种"，即能析出过量溶质的结晶。如用硝酸钠、硫酸钠晶体（$NaSO_4·10H_2O$）可进行同样的实验。直接用硫代硫酸钠（俗称海波，$Na_2S_2O_3·5H_2O$）小心加热，利用其结晶水溶解制成过饱和溶液，实验现象更明显。

二、浊水变清

在一个茶杯中放入一些泥土和水，充分搅拌后使其静止。待大颗粒沉淀后，把上层混浊的水倒入另一个茶杯中。然后把明矾 [$KAl(SO_4)_2 \cdot 12H_2O$] 研成粉末放到杯子里搅拌几下，过一会儿，原来浑浊的水就变得清澈透明了。

原来水中的那些小泥土微粒（称"胶体"粒子）都带有负电荷，当它们彼此靠近时，由于静电斥力，总是使它们分开，没有机会结合成较大的颗粒沉淀下来，所以就会在很长时间内在水中悬浮，甚至几天也不能沉下来。当加入明矾后，明矾在水中发生化学反应，生成了一种白色的絮状沉淀物——氢氧化铝。氢氧化铝是带有正电荷的胶体粒子。当它与带负电荷的泥沙相遇时，正、负电荷就彼此中和。这样，不带电荷的颗粒就容易聚结在一起了，而且聚结后颗粒越来越大，终于会克服水的浮力而沉入水底，水也就变得十分清澈了。

从这个道理中，就能解释河流入海处三角洲的成因了。河水里带有大量的泥沙，当它流入海口的时候，流速减慢了，大颗的泥沙就自动地沉下来，那些小颗粒的泥沙在海水中的食盐、硫酸镁等带正电荷的物质（电解质）的作用下，电荷抵消，变成不带电的颗粒而沉淀下去，天长日久，就变成了三角洲。

明矾和硫酸铝不仅有净化作用，它们也是工业上最重要的铝盐。比如，在造纸工业上可用做胶料，在印染工业上可用做媒染剂，也可用来配制灭火器溶液。

三、不会流动的酒精

酒精是一种液体，它会流动，这是不容怀疑的。然而在一定条件下，酒精也可以是不流动的。例如以下情况。

① 在一只烧杯中加入 90mL 无水乙醇（如果找不到无水乙醇，可以用氧化钙固体将普通的乙醇脱水干燥，然后滤掉氧化钙，即可使用），然后将 10mL 饱和醋酸钙溶液加到无水乙醇中（注意：不可搅拌），则乙醇立刻冻。

这时将烧杯倒置过来，让杯口朝下，乙醇也不会从烧杯中流出。可以用小刀沿着烧杯的内壁将胶冻挖出，把它放在铁片上，用火点燃，它能像普通的液体酒精一样地燃烧。

② 把 5g 无水氯化钙固体溶解在 20mL 无水乙醇中，然后把这一溶液加到盛有 8mL40% 氢氧化钠溶液的烧杯中（不要搅拌），也能得到一种白色的软块。用小刀刮出，放在铁片上，也能燃烧。

一般人把这种胶状的酒精称为固体酒精。因为普通的酒精都是液体，要用玻璃瓶包装，如果是在野外工作，携带和运输均感到不便。于是人们就想出了加醋酸钙的办法，做成了固体酒精，专为野外使用。

固体酒精不是像氯化钠那样的晶体，也不是像玻璃那样的透明的无定形物质。实际上，固体酒精是一种胶体，它不是像氢氧化铁溶胶那样的胶体溶液，而是一种凝胶，和肉冻一样比较柔软而富有弹性，但不会流动。当把无水乙醇和饱和醋酸钙溶液混合以后，因为乙醇分子与水分子有强大的亲和力，所以乙醇就把饱和醋酸钙溶液中的水分子夺走，形成了水合酒精。饱和醋酸钙溶液则因失去了水，变成了一种特殊的胶体——凝胶（要知道，脱水也是制备胶体的一种方法）。醋酸钙溶液就从液相变成了固相，这种固相是一种具有立体网状结构的多孔物质，里面有许多孔隙，水合酒精钻到这些孔隙中，就再也流不出来了。

从固体酒精成因来看，形成的应该是一种醋酸钙凝胶，绝不是酒精凝胶。其实，早在中学化学课本"胶体"一节中，就讲到了往偏硅酸钠溶液里加入盐酸可以生成硅酸凝胶，它和固体酒精是同一类物质。有兴趣的同学可以亲自动手试一试。

四、自制肥皂

肥皂几乎是人们每天都要用的东西，不论是普通洗衣皂、香皂，还是药皂，它们的主要成分都是硬脂酸钠，其分子式是 $C_{17}H_{35}COONa$。如果在里面加进香料和染料，就做成了既有颜色，又有香味的香皂；如果往里面加点药物（如硼酸或石炭酸），它就变成药皂了。

制造肥皂的原料是再普通不过了，只要有烧碱、油脂和食盐就行了。烧碱就是氢氧化钠，油脂可以用动物的脂肪（如猪油），也可以用植物油。用植物油做的肥皂质量比用动物脂肪做得更好一些。下面介绍用猪油和烧碱自制肥皂的方法。

把 20g 猪油、7g 氢氧化钠和 50mL 水放在烧杯中，用酒精灯加热。一边加热，一边不时地搅拌，使猪油和氢氧化钠充分反应。由于反应比较慢，所以这一段反应时间比较长。在反应过程中，应该加几次水，以补足因蒸发而损失掉的水分。当看到反应混合物的表面已经不再漂浮一层熔化状态的油脂（即没有作用完的猪油）时说明猪油和氢氧化钠已经基本上反应完全，就可以停止加热。然后趁热往烧杯中加入 50mL 热的饱和食盐溶液，充分搅拌后，放置冷却，使硬脂酸钠从混合物中析出。最后，将漂浮在溶液上层的硬脂酸钠固体取出，用水将吸附在固体表面的溶液（其中溶解了甘油、食盐和未作用完全的氢氧化钠）冲洗干净，将其干燥成型后，就做成了一块肥皂。

做好这一实验的关键有三点。

① 猪油和氢氧化钠反应的时间一定要足够，千万不可性急，需到混合物的表面看不见漂浮的油脂时才能停止加热。如果反应不完全，会使肥皂中含有多余的油脂和氢氧化钠，这样肥皂的去污能力就要降低，并带有较大的碱性。

② 反应过程中，不要忘了补足水。混合物中应始终保持 50mL 左右的水。

③ 反应完了以后，混合物的体积仍应保持与反应前相近。硬脂酸钠析出后，混合物中还有一定的水量，使甘油、氯化钠和未作用完的氢氧化钠都留在水中。如果水太少了，这三种物质会混杂到肥皂中，影响它的质量。

小 结 四

一、本项目主要概念

① 界面即两相的接触面，它是存在于两相之间的厚度约为几个分子大小的一薄层。

② 一般常把与气体接触的界面称为表面，如气-液界面常称为液体表面，气-固界面常称为固体表面。

③ 与存在界面有关的各种物理现象和化学现象总称为界面现象。

④ 分散度即把物质分散成细小微粒的程度。其定义为：单位质量的物质所具有的表面积，符号为 a_m，单位为 $m^2 \cdot kg^{-1}$；比表面还可以用单位体积物质的表面积表示，符号为 a_V，单位为 $m^2 \cdot m^{-3}$。

⑤ 表面张力定义为垂直作用于表面单位长度上的紧缩力，用符号 σ 表示，单位为 $N \cdot m^{-1}$ 或 $J \cdot m^{-2}$。

⑥ 润湿是指固体表面上的气体（或液体）被液体（或另一种液体）取代的现象，分为黏附润湿、浸渍润湿和铺展润湿。

⑦ 气-液界面与液-固界面之间的夹角称为润湿角（也叫接触角），用 θ 表示。它是从液-固界面出发，经过液体，到达气-液界面切线所走过的角度。

⑧ 将毛细管插入液面后，发生的液面沿毛细管上升（或下降）的现象，称为毛细管现象。

⑨ 由于表面张力的作用，与平面不同，在弯曲液面的两侧存在一压力差，称为弯曲液面的附加压力，用符号 Δp 表示。

⑩ 恒温下将不饱和的蒸气加压，若压力超过该温度下液体的饱和蒸气压时仍不出现液体，则这种按照相平衡的条件，应当凝结而未凝结的蒸气，就称为过饱和蒸气。

⑪ 在恒定外压下加热的液体，当温度超过该压力下液体的沸点时，按照相平衡条件，应当沸腾而未沸腾的液体，就称为过热液体。

⑫ 在恒定的外压下冷却液体，若液体温度低于该压力下的凝固点仍不发生凝结，这种按照相平衡的条件，应当凝固而未凝固的液体，称为过冷液体。

⑬ 在一定温度、压力下，当溶液的浓度已超过该温度、压力下的溶质的溶解度时，溶质应当结晶析出而仍未析出的溶液就称为过饱和溶液。

⑭ 溶质在界面层中比体相中相对浓集或贫乏的现象称为溶液界面上的吸附。若溶质界面层的浓度大于体相中的浓度（即浓集），称为正吸附；若溶质界面层的浓度小于体相中的浓度（即贫乏），称为负吸附。

⑮ 能显著降低液体表面张力的物质称为该液体的表面活性剂。

⑯ 表面活性剂分子开始形成缔合胶束的最低浓度叫做临界胶束浓度，用 CMC 表示。

⑰ 为使表面能降低，固体表面自发地捕获气体（或液体）分子，使之在固体表面上浓集的现象称为固体对气体（或液体）的吸附。起吸附作用的固体物质称为吸附剂，被吸附的物质称为吸附质。

⑱ 吸附质从吸附剂表面脱离的现象称为脱附，脱附是吸附的逆过程。

⑲ 覆盖率定义为任一瞬间固体表面被覆盖的分数，符号为 θ。

⑳ 气态或液态反应物与固态催化剂在两相界面上进行的催化反应，称为多相催化反应。

㉑ 把一种或几种物质分散在另一种物质中所构成的系统称为分散系统，被分散的物质称为分散相（也叫分散质），而起分散作用的物质称为分散介质。

㉒ 分散相的质点大小在 $1\sim1000\text{nm}$（$10^{-9}\sim10^{-6}\text{m}$）的分散系统称之为胶体分散系统。

㉓ 溶胶也叫憎液胶体，一般是许许多多原子或分子聚集成的粒子大小的三维空间尺寸均在 $1\sim1000\text{nm}$，分散于另一相分散介质之中，且粒子与分散介质间存在相界面的分散系统。

㉔ 溶胶中由分子、原子或离子形成的固态微粒，称为胶核。滑动面所包围的带电体，称为胶体粒子。整个扩散层及其所包围的胶体粒子，则构成电中性的胶团。

㉕ 若令一束会聚的光通过溶胶，则从侧面（即与光束前进方向垂直的方向）可以看到在溶胶中有一个发光的圆锥体，这就是丁达尔效应。

㉖ 悬浮于水中的花粉粒子处于不停息的、无规则的运动状态。凡是线度小于 $4\mu\text{m}$ 的粒子，在分散介质中皆呈现这种运动。由于这种现象是布朗首先发现的，故称为布朗运动。

㉗ 在外电场的作用下，胶体粒子在分散介质中定向移动的现象，称为电泳。

㉘ 在外加电场作用下，分散介质由过剩的反离子所携带，通过多孔膜或极细的毛细管移动的现象称为电渗，此时带电的固相不动。

㉙ 溶胶中的分散相微粒互相聚结，颗粒变大，进而发生沉淀的现象，称为聚沉。

㉚ 缔合胶束溶液有时也称为胶体电解质，通常是由结构中含有非极性基团的碳氢化合物部分和较小极性基团（通常能解离）的电解质分子的表面活性剂（如离子型表面活性剂）缔合形成的胶束。

㉛ 高分子溶液也称为亲液胶体，是一维空间尺寸（线尺寸）达到 $1\sim1000nm$ 的大分子（如蛋白质分子、高聚物分子等）溶于分散介质之中形成的高度分散的、均相的热力学稳定系统。

㉜ 加入大量的电解质，才能使高分子溶液发生聚沉现象，称之为盐析作用。

㉝ 高分子溶液在适当条件下，可以失去流动性，整个系统变为弹性半固体状态。这种系统叫做凝胶；液体含量较多的凝胶也叫做胶冻。

㉞ 高分子溶液（或溶胶）在一定的外界条件下可以转变为凝胶，称之为胶凝作用。

㉟ 干燥的弹性凝胶吸收分散介质而体积增大的现象称为溶胀。

㊱ 分散相的质点大小超过 $1\mu m$（$10^{-6}m$）的分散系统称为粗分散系统。粗分散系统包括悬浮液、乳状液、泡沫及粉尘等。

㊲ 一种或几种液体以液珠形式分散在另一种与其不互溶（或部分互溶）的液体中所形成的分散系统称之为乳状液。

㊳ 气体分散在液体或固体中所形成的分散系统称为泡沫。

㊴ 不溶性固体粒子分散在液体中所形成的分散系统称为悬浮液。

㊵ 当固体粒子的三维线度均在 $10^{-6}m$ 以上，分散在气体中所形成的系统称为悬浮体。

㊶ 纳米粒子通常是指尺寸在 $1\sim100nm$ 的粒子。

㊷ 纳米材料是指在三维空间中至少有一维处于纳米尺度范围（$1\sim100nm$）或由它们作为基本单元构成的材料，即纳米材料是物质以纳米结构按一定方式组装成的系统。

二、本项目主要公式及适用条件

1. 质量表面

$$a_m \stackrel{\text{def}}{=\!=} \frac{A_s}{m} \tag{4-1}$$

2. 体积表面

$$a_V \stackrel{\text{def}}{=\!=} \frac{A_s}{V} \tag{4-2}$$

3. 接触角的计算

$$\cos\theta = \frac{\sigma_{g\text{-}s} - \sigma_{l\text{-}s}}{\sigma_{g\text{-}l}} \tag{4-4}$$

4. 杨-拉普拉斯方程

$$\Delta p = \frac{2\sigma}{r} \tag{4-6}$$

5. 毛细管中上升的高度

$$h = \frac{2\sigma\cos\theta}{\rho g R} \tag{4-7}$$

6. 吸附量

$$\Gamma \stackrel{\text{def}}{=} \frac{V}{m} \tag{4-8}$$

7. 朗格缪尔单分子层吸附等温式

$$\theta = \frac{bp}{1+bp} \tag{4-11}$$

$$\frac{p}{\Gamma} = \frac{1}{\Gamma_\infty b} + \frac{p}{\Gamma_\infty} \tag{4-12}$$

8. 数均摩尔质量

$$<M_N> \stackrel{\text{def}}{=} \frac{\sum N_B M_B}{\sum N_B} \quad (N_B \text{ 为分子数}) \tag{4-13}$$

9. 质均摩尔质量

$$<M_m> \stackrel{\text{def}}{=} \frac{\sum m_B M_B}{\sum m_B} \quad (m_B \text{ 为分子质量}) \tag{4-14}$$

习 题 四

一、选择

1. 温度与表面张力的关系是（　　）。
   A) 温度升高表面张力降低　　　　　　B) 温度升高表面张力增大
   C) 温度对表面张力无影响　　　　　　D) 无法确定

2. 弯曲液面附加压力产生的原因是（　　）。
   A) 由于存在表面　　　　　　　　　　B) 由于在表面上存在表面张力
   C) 由于表面张力的存在，使得弯曲液面两边压力不同　　D) 难于确定

3. 接触角是指（　　）。
   A) g-l 界面经过液体至 l-s 界面间的夹角　　B) g-l 界面经过气体至 g-s 界面间的夹角
   C) g-s 界面经过固体至 l-s 界面间的夹角　　D) g-l 界面经过气体和固体至 l-s 界面间的夹角

4. 在恒定温度、压力下，于纯水中加入少量表面活性剂，此时溶液的表面张力（　　）纯水的表面张力。
   A) 大于　　　　B) 等于　　　　C) 小于　　　　D) 不能确定

5. 溶胶的粒子尺寸为（　　）。
   A) 大于 1μm　　B) 小于 1nm　　C) 1～100nm　　D) 1～1000nm

6. 下面属于水包油型乳状液（O/W 型）基本性质的是（　　）。
   A) 易于分散在油中　　B) 有导电性　　C) 无导电性　　D) 可用肉眼观察到布朗运动

7. 下列属于溶胶光学性质的是（　　）。
   A) 布朗运动　　B) 丁达尔效应　　C) 电泳　　D) 聚沉

二、填空

1. 物理吸附的吸附力是_____，吸附分子层是_____。

2. 由于新相难以形成而出现的四种常见的亚稳状态是 _____、_____、_____、_____。

3. 分散在大气中的小液滴和小气泡，或者毛细管中的凸液面和凹液面，所产生的附加压力的方向均指向 _____。

4. 固体对气体的吸附有物理吸附和化学吸附之分，原因是 _____。

5. 胶体分散系统的粒子大小在 _____，胶体分散系统可分为三类，分别是：_____、_____、_____。

6. 乳状液的类型可分为 _____ 和 _____，其符号分别为 _____ 和 _____。

7. 可作为乳状液的稳定剂的物质有 _____、_____ 和 _____。

三、判断

1. 液体的表面张力总是力图缩小液体的表面积。（ ）
2. 液体表面张力的方向总是与液面垂直。（ ）
3. 液体表面张力总是随浓度的增大而减小。（ ）
4. 通常物理吸附的速率较小，而化学吸附的速率较大。（ ）
5. 朗格缪尔等温吸附理论只适用于单分子层吸附。（ ）
6. 溶胶是均相系统，在热力学上是稳定的。（ ）
7. 同号离子对溶胶的聚沉起主要作用。（ ）
8. 乳状液必须有乳化剂存在才能稳定。（ ）

四、计算

1. 用活性炭吸附 $CHCl_3$，0℃时最大吸附量（盖满一层）为 93.8 $dm^3 \cdot kg^{-1}$。已知该温度下 $CHCl_3$ 的分压为 1.34×10^4 Pa 时的平衡吸附量为 82.5 $dm^3 \cdot kg^{-1}$，试计算：(1) 朗格缪尔单分子层吸附等温式中的常数 b；(2) 0℃下，$CHCl_3$ 的分压为 6.67×10^3 Pa 时的平衡吸附量。

2. 473.15K 时，测定氧在某催化剂表面上的吸附作用，当平衡压力分别为 101.325kPa 及 1013.25kPa 时，每千克催化剂的表面吸附氧的体积分别为 $2.5 \times 10^{-3} m^3$ 及 $4.2 \times 10^{-3} m^3$（为换算成标准状况下的体积）。假设该吸附作用服从朗格缪尔公式，试计算当氧的吸附量为饱和吸附量的一半时，氧的平衡压力为若干？

项目五

电化学系统和电解质溶液

教学目标：
① 理解电解质溶液实质，掌握法拉第定律；
② 理解离子迁移数、离子电迁移率的定义，掌握离子迁移数的测定方法；
③ 掌握电导、电导率、摩尔电导率的定义及应用；
④ 理解原电池与电解池的原理及其异同点。

技能目标：
① 会区分原电池与电解池；
② 会计算解离度、解离常数、电导率和摩尔电导率；
③ 会判断原电池与电解池，能写出电极反应。

工业生产推动着电化学的发展，电化学工业在今天已成为国民经济中的重要组成部分。许多有色金属以及稀有金属的冶炼和精炼都采用电解的方法。利用电解的方法可以制备许多基本的化工产品，如氢氧化钠、氯气、氯酸钾、过氧化氢以及一些有机化合物等。在化工生产中也广泛采用电催化和电合成反应。材料科学在当今新技术开发中占有极其重要的位置，用电化学方法可以生产各种金属复合结构材料或表层具有特殊功能的材料。

电镀工业、机械工业和电子工业与人们日常生活都有着密切的关系，绝大部分机械的零部件、电子工业中的各种器件都要镀上很薄的金属镀层，从而起到装饰、防腐、增强抗磨能力和便于焊接等作用。此外，工业上发展很快的电解加工、电铸、电抛光、电着色、电泳喷漆法以及铝的氧化保护等也都是采用电化学方法。

电化学是研究化学能和电能之间相互转化规律的科学。能量的转变需要一定的条件（即要提供一定的装置和介质）。电池则由至少两个电极-溶液界面组合而成。下面先介绍一些术语。

(1) 电极反应　在电极-溶液界面上产生的伴有电子得失的氧化反应或还原反应。

(2) 电池反应　电池中各个电极反应、其他界面上的变化以及离子迁移所引起的变化的总和。它是在电池中进行的氧化还原反应。

(3) 电化学反应　电极反应和电池反应的总称。

(4) 阴极　电流（正电荷的流动）由溶液进入电极，发生得到电子的还原反应。

(5) 阳极　电流由电极进入溶液，发生失去电子的氧化反应。

(6) 正极　电势较高的电极。

(7) 负极　电势较低的电极。

理论基础一 电解质溶液及其导电性质

一、电解质溶液

电解质溶液的导电机理与金属的导电机理不同。金属是依靠自由电子的定向运动而导电，因而称为电子导体，除金属外，石墨和某些金属氧化物也属于电子导体，这类导体的特点是当电流通过时，导体本身不发生任何化学变化。电解质溶液的导电则依靠离子的定向运动，故称为离子导体。这类导体在导电的同时必然伴随着电极与溶液界面上发生的得失电子的反应。一般而言，阴离子在阳极上失去电子发生氧化反应，失去的电子经外线路流向电源正极；阳离子在阴极上得到外电源负极提供的电子发生还原反应。只有这样，整个电路才有电流通过，如图5-1所示，并且回路中的任一截面，无论是金属导线、电解质溶液，还是电极与溶液之间的界面，在相同时间内，必然有相同的电荷量通过。

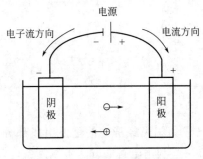

图 5-1 电解池导电机理示意图

电化学中把电极上进行的有电子得失的化学反应称为电极反应。两个电极反应的总和即为电池反应。同时规定：发生氧化反应的电极为阳极，发生还原反应的电极为阴极。因正极、负极是依电势高低来确定的，故对于电解池，阳极为正极，阴极为负极；而在原电池中，阳极为负极，阴极为正极，这点必须注意。

既然电解质溶液导电包括电极反应和溶液中离子的定向迁移，这就要涉及电极反应的物质的量和通过的电荷量之间的定量关系，即法拉第定律；还要涉及阴、阳离子迁移的电荷量占通过溶液总电荷量的分数，即离子的迁移数。

二、法拉第定律

法拉第定律是法拉第在研究电解时从实验结果归纳得出的。它表示通过电极的电荷量与电极反应的物质的量之间的关系。电极反应表达式为

$$氧化态 + ze^- \rightleftharpoons 还原态$$

或

$$还原态 \rightleftharpoons 氧化态 + ze^- \tag{5-1}$$

其中，z 为电极反应的电荷数（即转移电子数），取正值。当电极反应的反应进度为 ξ 时，通过电极的元电荷的物质的量为 $z\xi$，通过的电荷数为 $zL\xi$。人们把1mol元电荷的电荷量称为法拉第常数，用 F 表示：

$$F = Le \tag{5-2}$$

式中，L 为阿伏伽德罗常数；e 为元电荷的电荷量。

由此得出通过电极的电荷量正比于电极反应的反应进度与电极反应电荷数的乘积：

$$Q = zF\xi \tag{5-3}$$

式(5-3)称为法拉第定律，在一般计算中可近似取 $F = Le = 96485.309 \text{ C} \cdot \text{mol}^{-1}$。

下面结合具体实例加以说明。

① 在电解 $AgNO_3$ 溶液时的阴极反应 $Ag^+ + e^- = Ag$ 中，$z=1$，当 $Q=96500$ C 时，求得

$$\xi = \frac{Q}{zF} = \frac{96500C}{1 \times 96500C \cdot mol^{-1}} = 1 mol$$

由 $\xi = \dfrac{\Delta n(Ag)}{\nu(Ag)} = \dfrac{\Delta n(Ag^+)}{\nu(Ag^+)}$，分别得

$$\Delta n(Ag) = \xi \nu(Ag) = 1 mol$$
$$\Delta n(Ag^+) = \xi \nu(Ag^+) = 1 mol$$

即每有 1mol Ag^+ 被还原或 1mol Ag 沉淀下来，通过的电荷量一定为 96500C。

② 在 Cu 电极上电解 $CuSO_4$ 水溶液时的阳极反应 $Cu = Cu^{2+} + 2e^-$ 中，$z=1$，当 $Q=96500$ C 时，求得

$$\xi = \frac{Q}{zF} = \frac{96500C}{2 \times 96500C \cdot mol^{-1}} = 0.5 mol$$

由 $\xi = \dfrac{\Delta n(Cu)}{\nu(Cu)}$ 得

$$\Delta n(Cu) = \xi \nu(Cu) = -0.5 mol$$

但同一电极反应若写作

$$\frac{1}{2}Cu = \frac{1}{2}Cu^{2+} + e^-$$

$z=1$，当 $Q=96500$ C 时，求得

$$\xi = \frac{Q}{zF} = \frac{96500C}{1 \times 96500C \cdot mol^{-1}} = 1 mol$$

由于 $\xi = \dfrac{\Delta n(Cu)}{\nu(Cu)}$，现 $\nu(Cu) = -0.5$，所以

$$\Delta n(Cu) = \xi \nu(Cu) = -0.5 mol$$

需要说明的是，法拉第定律在任何温度和压力下均可适用，没有使用的限制条件。而且实验越精确，所得结果与法拉第定律吻合得越好。法拉第定律虽是在研究电解时归纳出来的，但它对原电池放电过程的电极反应也是适用的。

依据法拉第定律，人们往往通过分析测定电解过程中电极反应的反应物或产物的物质的量的变化情况（常常测量阴极上析出物质的物质的量）来计算电路中通过的电荷量。

三、离子迁移数

1. 离子迁移数的定义

离子在外电场的作用下发生定向运动称为离子的电迁移。如图 5-2 所示。向电解质溶液中通电，溶液中承担导电任务的阴、阳离子分别向阳、阴两极移动，并在相应的两电极界面上发生氧化或还原作用，从而两极附近溶液的浓度也发生变化。

电迁移的存在是电解质溶液导电的必要条件。

在图 5-2 中，两个惰性电极之间充满电解质溶液。现以两个假想界面 A-A 和 B-B 将电解质溶液隔为阴极区、中间区和阳极区三个部分，每个部分均含有 6mol 阳离子和 6mol 阴离子，分别用"+"，"-"的数量来代表两种离子的物质的量，通电前状态如图 5-2（a）所示。

现将两个电极接上直流电源,并假设有 4×96500C 电荷量通过,现在来分析一下电极上的反应以及溶液中离子的迁移过程及迁移结果。依据法拉第定律,在阴极上阳离子要得到 4mol 电子发生还原反应,还原态产物在阴极上析出;而在阳极上阴离子要失去 4mol 电子发生氧化反应,氧化态产物在阳极析出,如图 5-2(b)所示。

在溶液中,如果假设阳离子运动速度 (v_+) 是阴离子运动速度 (v_-) 的 3 倍,即 $v_+ = 3v_-$,则在任一截面上均有 3mol 阳离子和 1mol 阴离子逆向通过,即任何一截面上通过的电荷量都是 4×96500C。通电后中间区电解质的物质的量维持不变(由 A-A 面迁出或迁入的离子正好由 B-B 面迁入或迁出的离子所补偿),而由于发生电极反应,使阴极区和阳极区电解质的物质的量均有下降,但下降程度不同。阴极区内减少的电解质的量等于阴离子迁出阴极区的物质的量(1mol);阳极区内减少的电解质的量等于阳离子迁出阳极区的物质的量(3mol),如图 5-2(c)所示。

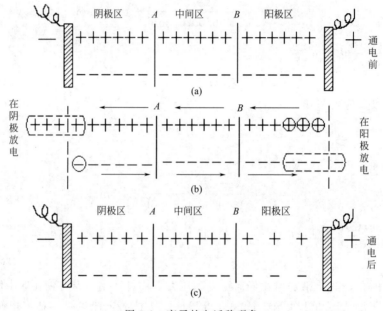

图 5-2 离子的电迁移现象

由以上分析可知,阴、阳离子运动速度的不同决定了阴、阳离子迁移的电荷量在通过溶液的总电荷量中所占的份额不同,也决定了离子迁出相应电极区内物质的量的不同。即

$$\frac{阳离子运动速度\ v_+}{阴离子运动速度\ v_-} = \frac{阳离子运载电荷量\ Q_+}{阴离子运载电荷量\ Q_-} = \frac{阳离子迁出阳极区物质的量}{阴离子迁出阴极区物质的量} \tag{5-4}$$

某离子运载的电流与通过溶液的总电流之比称为该离子的迁移数,以 t 表示,其单位为 1,当溶液中只有一种阳离子和一种阴离子时,以 I,I_+ 及 I_- 分别代表总电流及阳离子、阴离子运载的电流,($I = I_+ + I_-$),则结合式(5-4)有

$$t_+ = \frac{I_+}{I_+ + I_-} = \frac{Q_+}{Q_+ + Q_-} = \frac{v_+}{v_+ + v_-} = \frac{阳离子迁出阳极区物质的量}{发生电极反应的物质的量} \tag{5-5a}$$

$$t_- = \frac{I_-}{I_+ + I_-} = \frac{Q_-}{Q_+ + Q_-} = \frac{v_-}{v_+ + v_-} = \frac{阴离子迁出阴极区物质的量}{发生电极反应的物质的量} \tag{5-5b}$$

显然 $t_+ + t_- = 1$。

由于离子迁移数主要取决于溶液中阴、阳离子的运动速度，故凡是能影响离子运动速度的因素均有可能影响离子迁移数。而离子在电场中的运动速度除了与离子本性及溶剂性质有关外，还与温度、浓度及电场强度等因素有关。

为了便于比较，通常将离子在指定溶液中电场强度 $E=1\text{V}\cdot\text{m}^{-1}$ 时的运动速度称为该离子的**电迁移率**，以 u 表示。离子 B 的电迁移率与其在电场强度 E 下的运动速度 v_B 之间的关系为

$$u_B = v_B/E \tag{5-6}$$

电迁移率的单位为 $\text{m}^2\cdot\text{V}^{-1}\cdot\text{s}^{-1}$。

应当指出：电场强度虽然影响离子运动速度，但是并不影响离子迁移数，因为当电场强度改变时，阴、阳离子运动速度按相同比例改变。

2. 离子迁移数的测定方法——界面移动法

界面移动法简称界移法，此法能获得较为精确的结果。它是直接测定溶液中离子的移动速率。这种方法所使用的两种电解质溶液具有一种共同的离子。它们被小心地放在一个垂直的细管内。利用溶液密度的不同，使这两种溶液之间形成一个明显的界面（通常可以借助于溶液的颜色或折射率的不同使界面清晰可见）。要使界面清晰，两种离子的移动速率应尽可能接近。

如图 5-3 所示，若要测定 XY 溶液中 X^+ 的迁移数，可将其置于一玻璃管中。然后由上部小心地加入 $X'Y$ 溶液作指示液。X'^+ 是与 X^+ 不同的另一种阳离子，阴离子 Y^- 则相同。两种溶液因其折射率不同而在 ab 处呈现一清晰界面。选择适宜条件，可使 X'^+ 离子的移动速度略小于 X^+ 的。通电时，X^+ 与 X'^+ 两种离子顺序地向阴极移动，可以观察到清晰界面的缓慢移动。通电一定时间后，ab 界面移至 $a'b'$ 处。

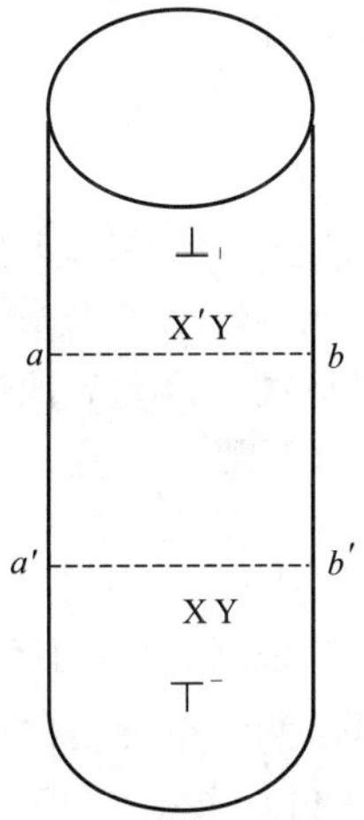

若通过的电荷量为 nF，则有物质的量为 $t_+ n$ 的 X^+ 通过界面 $a'b'$，也就是说，在界面 ab 与 $a'b'$ 间的液柱中的全部 X^+ 通过了界面 $a'b'$。设此液柱的体积为 V，XY 溶液的浓度为 c，则

$$t_+ n = Vc$$

整理得

$$t_+ = \frac{Vc}{n} \tag{5-7}$$

图 5-3 界面移动法原理图

玻璃管的直径是已知的。界面移动的距离 aa' 可由实验测出，遂可计算 V。n 可由电荷量计测出。故可由式(5-7)计算出阳离子 X^+ 的迁移数 t_+。

四、电导、电导率和摩尔电导率

1. 基本概念

（1）电导 电导是描述导体导电能力大小的物理量，以 G 表示，其定义为电阻 R 的倒数，即

$$G = \frac{1}{R} \tag{5-8}$$

电导的单位为 S（西门子），$1\text{S}=1\Omega^{-1}$。为了比较不同导体的导电能力，引出电导率的

概念。

(2) 电导率 由物理学可知，导体的电阻 $R=\rho\dfrac{l}{A_s}$，其中 ρ 为电阻率，单位为 $\Omega\cdot m$；l 为导体长度，单位为 m；A_s 为导体的截面积，单位为 m^2。代入电导定义式有

$$G=\frac{1}{\rho}\times\frac{A_s}{l}=\kappa\frac{A_s}{l} \tag{5-9}$$

即导体的电导与截面积 A_s 成正比，与长度 l 成反比，比例系数为 κ，称为电导率，其单位为 $S\cdot m^{-1}$。显然，导体的电导率为单位截面积、单位长度时的电导，即电阻率的倒数。

对电解质溶液而言，其电导率则为相距单位长度、单位面积的两个平行板电极间充满电解质溶液时的电导。它与电解质的浓度有关。对于强电解质，溶液较稀时电导率近似与浓度成正比；随着浓度的增大，因离子之间的相互作用，电导率的增加逐渐缓慢；浓度很大时电导率经一极大值，然后逐渐下降。对于弱电解质溶液，起导电作用的只是解离了的那部分离子。当浓度从小到大时，虽然单位体积中弱电解的物质的量增加，但因解离度减小，离子的数量增加不多，故弱电解质溶液的电导率均很小。

(3) 摩尔电导率 一定浓度电解质溶液的摩尔电导率定义为该溶液的电导率与其浓度之比，即

$$\Lambda_m \stackrel{\text{def}}{=\!=} \frac{\kappa}{c} \tag{5-10}$$

Λ_m 的单位为 $S\cdot m^2\cdot mol^{-1}$。

(4) 电导池系数 K_{cell} 的确定 欲求某一电导池的电导池系数，可将一个已知电导率的溶液注入该电导池中，测量其电阻。

$$\kappa=\frac{1}{R_x}\times K_{cell} \tag{5-11}$$

依据式(5-11)就可以计算得出 K_{cell} 的值。

测知电导池的电导池系数后，再将待测溶液置于此电导池中，测其电阻，即可由式(5-11)求算待测溶液的电导率，根据式(5-10)还可计算其摩尔电导率。

2. 摩尔电导率与浓度的关系

摩尔电导率与浓度的关系可由实验得出。柯尔劳施根据实验结果得出结论：在很稀的溶液中，强电解质的摩尔电导率与其浓度的平方根成直线函数。若用公式表示，则为

$$\Lambda_m = \Lambda_m^\infty - A\sqrt{c} \tag{5-12}$$

式中，Λ_m^∞ 为无限稀溶液的摩尔电导率（可查得）；A 为常数。

图 5-4 为几种电解质的摩尔电导率对浓度平方根图。由图可见，无论是强电解质或弱电解质，其摩尔电导率均随溶液的稀释而增大。

对强电解质而言，溶液浓度降低，摩尔电导率增大，这是因为随着溶液浓度的降低，离子间引力减小，离子运动速度增加，故摩尔电导率增大。在低浓度时，图 5-4 中的曲线接近一条直线，将直线外推至纵坐标，所得截距即为无限稀释时的摩尔电导率 Λ_m^∞，此值亦称极限摩尔电导率。

对弱电解质来说，溶液浓度降低时，摩尔电导率也增大。在溶液极稀时，随着溶液浓度的降低，摩尔电导率急剧增加，这是因为弱电解质的解离度随溶液的稀释而增加。因此，浓度越低，离子越多，摩尔电导率也越大。

由图 5-4 可见，弱电解质无限稀释时的摩尔电导率无法用外推法求得，故式(5-12)不适用于弱电解质。柯尔劳施的离子独立运动定律解决了这一问题。

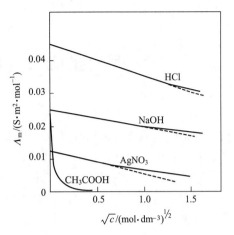

图 5-4　几种电解质的摩尔电导率对浓度平方根图

3. 离子独立运动定律

柯尔劳施认为，在无限稀释溶液中，离子彼此独立运动，互不影响。无限稀释电解质的摩尔电导率等于无限稀释时阴、阳离子的摩尔电导率之和，此即柯尔劳施离子独立运动定律。

若以 Λ_m^∞，$\Lambda_{m,+}^\infty$，$\Lambda_{m,-}^\infty$ 分别表示无限稀释时电解质、阳离子及阴离子的摩尔电导率，且 1mol 电解质溶液中产生 n_+ 阳离子和 n_- 阴离子，则柯尔劳施离子独立运动定律的公式形式为

$$\Lambda_m^\infty = n_+ \Lambda_{m,+}^\infty + n_- \Lambda_{m,-}^\infty$$

根据离子独立运动定律，可以应用强电解质无限稀释摩尔电导率计算弱电解质无限稀释摩尔电导率。

4. 电导的应用——计算弱电解质的解离度及解离常数

阿仑尼乌斯的解离理论认为，弱电解质仅部分解离，离子和未解离的分子之间存在着动态平衡。根据这一理论，以醋酸的水溶液为例。假设醋酸水溶液浓度为 c，醋酸部分解离，解离度为 α。此时

$$CH_3COOH \rightleftharpoons H^+ + CH_3COO^-$$

解离前　　　　　　　　c　　　　　　0　　　　　0
达到解离平衡时　　　$c(1-\alpha)$　　　$c\alpha$　　　$c\alpha$

解离常数 $K^\ominus$ 与醋酸的浓度和解离度的关系为

$$K^\ominus = \frac{\left(\frac{\alpha c}{c^\ominus}\right)^2}{\frac{(1-\alpha)c}{c^\ominus}} = \frac{\alpha^2}{1-\alpha} \times \frac{c}{c^\ominus} \tag{5-13}$$

如果测定了弱电解质浓度为 c 时的摩尔电导率为 Λ_m，因为弱电解质是部分解离，其中对电导有贡献的仅仅是已解离的部分，溶液中离子浓度又很低，可以认为已解离出的离子做独立运动，故近似有

$$\Lambda_m = \alpha \Lambda_m^\infty$$

即

$$\alpha = \frac{\Lambda_m}{\Lambda_m^\infty} \tag{5-14}$$

其中 Λ_m^∞ 可用式 $\Lambda_m^\infty = n_+ \Lambda_{m,+}^\infty + n_- \Lambda_{m,-}^\infty$ 计算，有了 α 就可以由式(5-13)计算弱电解

质的解离常数 $K^\ominus$。

理论基础二　电池的电动势及其产生机理

以图 5-5 所示的丹尼尔电池为例，丹尼尔电池即铜-锌电池，它是一种典型的原电池。该电池是由锌电极（将锌片插入 $ZnSO_4$ 水溶液中）作为阳极，由铜电极（铜片插入 $CuSO_4$ 水溶液中）作为阴极。

这种把阳极和阴极分别置于不同溶液中的电池，称为双液电池。为防止两种溶液直接混合，其间用只允许离子通过的多孔隔板隔开。其电极反应为

阳极：$\qquad\qquad\qquad Zn \rightleftharpoons Zn^{2+} + 2e^-$

阴极：$\qquad\qquad\qquad Cu^{2+} + 2e^- \rightleftharpoons Cu$

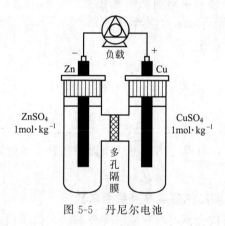

图 5-5　丹尼尔电池

一、原电池的书写惯例

电池有固定的表示方法，对于刚开始学习电化学的人来说，可能难以搞清这种表示方法，容易混乱，但只要稍加整理和归纳，就会一目了然，希望大家一定要理解电池的表示方法。

下面介绍丹尼尔电池的书写。一般具有输入、输出端的仪器的右边是正端。那么，电池的极性在右边必定是"＋"号，左边必定是"－"号。由于电池中存在各种相界面，习惯以"｜"表示稳定的相界面，以"┊"表示可混合液体之间不稳定的相界面。按惯例，各物质排列顺序为：放电时应有电流自左向右通过电池中的每一个相界面。这意味着负极（阳极）应按"电极｜溶液"的顺序写在左面；正极（阴极）则按"溶液｜电极"的顺序写在右面。Cu' 表示铜引线，严格地说应该列入，为了简化可略去。

则图 5-5 所示的电池可表示为

$$-)Cu'|Zn|ZnSO_4(aq) \vdots CuSO_4(aq)|Cu(+ \qquad\qquad (5\text{-}15)$$

其中－）表示负极，（＋表示正极。

二、原电池的电动势

原电池表示方法式（5-15）中，连接右面电极（正极）的金属引线与连接左面电极（负极）的相同金属引线之间的内电势差称为电池电势。电流为零（达到平衡）时原电池的电池

电势称为电动势,符号用 E 表示。

$$E \stackrel{\text{def}}{=} \lim_{i \to 0}(\varphi_{右引线} - \varphi_{左引线}) \tag{5-16}$$

对式(5-15),$\varphi(\text{Cu}) = \varphi(\text{Cu}')$。两极引线材料必须相同,Zn 极用 Cu 引线与此电动势的定义一致。如果上述电池的顺序写反了,按式(5-16)得到的电动势将是负值。由于电动势的存在,当外接负载时,原电池就可对外输出电功。

三、界面电势差

在原电池的各个相界面上都存在电势差,包括电极与溶液间的界面电势差——式(5-18)和式(5-20),不同金属间的接触电势——式(5-17),不同溶液间的液接电势——式(5-19)。

$$\Delta_{\text{Cu}}^{\text{Zn}}\varphi = \varphi(\text{Zn}) - \varphi(\text{Cu}) \tag{5-17}$$

$$\Delta_{\text{CuSO}_4,\text{aq}}^{\text{Zn}}\varphi = \varphi(\text{Zn}) - \varphi(\text{CuSO}_4,\text{aq}) \tag{5-18}$$

$$\Delta_{\text{ZnSO}_4,\text{aq}}^{\text{CuSO}_4,\text{aq}}\varphi = \varphi(\text{CuSO}_4,\text{aq}) - \varphi(\text{ZnSO}_4,\text{aq}) \tag{5-19}$$

$$\Delta_{\text{CuSO}_4,\text{aq}}^{\text{Cu}}\varphi = \varphi(\text{Cu}) - \varphi(\text{CuSO}_4,\text{aq}) \tag{5-20}$$

电动势就是外电路的电流为零时,各相界面上电势差的代数和。

$$E = \lim_{i \to 0}(\Delta_{\text{Cu}}^{\text{Zn}}\varphi - \Delta_{\text{ZnSO}_4,\text{aq}}^{\text{Zn}}\varphi + \Delta_{\text{ZnSO}_4,\text{aq}}^{\text{CuSO}_4,\text{aq}}\varphi + \Delta_{\text{CuSO}_4,\text{aq}}^{\text{Cu}}\varphi) \tag{5-21}$$

下面具体说明。

1. 电极与溶液间的界面电势差

以金属电极为例,金属的晶体是由构成晶格的金属离子和在其间自由运动的电子所组成。当金属(如锌片)浸入水中时,由于极性很大的水分子与金属离子相吸引,发生水化作用,一部分金属离子离开表面进入附近的水层之中,使溶液带正电。剩余的电子留在金属上使电极带负电。带正电的溶液对金属离子产生排斥作用,阻碍了金属的继续溶解,而已进入水中的金属离子还可再沉积到金属表面上。当溶解和沉积达到动态平衡时,溶液中过剩的金属离子在电极表面附近就会有一定的分布,形成如图 5-6 所示的双电层结构。它由两部分组成:贴近界面的紧密层和弥散在溶液中的扩散层。紧密层(虚线以内)厚度的数量级为 0.1nm。总之,由于形成双电层,在电极与溶液间就形成电势差,见图 5-7。它是电动势构成中最重要的成分。

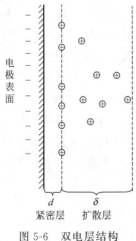

图 5-6 双电层结构

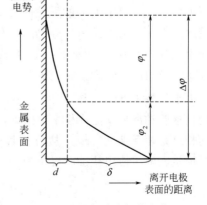

图 5-7 电极与溶液间的电势差

2. 接触电势

电极与引线接触的界面（例如 $Cu'|Zn$）上也会产生电势差。这是因为不同金属的电子逸出功不同，在接触时相互逸出的电子数目不相等，在界面上形成双电层结构，由此产生的电势差称为接触电势。它通常很小，一般情况下可以略去，精确测量时必须计入。

3. 液接电势

在两种含有不同溶质或溶质相同而浓度不同的溶液界面上，存在着微小的电势差，称为液接电势或扩散电势，见图 5-8。图中虚线表示多孔隔膜，其中形成溶液-溶液界面。图 5-8 (a) 中隔膜左右分别是浓度相同的 HCl 溶液和 KCl 溶液，通过界面 H^+ 自左向右扩散，K^+ 自右向左扩散，Cl^- 因两边浓度相等无扩散。已知 H^+ 的迁移速度要比 K^+ 的快得多，自左向右的 H^+ 数要比自右向左的 K^+ 数多，这便使右边有过剩的正电荷，左边有过剩的负电荷，它们使 H^+ 的扩散速率减慢，使 K^+ 的扩散加速。当两种离子扩散速率相等时，界面上便形成了稳定的双电层结构，相应的电势差即为液接电势。图 5-8 (b) 中隔膜左右分别是浓度不同的 HCl 溶液，$c_左 > c_右$，扩散自左向右单向进行。由于 H^+ 的扩散速率要比 Cl^- 快得多，同样形成双电层结构和液接电势。

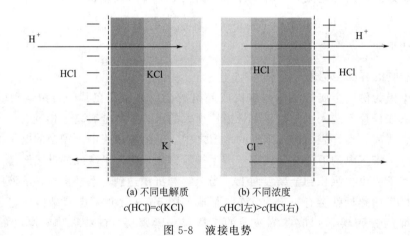

(a) 不同电解质 $c(HCl)=c(KCl)$

(b) 不同浓度 $c(HCl_左)>c(HCl_右)$

图 5-8 液接电势

4. 盐桥

一方面，液接电势虽然一般不超过 0.03V，但测定时已经不可忽略；另一方面，由于扩散是不可逆过程，使电动势的测定难以得到稳定值。所以在实验时，总是力图消除液接电势。消除的方法有两种：一是避免使用有液接界面的原电池，但并非任何情况下都能实现。二是使用盐桥，使两种溶液不直接接触，参见图 5-9。通常盐桥是一个装有饱和 KCl 或 NH_4NO_3 溶液的 U 形玻璃管，为了防止溶液倒出，可用凝胶（例如琼脂）将它冻结在 U 形管内。由于盐桥中 KCl 的浓度很高，插入溶液时，盐桥中 K^+ 和 Cl^- 向溶液的扩散占主导地位。而且这两种离子的电迁移率很接近，所以盐桥两端界面上的电势差很小，而且两端电势差方向相反，相互抵消，使用盐桥后常可使液接电势降低到几毫伏。盐桥的符号为 "‖"，例如丹尼尔电池，使用盐桥后表示为

$$-)Cu'|Zn|ZnSO_4(aq) \| CuSO_4(aq)|Cu(+ \tag{5-22}$$

一般来说，由于接触电势很小，可以略去，再加上使用盐桥，消除了液接电势，式 (5-21)

可改写为

$$E \stackrel{\text{def}}{=\!=\!=} \lim_{i \to 0} (\Delta_{\mathrm{CuSO_4,aq}}^{\mathrm{Cu}} \varphi - \Delta_{\mathrm{ZnSO_4,aq}}^{\mathrm{Zn}} \varphi) \tag{5-23}$$

电动势即为正极（右）的界面电势差减去负极（左）的界面电势差。

四、电化学平衡

电化学系统达到平衡时，除温度、压力和各组分的浓度都具有恒定值外，两电极间还具有稳定的电势差即电动势 E。电化学平衡共有两类。

1. 开路下的电化学平衡

这时电池不接负载，处于开路的条件下，不输出电能，不做电功，电池状态长时间不变，达到电化学平衡。

2. 闭路下的电化学平衡

这时电池接负载，处于闭路的条件下，对外输出电能，做电功。如负载是同电池，但正负极与所研究的电池的正负极互相对接，电池状态即长时间不变，达到电化学平衡。用抵消法测量电动势时，电池状态与这种情况很相近，参见图 5-9。当电势计输出电压与电池电动势数值相等，方向相反，检流计指针不动时，可以认为电池已处于电化学平衡。

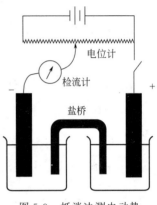

图 5-9 抵消法测电动势

五、能斯特方程

若电池反应为

$$c\mathrm{C} + d\mathrm{D} =\!=\!= g\mathrm{G} + h\mathrm{H}$$

则可简写为 $0 = \sum_{\mathrm{B}} \nu_{\mathrm{B}} B$。根据化学反应等温式，上述反应的 $\Delta_{\mathrm{r}} G_{\mathrm{m}}$ 为

$$\begin{aligned}\Delta_{\mathrm{r}} G_{\mathrm{m}} &= \Delta_{\mathrm{r}} G_{\mathrm{m}}^{\ominus} + RT \ln \frac{\alpha_{\mathrm{G}}^{g} \alpha_{\mathrm{H}}^{h}}{\alpha_{\mathrm{C}}^{c} \alpha_{\mathrm{D}}^{d}} \\ &= \Delta_{\mathrm{r}} G_{\mathrm{m}}^{\ominus} + RT \ln \prod_{\mathrm{B}} \alpha_{\mathrm{B}}^{\nu_{\mathrm{B}}}\end{aligned}$$

将式 $(\Delta_{\mathrm{r}} G_{\mathrm{m}})_{T,p} = -zEF$ 代入，整理得

$$E = E^{\ominus} - \frac{RT}{zF} \ln \prod_{\mathrm{B}} \alpha_{\mathrm{B}}^{\nu_{\mathrm{B}}} \tag{5-24}$$

式中，$E^{\ominus}$ 为所有参加反应的组分都处于标准状态时的电动势，z 为电极反应中转移的电子数，当涉及纯液体或固态纯物质时，其活度为 1，当涉及气体时，若气体可看作理想气体，则 $\alpha = p/p^{\ominus}$。由于 $E^{\ominus}$ 在给定温度下有定值，所以式（5-24）表明了电池的电动势 E 与各参加电池反应的组分活度之间的关系，称为电池反应的能斯特方程。

六、电动势的应用

1. 在 pH 测定中的应用

玻璃电极是测定 pH 最常用的一种指示电极。它是一种氢离子选择性电极，在一支玻璃

管下端焊接一个特殊原料制成的玻璃球形薄膜,膜内盛有一定 pH 的缓冲溶液,或用 $0.1\text{mol}\cdot\text{kg}^{-1}$ 的 HCl 溶液,溶液中浸入一根 Ag|AgCl 电极(称为内参比电极)。玻璃电极膜的组成一般是 72% SiO_2,22% Na_2O 和 6% CaO。这种玻璃电极可用于 pH 在 1~9 的范围内,如改变组成,其 pH 使用范围可达 1~14。玻璃电极具有可逆电极的性质,其电极电势符合:

$$\varphi_{玻} = \varphi_{玻}^{\ominus} - \frac{RT}{F}\ln\frac{1}{a(H^+)} = \varphi_{玻}^{\ominus} - \frac{RT}{F}\times 2.303\text{pH}$$
$$= \varphi_{玻}^{\ominus} - 0.05916\text{pH}$$

当玻璃电极与另一甘汞电极组成电池时,就能从测得的 E 值求出溶液的 pH。例如

$$\text{Ag}|\text{AgCl(s)}|\text{HCl}(0.1\text{mol}\cdot\text{kg}^{-1})\ \vdots\ 溶液|摩尔甘汞电极$$
$$\qquad\qquad 玻璃电极 \qquad\qquad\qquad 玻璃膜$$

在 298K 时,

$$E = \varphi_{甘汞} - \varphi_{玻} = 0.2801\text{V} - (\varphi_{玻}^{\ominus} - 0.05916\text{pH})$$

经整理后得

$$\text{pH} = \frac{E - 0.2801\text{V} + \varphi_{玻}^{\ominus}}{0.05916} \tag{5-25}$$

式中 $\varphi_{玻}^{\ominus}$ 对某给定的玻璃电极为一常数,但对于不同的玻璃电极,由于玻璃膜的组成不同,制备过程不同,以及不同使用程度后表面状态的改变,致使它们的 $\varphi_{玻}^{\ominus}$ 也未尽相同。原则上若用已知 pH 的缓冲溶液,测得其 E 值,就能求出该电极的 $\varphi_{玻}^{\ominus}$。但实际上每次使用时,需要先用已知其 pH 的溶液,在 pH 计上进行调整,使 E 和 pH 的关系能满足式(5-25),然后再来测定未知液的 pH,并可直接在 pH 计上读出 pH,不必计算 $\varphi_{玻}^{\ominus}$。

因为玻璃膜的电阻很大,一般可达 10~100 MΩ,这样大的内阻要求通过电池的电流必须很小,否则由于内阻而造成的电势降就会产生不可忽视的误差。因此不能用普通的电势差计而要用带有直流(或交流)放大器的装置,此种借助于玻璃电极专门用来测量溶液 pH 的仪器就称为 pH 计。

由于玻璃电极不受溶液中存在的氧化剂、还原剂的干扰,也不受各种"毒物"的影响,使用方便,所以得到广泛的应用。

2. 电势滴定

对于有色或浑浊的溶液,没有适当的指示剂的场合,采用一般容量分析滴定方法是比较困难的。电势滴定利用了可逆电池电动势随溶液浓度的变化关系(即能斯特方程),在滴定等当点前后,溶液中离子浓度往往连续变化几个数量级,因而电动势变化很大,由此可确定等当点。

例如,进行酸碱滴定采用的电池为:玻璃电极|待测液|饱和甘汞电极(SCE)。当把碱液滴入酸液时,电池电动势不断变化,由此测得电动势对加入滴定液体积的电势滴定曲线,见图 5-10(a)。滴定曲线斜率变化最大处,就是滴定等当点。为了提高精确度,可以把斜率($\Delta E/\Delta V$)对加入滴定液体积作图,见图 5-10(b)。滴定等当点将更易

确定。

除酸碱滴定外,氧化还原滴定、配位滴定和沉淀滴定都可以利用电势法来进行。

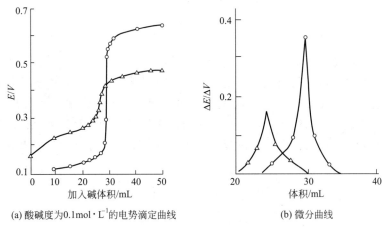

(a) 酸碱度为0.1mol·L^{-1}的电势滴定曲线　　(b) 微分曲线

图 5-10　电势滴定曲线

理论基础三　原电池和电解池

一、原电池

1. 原理

原电池是将化学能直接转化为电能的一种装置,是电化学电池的一种,其电化学反应不能逆转,是只能将化学能转换为电能的装置。简单地说,原电池不能重新储存电力,又称一次电池,与蓄电池相对。

原电池由电解质溶液、正负两电极、形成闭合回路的装置(如:导线、盐桥等)组成。图 5-5 所示的丹尼尔电池就是一典型原电池。在原电池中,物质发生自发的氧化还原反应。区别于一般的氧化还原反应的是,电子转移不是通过氧化剂和还原剂之间的有效碰撞完成的,而是还原剂在负极上失电子发生氧化反应,电子通过外电路输送到正极上,氧化剂在正极上得电子发生还原反应,从而完成还原剂和氧化剂之间电子的转移。两极之间溶液中离子的定向移动和外部导线中电子的定向移动构成了闭合回路,使两个电极反应不断进行,发生有序的电子转移过程,产生电流,实现化学能向电能的转化。

下面介绍一下原电池的电极。电极可由活性不同的两金属(或一种金属与一种非金属)构成,也可由惰性物质(如石墨或Pt)构成。

① 由活动性不同的金属(或一种金属与一种非金属)构成电极。负极一般为较活泼金属,发生氧化反应,失去电子,化合价升高;溶液中的阴离子向负极移动,电极质量减小;正极一般为不活泼金属(或石墨等),发生还原反应,得到电子,化合价降低。

(a) 当负极材料能与电解液直接反应时,溶液中的阳离子得电子。

(b) 当负极材料不能与电解液反应时,溶解在电解液中的 O_2 得电子。如果电解液呈酸性，反应式为 $O_2+4e^-+4H^+ \rightleftharpoons 2H_2O$；如果电解液呈中性或碱性，反应式为 $O_2+4e^-+2H_2O \rightleftharpoons 4OH^-$。

② 由两惰性物质（石墨或 Pt 等）构成电极。此时，可燃烧的气体为负极，氧气为正极。

2. 常见的各种原电池

下面介绍几种常见的原电池。

（1）**碱性干电池** 电池的负极材料是锌，正极材料是二氧化锰，电解液是氢氧化钠或氢氧化钾溶液。它的构造见图 5-11。中间是由锌粉压制的圆柱状负极，其外层缠裹着浸满氢氧化钠或氢氧化钾溶液的纤维材料，再外层是由二氧化锰、碳粉及氢氧化钠或氢氧化钾溶液组成的正极。电池的外壳由惰性金属制成与正极相连，电池的负极通过集电针与电池底部相连。其电池反应如下：

负极反应： $Zn+4OH^- -2e^- \longrightarrow ZnO_2^{2-}+2H_2O$

正极反应： $MnO_2+H_2O+2e^- \longrightarrow MnO+2OH^-$

总反应： $Zn+MnO_2+2OH^- \longrightarrow ZnO_2^{2-}+MnO+H_2O$

碱性电池正常使用电压与常见的酸性锌锰电池相同。碱性电池的寿命长，容量大，内阻小，且不会像酸性干电池那样使用久了会泄漏。

（2）**铅蓄电池** 结构见图 5-12，用填满海绵状铅的铅板作负极，填满二氧化铅的铅板作正极，并用 1.28% 的稀硫酸作电解质。总反应为

$$Pb+PbO_2+2H_2SO_4 \rightleftharpoons 2PbSO_4+2H_2O$$

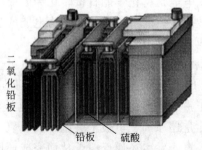

图 5-11 碱性锌锰干电池　　　　图 5-12 铅蓄电池的结构

放电时

负极： $Pb-2e^-+SO_4^{2-} \rightleftharpoons PbSO_4$

正极： $PbO_2+2e^-+SO_4^{2-}+4H^+ \rightleftharpoons PbSO_4+2H_2O$

充电时

阴极： $PbSO_4+2e^- \rightleftharpoons Pb+SO_4^{2-}$

阳极： $PbSO_4-2e^-+2H_2O \rightleftharpoons PbO_2+SO_4^{2-}+4H^+$

二、电解池

1. 电解

使电流通过电解质溶液而在阴阳两极引起氧化还原反应的过程称为电解。从广义来讲电解过程包括电分解过程以及电镀、电加工等表面处理,也包括二次电池的充电过程。其原理如图5-13所示。

进行电解的装置叫电解池(也叫电解槽)。它是由直流电源、阴阳两个电极、电解质溶液或熔融电解质和闭合回路四部分组成的。

在电解池中,反应是在电极和电解质界面上发生的。溶液中的阴离子向阳极移动,失去电子,发生氧化反应;溶液中的阳离子向阴极移动,得到电子,发生还原反应。反应速率与电极面积成正比。

图5-13 电解池原理示意图

以电解硫酸铜溶液为例,其总反应式为

$$2Cu^{2+} + 2H_2O \xrightarrow{\text{通电}} 2Cu + 4H^+ + O_2\uparrow$$

电极反应式为

阴极: $2Cu^{2+} + 4e^- = 2Cu$

阳极: $4OH^- - 4e^- = 2H_2O + O_2\uparrow$

$4H_2O = 4H^+ + 4OH^-$

2. 电解原理的应用

工业电解过程是采用电化学系统,利用在电子导体的电极与离子导体的电解质界面上发生的电化学反应进行的高纯物质的制造、材料表面处理的过程。在这里投入的电能变成了物质的化学能。

工业电解过程根据目的不同可分为两大类:一类可以称为电解制造,它是直接利用电解反应制造物质,比如食盐电解制造氯气等;另一类被称为电解精炼,是利用电解提高物质的纯度,例如铜的精炼。

① 电解食盐水,如图5-14所示。

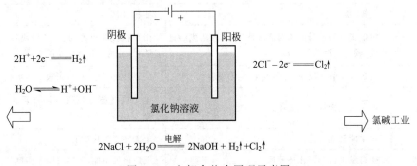

图5-14 电解食盐水原理示意图

② 铜的电解精炼。是将火法精炼铜铸成阳极板铜,以电解产出的薄铜片为阴极,二者相间地装入盛有电解液(硫酸铜与硫酸的水溶液)的电解槽中,在直流电的作用下,阳极铜进行电化学溶解,阴极上进行纯铜的沉积,如图5-15所示。由于化学性质的差异,贵金属

和部分杂质进入阳极泥,大部分杂质则以离子形态保留在电解液中,从而实现了铜与杂质的分离。电极反应式如下。

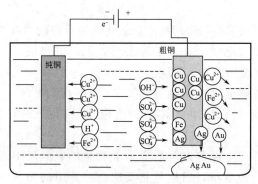

图 5-15　铜的电解精炼示意图

阳极反应：　　　　　　　　$Cu-2e^- = Cu^{2+}$
　　　　　　　　　　　　　$Me-2e^- = Me^{2+}$

式中 Me 代表 Fe,Ni,Pb,As,Sb 等比 Cu 更负电性的金属。

阴极反应：　　　　　　　　$Cu^{2+}+2e^- = Cu$

三、电解池与原电池的区别与联系

根据定义,普通的干电池、蓄电池、燃料电池都可以称为原电池。化学能转变成电能必须通过原电池来完成；电能转变成化学能则需要借助于电解池来完成,例如给电池充电。原电池运行时对外做电功（输出电能）；电解池必须从外界得到电功（输入电能）才能运行。形成原电池要有合适的电极与合适的电解质溶液形成回路,而形成电解池则必须有电极、电解质溶液（或熔融的电解质）、外接电源形成回路。

无论是原电池还是电解池,都需要知道电极和相应的电解质溶液中所发生的变化及其机理。二者的相互比较见表 5-1。

表 5-1　电解池与原电池的比较

项　目	原　电　池	电　解　池
电极	正极、负极	阴极、阳极
电极确定	由电极材料本身的相对活泼性决定,较活泼的是负极,较不活泼的是正极	由外接直流电源的正、负极决定,与负极相连的是阴极,与正极相连的是阳极
电极反应	负极发生氧化反应,正极发生还原反应	阴极发生还原反应,阳极发生氧化反应
电子流向	电子由负极经导线流入正极	电子从电源负极流入阴极再由阳极流回电源正极
能量转变	化学能转变为电能	电能转变为化学能
反应自发性	能自发进行的氧化还原反应	反应一般不能够自发进行,需电解条件
举例	$Zn+CuSO_4 = Cu+ZnSO_4$	$CuCl_2 \xrightarrow{电解} Cu+Cl_2\uparrow$
装置特点	无外接直流电源	有外接直流电源
相似之处	均能发生氧化还原反应,且同一装置中两个电极在反应过程中转移电子总数相等	

实训十五 界面法测定离子迁移数

一、实训目的

① 加深对离子迁移数基本概念的理解；
② 掌握界面移动法测定离子迁移数的原理和方法；
③ 观察在电场作用下自由离子的迁移现象。

二、实训原理

测定离子迁移数的方法有界面移动法和电解法（即希托夫法）。界面移动法测离子迁移数有两种，一种是用两种指示离子，造成两个界面；另一种是用一种指示离子，只有一个界面。本实训是用后一种方法，以镉离子作为指示离子，测某浓度的 HCl 溶液中氢离子的迁移数。

如图 5-16 所示，在一截面清晰的垂直迁移管中，充满 HCl 溶液，通以电流，当有电荷量为 Q 的电流通过每个静止的截面时，物质的量为 t_+Q 的 H^+ 通过界面向上走，物质的量为 t_-Q 的 Cl^- 通过界面往下行。假定在管的下部某处存在一界面（aa'），在该界面以下没有 H^+ 存在，而被其他的正离子（例如 Cd^{2+}）取代，则此界面将随着 H^+ 往上迁移，界面的位置可通过界面上下溶液性质的差异而测定。例如，若在溶液中加入酸碱指示剂，则由于上下层溶液 pH 的不同而显示不同的颜色，形成清晰的界面。在正常条件下，界面保持清晰，界面以上的一段溶液保持均匀，H^+ 往上迁移的平均速率等于界面向上移动的速率。在某通电的时间（t）内，H^+ 运输电荷的数量为在该体积中 H^+ 所带电荷的总数，根据离子迁移数定义可得

$$t(H^+) = \frac{nF}{Q} = \frac{cVF}{It} = \frac{cAlF}{It}$$

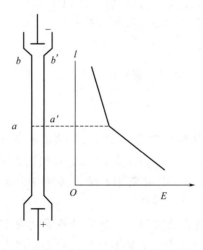

图 5-16 迁移管中的电势梯度

式中，c 为 H^+ 的浓度；V 为界面扫过的体积；A 为迁移管横截面积；l 为界面移动的距离；I 为通过的电流；t 为迁移的时间；F 为法拉第常数。

欲使界面保持清晰，必须使界面上、下电解质不相混合，可以通过选择合适的指示离子在通电情况下达到。$CdCl_2$ 溶液就能满足这个要求。

在图 5-17 的实训装置中，通电时 H^+ 向上迁移，Cl^- 向下迁移，在阳极上 Cd 发生氧化，进入溶液生成 $CdCl_2$，逐渐顶替 HCl 溶液，在管内形成界面。由于溶液要保持电中性，且任一截面都不会中断传递电流，H^+ 迁移走后的区域，Cd^{2+} 紧紧跟上，离子的迁移速率是相等的，界面在通电过程中保持清晰。

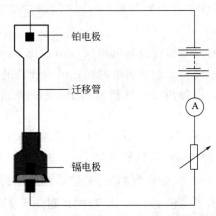

图 5-17 界面移动法测离子迁移数装置

三、实训仪器及药品

1. 实训仪器

迁移管（1 支，用 1mL 刻度移液管及恒温回流管和注液小漏斗组成），记录仪（-1～+4mV，1 台），镉电极（1 支），铂电极（1 支），超级恒温槽（1 台），针筒（5mL，带尼龙管，2 支），小烧杯（50mL，2 个），晶体管直流稳压电源（1 台），接线匣（1 个），导线（若干），秒表（1 块），废液缸（1 个），砂纸（若干）。

2. 实训药品

HCl 溶液（$0.1 mol \cdot L^{-1}$，含甲基紫）。

四、实训步骤

① 按图 5-17 连接仪器，用带尼龙管的针筒吸取蒸馏水洗迁移管两次并检查迁移管是否漏水，吸取少量的含甲基紫的 HCl 溶液（待测液），直接插入到迁移管的最下端，将迁移管洗涤两次，然后将待测液慢慢加入迁移管中，装入溶液量以插入上端铂电极时能浸过电极为限。

② 接好线路，检查无误后开始实训。调节恒温槽温度为 25℃，待温度恒定后，并调节电流至 3.5mA 左右。打开记录仪开关，随着电解进行，阳极 Cd 会不断溶解变为 Cd^{2+}。由于 Cd^{2+} 的迁移速度小于 H^+，因而过一段时间后，在迁移管下部就会形成一个清晰的界面

并渐渐地向上移动,当界面移动到某一可清晰观测的刻度时打开秒表开始计时。此后每当界面移动 0.05mL,记下相应的时间和电压读数,直到界面移动 0.50mL 为止。

③ 实训完毕,将迁移管溶液倒入指定回收瓶中,洗迁移管的初次废液也应注入回收瓶中。迁移管洗净后,装满蒸馏水,放回原处。

五、实训记录与数据处理

1. 25℃时 HCl 溶液 H^+ 迁移数测定实验数据

室温:_____℃;HCl 溶液浓度:_____ $mol \cdot L^{-1}$;标准电阻:_____ Ω。

序号	V/mL	t/s	E/mV	$Q/mC[Q=It=(E_{平均}/R)\times t]$
1	0			
2	0.05			
3	0.10			
4	0.15			
5	0.20			
6	0.25			
7	0.30			
8	0.35			
9	0.40			
10	0.45			
11	0.50			
	$Q_{总}=\Sigma Q_n$			

2. 结果与分析

由实训数据可知:25℃时,$V=0.50mL$,$c(H^+)=0.1017 mol \cdot L^{-1}$,$F=96500 C/mol^{-1}$,$Q_{总}=$ _____ C。所以,H^+ 所迁移的分电荷 $q_+=Vc(H^+)F=$ _____ C,H^+ 的迁移数 $t(H^+)=q_+/Q_{总}=$ _____ 。

六、思考题

① 离子迁移数与哪些因素有关?

② 保持界面清晰的条件是什么？
③ 实训过程中电流如何变化？迁移管的电极接反将产生什么现象？为什么？
④ 分析实训过程中主要存在哪些误差？

七、注意事项

① 实训的准确性、成败关键主要取决于移动界面的清晰程度。若界面不清晰，则迁移体积测量不准，导致离子迁移数测量不准确。因此，实训过程中应避免桌面振动。

② 实训过程中凡是能引起溶液扩散、搅动、对流等的因素都要避免。

③ 迁移管与阴极管、阳极管连接处不留气泡。

④ 电极的正负极不要颠倒。

⑤ 上端的塞子不能塞紧，要留有缝隙。

⑥ 镉化物有毒，要注意废液的处理。

实训十六 电导法测定弱电解质的解离常数

一、实训目的

① 测定醋酸的解离常数。
② 掌握恒温水槽及电导率仪的使用方法。

二、实训原理

在一定温度下，K_c 为常数，通过测定不同浓度下的解离度就可求得解离常数 K_c。醋酸溶液的解离度可用电导法测定。电导用电导率仪测定。测定溶液的电导，要将被测溶液注入电导池中，如图 5-18 所示。

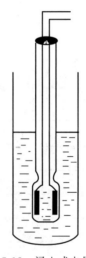

图 5-18 浸入式电导池

要求醋酸溶液的解离常数 K_c，只要测得不同浓度 c 下的电导率 κ，就可由式(5-10)计算出摩尔电导率 Λ_m，再由式 $K_c = \dfrac{c \Lambda_m^2}{\Lambda_m^\infty (\Lambda_m^\infty - \Lambda_m)}$ 计算出 K_c。

三、实训仪器及药品

1. 实训仪器

电导率仪（DDS-12A 型或 DDS-11A 型，1 台），恒温水槽（1 套），电导池（1 个），移液管（1mL，1 支），容量瓶（25mL，5 个）。

2. 实训药品

醋酸（分析纯），KCl 的标准溶液（0.0100mol·L^{-1}），蒸馏水。

四、实训步骤

① 熟悉恒温水槽装置。恒温水槽由继电器，接触温度计，水银温度计，加热器，搅拌

器等组成。其操作步骤如下：接通电源，调节接触温度计的触点使其控制温度为25℃。当继电器的红灯亮时，恒温水槽的加热器正在加热；当继电器的绿灯亮时，恒温水槽的加热器停止加热。恒温水槽的温度应以水银温度计的读数为准，当槽温与25℃有偏离时，小心调节接触温度计的调节螺帽，使恒温水槽的温度逐步趋近25℃。

② 配制HAc溶液。用移液管分别吸取0.1mL，0.2mL，0.3mL，0.4mL，0.5mL HAc溶液，分别放入1~5号容量瓶（25mL）中，均以蒸馏水稀释至25.00mL。

③ 测定HAc溶液的电导率。用蒸馏水充分浸泡洗涤电导池和电极，再用少量待测液洗涤数次。然后向电导池中注入待测液，使液面超过电极1~2cm，将电导池放入恒温槽中，恒温5~8min后进行测量。严禁用手触及电导池内壁和电极。

按由稀到浓的顺序，依次测定待测液的电导率。每测定完一个浓度的数据，不必用蒸馏水冲洗电导池及电极，而应用下一个被测液洗涤电导池和电极至少三次，再向电导池中注入待测液测定其电导率。

④ 实训结束后，先关闭各仪器的电源，用蒸馏水充分冲洗电导池和电极，并将电极浸入蒸馏水中备用。

五、实训记录与数据处理

1. HAc溶液电导率测定数据

室温：_____℃。

容量瓶序号	移取溶液体积 V/mL	溶液浓度 c/(mol·dm^{-3})	电导率 κ/(S·m^{-1})
1	0.1		
2	0.2		
3	0.3		
4	0.4		
5	0.5		

2. 结果与分析

由实训数据可知：Λ_m^∞(HAc)=_____ S·m^2·mol^{-1}。

容量瓶序号	溶液浓度 c /(mol·dm^{-3})	电导率 κ /(S·m^{-1})	摩尔电导率 Λ_m /(S·m^2·mol^{-1})	解离常数 $K_c = \dfrac{c\Lambda_m^2}{\Lambda_m^\infty(\Lambda_m^\infty - \Lambda_m)}$
1				
2				
3				
4				
5				
解离常数 K_c 的平均值				

六、思考题

① DDS-12A 型电导率仪使用的是直流电源还是交流电源？

② 电导池系数（即电极常数）是怎样确定的？本实训仍安排了 $0.0100 mol \cdot L^{-1}$ KCl 的电导率测定，用意何在？

③ 电导法测定醋酸解离常数时，为什么要从低浓度开始依次测定？

七、注意事项

① 溶液的电导率对溶液的浓度很敏感，在测定前，一定要用被测溶液多次洗涤电导池和电极，以保证被测溶液的浓度与容量瓶中溶液的浓度一致。

② 实训结束后，一定要拔去继电器上的电源插头。若仅仅关掉继电器上的开关，而未拔掉电源插头，恒温水槽的电加热器将一直加热，而继电器不再起控温的作用，会引起事故。

八、DDS-12A 型电导仪的使用方法

① 接通电源，仪器预热 10min。在没有接上电极接线的情况下，用调零旋钮将仪器的读数调为 0。

② 若使用高周挡则按下 $20ms \cdot cm^{-1}$ 按钮；使用低周挡则放开此按钮。本实训采用高周挡进行测量。

③ 接上电极接线，将电极从电导池中取出，用滤纸将电极擦干，悬空放置，按下 $2s \cdot cm^{-1}$ 量程按钮，调节电容补偿按钮，使仪器的读数为 0。

④ 将温度补偿按钮置于 25℃ 的位置上，仪器测出的电导率则为此温度下的电导率。

⑤ 按仪器说明书的方法对电极的电极常数进行标定。

⑥ 将被测溶液注入电导池内，插入电极，将电导池浸入恒温水槽中恒温数分钟，按下合适的量程按钮，仪器的显示数值为被测液的电导率。若仪器显示的首位为 1，后三位数字熄灭，表示被测液的电导率超过了此量程，可换用高一挡量程进行测量。

实训十七 原电池电动势的测定及其应用

一、实训目的

① 掌握可逆电池电动势的测量原理和电位差计的操作技术。
② 学会铜、锌等电极和盐桥的制备方法。
③ 加深对原电池、电极电势等概念的理解。

二、实训原理

凡是能使化学能转变为电能的装置都称之为原电池（或电池）。对等温等压下的可逆电池而言

$$(\Delta_r G_m)_{T,p} = -zFE$$

可逆电池应满足如下条件。
① 电池反应可逆，也就是电池电极反应可逆。
② 电池中不允许存在任何不可逆的液接界面。
③ 电池必须在可逆的情况下工作，即充放电过程必须在平衡态下进行，允许通过电池的电流为无限小。

可逆电池的电动势可看作正、负两个电极的电势之差。设正极电势为 φ_+，负极电势为 φ_-，则

$$E = \varphi_+ - \varphi_-$$

电极电势的绝对值无法测定，手册上所列的电极电势均为相对电极电势，即以标准氢电极作为标准电极（标准氢电极的氢气压力为 101325Pa，溶液中各物质活度为 1，其电极电势规定为零），将标准氢电极与待测电极组成一电池，所测电池电动势就是待测电极的电极电势。由于氢电极使用不便，常用另外一些易制备、电极电势稳定的电极作为参比电极。常用的参比电极有甘汞电极、银-氯化银电极等。

本实训是测定几种金属电极的电极电势。将待测电极与饱和甘汞电极组成如下电池：

$$\text{Hg(l)} | \text{Hg}_2\text{Cl}_2(\text{s}) | \text{KCl(饱和溶液)} \| \text{M}^{z+}(\alpha_\pm) | \text{M(s)}$$

金属电极的反应为$\qquad\text{M}^{z+} + ze^- \longrightarrow \text{M}$

甘汞电极的反应为$\qquad 2\text{Hg} + 2\text{Cl}^- \longrightarrow \text{Hg}_2\text{Cl}_2 + 2e^-$

电池电动势为 $E = \varphi_+ - \varphi_- = \varphi^{\ominus}(\text{M}^{z+},\text{M}) + \dfrac{RT}{zF}\ln\alpha(\text{M}^{z+}) - \varphi_{\text{饱和甘汞}}$

式中，$\varphi_{\text{饱和甘汞}}/\text{V} = 0.2145 - 7.61\times 10^{-4}(T/\text{K} - 298)$。

电势差计是可以利用对消法原理进行电势差测量的仪器。它能在电池无电流（或极小电流）通过时测得其两极的电势差。这时的电势差是电池的电动势。

三、实训仪器及药品

1. 实训仪器

电势差计（1台），铜电极（1支），锌电极（1支），直流复射式检流计（1台），滑线电阻（1个），毫安表（1个），精密稳压电源（或蓄电池，1台），盐桥（数只），饱和甘汞电极（1支）。

2. 实训药品

$CuSO_4$（$0.1mol \cdot L^{-1}$），稀HNO_3（$6.0mol \cdot L^{-1}$），饱和KCl溶液，镀铜溶液，$ZnSO_4$（$0.1mol \cdot L^{-1}$），稀H_2SO_4（$6.0mol \cdot L^{-1}$），饱和硝酸亚汞溶液，纯汞。

四、实训步骤

1. 锌电极的制备

将锌电极在$3mol \cdot L^{-1}$稀硫酸溶液中浸泡片刻，取出洗净，浸入汞或饱和硝酸亚汞溶液中约10s，表面上即生成一层光亮的汞齐，用水冲洗晾干后，插入$0.1mol \cdot L^{-1}$ $ZnSO_4$中待用。

2. 铜电极的制备

将铜电极在$6mol \cdot L^{-1}$稀硝酸中浸泡片刻，取出洗净，作为负极，以另一铜板作正极在镀铜液中电镀。连接线路如图5-19所示。控制电流为20mA，电镀20min得表面呈红色的Cu电极，洗净后放入$0.1mol \cdot L^{-1}$ $CuSO_4$中备用。

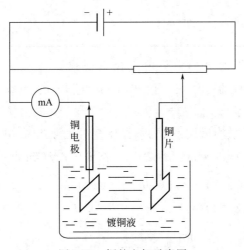

图5-19 铜的电解示意图

3. 电池组合

将饱和KCl溶液注入50mL的小烧杯内，制盐桥，再将已制备好的锌电极和铜电极置于小烧杯内，即成Cu-Zn电池。

① $Zn(s)|ZnSO_4(0.1mol \cdot L^{-1}) \| CuSO_4(0.1mol \cdot L^{-1})|Cu(s)$

用同样的方法组成下列电池：

② $Zn(s)|ZnSO_4(0.1mol \cdot L^{-1})\|$ 饱和 KCl 溶液 $|Hg_2Cl_2(s)|Hg(l)$

③ $Hg(l)|Hg_2Cl_2(s)|$ 饱和 KCl 溶液 $\|CuSO_4(0.1mol \cdot L^{-1})|Cu(s)$

4. 标定电势差计的工作电流

按照电势差计电路图，连接好电动势测量路线，计算室温下的标准电池的电动势，标定电势差计的工作电流。

5. 测定电池的电动势

分别测定以上电池的电动势。测量时应在夹套中通入 25℃恒温水。为了保证所测电池电动势正确，必须严格遵守电势差计的正确使用方法。当数值稳定在±0.1mV 之内时即可认为电池已达到平衡。

五、实训记录与数据处理

① 三组电池的电动势测定值。

室温_____℃

电池组	电动势测定值			电动势测定平均值
	第1次	第2次	第3次	
②				
③				
①				

② 根据饱和甘汞电极的电极电势温度校正公式 $\varphi_{饱和甘汞}/V = 0.2145 - 7.61 \times 10^{-4}(T/K-298)$，计算实训温度时饱和甘汞电极的电极电势。实训温度为_____℃，则 $\varphi_{饱和甘汞}/V=$

③ 有关电解质的离子平均活度系数 $\gamma_\pm$。在 25℃时，$0.1mol \cdot L^{-1}$ 的 $CuSO_4$ 溶液中，$\gamma(Cu^{2+}) = \gamma_\pm = 0.16$；$0.1mol \cdot L^{-1}$ 的 $ZnSO_4$ 溶液中，$\gamma(Zn^{2+}) = \gamma'_\pm = 0.15$。则其活度

$$\alpha(Cu^{2+}) = \gamma_\pm c(CuSO_4) = 0.16 \times 0.1 = 0.016$$

$$\alpha(Zn^{2+}) = \gamma'_\pm c(ZnSO_4) = 0.15 \times 0.1 = 0.015$$

④ 由 $\varphi_+ = \varphi^\ominus(Cu^{2+}, Cu) - \dfrac{RT}{2F}\ln\dfrac{1}{\alpha(Cu^{2+})}$ 和 $\varphi_- = \varphi^\ominus(Zn^{2+}, Zn) - \dfrac{RT}{2F}\ln\dfrac{1}{\alpha(Zn^{2+})}$，用测得的三个原电池的电动势进行以下计算。

(a) 由原电池②计算 $\varphi(Zn^{2+}, Zn)$ 和 $\varphi^\ominus(Zn^{2+}, Zn)$。

(b) 由原电池③计算 $\varphi(Cu^{2+}, Cu)$ 和 $\varphi^\ominus(Cu^{2+}, Cu)$。

(c) 把上两步计算出的 $\varphi^\ominus(Cu^{2+}, Cu)$，$\varphi^\ominus(Zn^{2+}, Zn)$ 分别代入 $E = \varphi_+ - \varphi_-$ 中的 φ_+ 和 φ_- 计算 E。

（d）将原电池①测得的电动势与上一步计算出的 E 进行比较，算出相对误差。

六、思考题

① 盐桥有什么作用？选用作盐桥的物质应有什么原则？
② 若电池的极性接反了有什么后果？
③ 琼脂-饱和 KCl 盐桥如何制备？

七、注意事项

① 制备电极时，防止将正负极接错，并严格控制电镀电流。
② 在测定时要避免检流计猛打一边的情况出现。
③ 当检流计总向一边偏移时，检查是否正负极接反。
④ 实训过程中，调整仪器时要求操作要轻。

项目设计五

一、问题的提出

① 把锌粒放入盛有盐酸的试管中，加入几滴氯化铜溶液，气泡放出速率加快。
② 在聚氯乙烯厂和铝厂，都有电解过程的发生。

实例	被电解物质	电解产物	化学反应方程式
电解食盐水	H_2O, NaCl	NaOH, H_2, Cl_2	$2NaCl+2H_2O \!=\!\!=\! 2NaOH+H_2\uparrow+Cl_2\uparrow$
电解融熔氧化铝	Al_2O_3	Al, O_2	$2Al_2O_3 \!=\!\!=\! 4Al+3O_2\uparrow$

二、问题的解决

1. 分析气泡放出速率会加快的原因

根据金属活动性顺序，可得活泼性：锌＞（氢）＞铜，因此当锌、氢离子、铜在溶液中共存时，可看成锌先与铜离子反应（即锌先把铜置换出来），而后锌、铜、盐酸组成原电池，气泡放出速率自然加快了。

2. 原电池

概念：通过电极上的氧化还原反应为外界提供电流的电化学池。
特点：化学能转化为电能。
本质：两极存在电势差（电动势）。
负极：电势低的一极。
正极：电势高的一极。
工作原理：原电池反应属于放热的氧化还原反应，但区别于一般的氧化还原反应的是，电子转移不是通过氧化剂和还原剂之间的有效碰撞完成的，而是还原剂在负极上失电子发生氧化反应，电子通过外电路输送到正极上，氧化剂在正极上得电子发生还原反应，从而完成还原剂和氧化剂之间电子的转移。两极之间溶液中离子的定向移动和外部导线中电子的定向移动构成了闭合回路，使两个电极反应不断进行，发生有序的电子转移过程，产生电流，实现化学能向电能的转化。

构成的条件：

① 电极材料，两种活动性不同的金属或金属与其他导电性的非金属（或某些氧化物等）；

② 两电极必须浸没在电解质溶液中；

③ 两电极之间要用导线连接，形成闭合回路。

3. 电解池

概念：利用电流促使非自发氧化还原反应发生的电化学池。

特点：电能转化为化学能。

阴极：发生还原反应，接外电源负极。

阳极：发生氧化反应，接外电源正极。

分析电解反应的一般思路如图 5-20 所示。

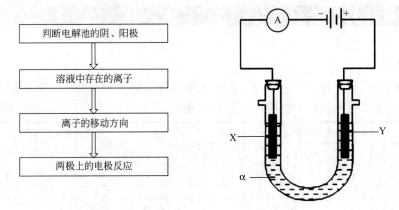

图 5-20 分析电解反应的思路和装置示意图

第一步：经判断右边为阳极，左边为阴极。

第二步：溶液中存在的主要离子是 H^+，Na^+，OH^-，Cl^-。

第三步：OH^-，Cl^- 向阳极移动；H^+，Na^+ 向阴极移动。

第四步：写出电极反应。

阳极：$\qquad 2Cl^- - 2e^- == Cl_2 \uparrow$

阴极：$\qquad 2H^+ + 2e^- == H_2 \uparrow$

三、必备理论知识

① 氧化还原反应的原理和本质；

② 电解质溶液及其性质；

③ 离子迁移规律；

④ 金属的导电性。

项目扩展五

锂离子电池在我们工作生活中发挥着不可替代的作用，手机、数码相机、笔记本电脑、人造器官等可移动便携电子设备离不开它,越来越普及的新能源汽车离不开它,未来人工智能时代更需要锂离子电池的技术配合。

我国 20 世纪 90 年代初开始研究锂离子电池和电极材料,1996 年成功研制移动电话、摄像机用 18650 型电池,电池的容量达到日本索尼公司的电池水平,到了 2000 年锂离子电池的生产尚处于起步时期,还没有一家企业进入规模化生产阶段。我国鼓励发展锂离子电池的生产,将其列入"863"计划及"九五"重点攻关项目,并投入大量的财力和物力,极大地促进了民族锂离子电池工业的发展。之后,许多企业开始大规模生产锂离子电池,我国的锂离子电池产量呈现逐年增长的良好趋势。近年来,我国锂离子电池行业骨干企业高度重视创新能力,研发投入保持了高速增长。

趣味实验五

水果电池

水果(苹果、梨子、橙子、橘子等)中含有大量的水果酸,是一种很好的电解质。如果在水果中插入两个电极,就会像化学电池一样能产生出电流(如图 5-21 所示)。影响水果产生电流大小的因素很多,有水果自身的原因,如水果的种类、水果的大小和成熟程度;还有外界的原因,如插入水果的两个电极的大小、两电极间距和插入的深度等因素。

实验材料:

橙子、苹果、梨、铜片、锌片、电线(带夹子)、电流表等。

实验步骤:

① 打磨实验需使用的铜片与锌片。

② 将橙子、苹果、梨分别与铜片、锌片、电线(带夹子)、电流表连成电路。

③ 观察电流表的正负极用导线分别与何种金属片相连,并记录。

④ 分别观察用不同水果时电流表的示数与指针偏转方向,并记录。

⑤ 更换同类水果 2 次,分别观察电流表示数与指针偏转方向,并记录。

⑥ 实验完毕,整理器材。

图 5-21 水果电池示意图

小 结 五

一、本项目主要概念

（1）电子导体　依靠自由电子的定向运动而导电。

（2）离子导体　依靠离子的定向运动而导电。

（3）电极反应　电化学中电极上进行的有电子得失的化学反应。

（4）电池反应　两个电极反应的总和。

（5）法拉第定律　通过电极的电荷量正比于电极反应的反应进度与电极反应电荷数的乘积。

（6）离子的电迁移　离子在外电场的作用下发生定向运动。

（7）离子的迁移数　某离子运载的电流与通过溶液的总电流之比。

（8）离子的电迁移率　离子在指定溶液中电场强度 $E=1V·m^{-1}$ 时的运动速度。

（9）电导　描述导体导电能力大小的物理量，以 G 表示，其定义为电阻 R 的倒数。

（10）电导率　导体的电导与截面积 A_s 成正比，与长度 l 成反比，比例系数为 κ。

（11）摩尔电导率　溶液的电导率与其浓度之比。

（12）双液电池　阳极和阴极分别置于不同溶液中的电池。

（13）电池电势　原电池表示方法中，连接右面电极（正极）的金属引线与连接左面电极（负极）的相同金属引线之间的内电势差。

（14）电动势　电流为零（达到平衡）时原电池的电池电势；正极的界面电势差减去负极的界面电势差。

（15）电极与溶液间的界面电势差　电极与溶液间的电势差。

（16）接触电势　电极与引线接触的界面上产生的电势差。

（17）液接电势　在两种含有不同溶质或溶质相同而浓度不同的溶液界面上，存在的微小电势差。

（18）原电池　将化学能直接转化为电能的一种装置。

（19）电解　使电流通过电解质溶液而在阴阳两极引起氧化还原反应的过程。

（20）电解池　进行电解的装置。

二、本项目主要公式及适用条件

1. 电极反应表达式

$$\text{还原态} \Longrightarrow \text{氧化态} + ze^- \tag{5-1}$$

2. 法拉第常数

$$F = Le \tag{5-2}$$

3. 法拉第定律

$$Q = zF\xi \tag{5-3}$$

4. 离子迁移数

$$t_+ = \frac{I_+}{I_+ + I_-} = \frac{Q_+}{Q_+ + Q_-} = \frac{\nu_+}{\nu_+ + \nu_-} = \frac{\text{阳离子迁出阳极区物质的量}}{\text{发生电极反应的物质的量}} \tag{5-5a}$$

$$t_- = \frac{I_-}{I_+ + I_-} = \frac{Q_-}{Q_+ + Q_-} = \frac{\nu_-}{\nu_+ + \nu_-} = \frac{\text{阴离子迁出阳极区物质的量}}{\text{发生电极反应的物质的量}} \quad (5\text{-}5b)$$

5. 电迁移率

$$u_B = \nu_B / E \quad (5\text{-}6)$$

6. 电导

$$G = \frac{1}{R} \quad (5\text{-}8)$$

7. 电导率

$$G = \frac{1}{\rho} \times \frac{A_s}{l} = \kappa \frac{A_s}{l} \quad (5\text{-}9)$$

8. 摩尔电导率

$$\Lambda_m \xlongequal{\text{def}} \frac{\kappa}{c} \quad (5\text{-}10)$$

9. 电导池系数 K_{cell}

$$\kappa = \frac{1}{R_x} \times K_{cell} \quad (5\text{-}11)$$

10. 摩尔电导率与浓度的关系

$$\Lambda_m = \Lambda_m^\infty - A\sqrt{c} \quad (5\text{-}12)$$

11. 解离常数 $K^\ominus$

$$K^\ominus = \frac{\left(\frac{ac}{c^\ominus}\right)^2}{\frac{(1-\alpha)c}{c^\ominus}} = \frac{\alpha^2}{1-\alpha} \times \frac{c}{c^\ominus} \quad (5\text{-}13)$$

12. 解离度

$$\alpha = \frac{\Lambda_m}{\Lambda_m^\infty} \quad (5\text{-}14)$$

13. 丹尼尔电池

$$-)\text{Cu}'|\text{Zn}|\text{ZnSO}_4(\text{aq}) \vdots \text{CuSO}_4(\text{aq})|\text{Cu}(+ \quad (5\text{-}15)$$

14. 电动势

$$E \xlongequal{\text{def}} \lim_{i \to 0}(\varphi_{\text{右引线}} - \varphi_{\text{左引线}}) \quad (5\text{-}16)$$

15. 使用盐桥后的丹尼尔电池

$$-)\text{Cu}'|\text{Zn}|\text{ZnSO}_4(\text{aq}) \| \text{CuSO}_4(\text{aq})|\text{Cu}(+ \quad (5\text{-}22)$$

16. 使用盐桥后电势差的代数和

$$E \xlongequal{\text{def}} \lim_{i \to 0}(\Delta_{\text{CuSO}_4,\text{aq}}^{\text{Cu}}\varphi - \Delta_{\text{ZnSO}_4,\text{aq}}^{\text{Zn}}\varphi) \quad (5\text{-}23)$$

17. 能斯特方程

$$E = E^{\ominus} - \frac{RT}{zF} \ln \prod_B \alpha_B^{\nu_B} \qquad (5\text{-}24)$$

习 题 五

一、选择

1. 在电解池中,其电极间距离为 1m,外加电压为 1V,池中放有 0.01mol·kg^{-1} 的 NaCl 溶液。若保持其他条件不变,仅将电极距离从 1m 改为 2m,在电极距离改变后,正负离子的电迁移率 u _____,正、负离子的迁移速率 v _____,正、负离子的迁移数 t _____(   )。

   A) 变大,变小,不变
   B) 不变,变大,不变
   C) 不变,变小,不变
   D) 不变,变小,变大

2. 以下关于如图所示装置的叙述正确的是(   )。

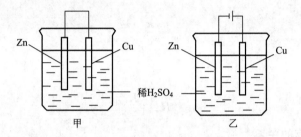

   A) 甲乙装置中的锌片都做负极
   B) 甲乙装置中的溶液内的 H$^+$ 在铜片上被还原
   C) 甲乙装置中锌片上发生的反应都是还原反应
   D) 甲装置中铜片上有气泡生成,乙装置中的铜片质量减小

3. 如下图所示,下列叙述正确的是(   )。

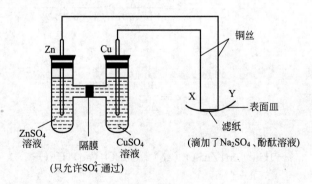

   A) Y 为阴极,发生还原反应
   B) X 为正极,发生氧化反应
   C) Y 与滤纸接触处有氧气生成
   D) X 与滤纸接触处变红

4. 我国第五套人民币中的一元硬币材料为钢芯镀镍,依据所掌握的电镀原理,硬币制作时,钢芯应该做(   )。

   A) 正极　　　　B) 负极　　　　C) 阳极　　　　D) 阴极

5. 关于下图所示各装置的叙述中,正确的是(   )。

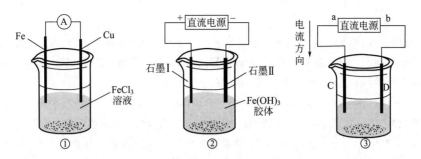

A) 装置①为原电池，总反应是 Cu + 2Fe³⁺ ══ Cu²⁺ + 2Fe²⁺

B) 装置①中，铁做负极，电极反应式为 $Fe^{3+} + e^- == Fe^{2+}$

C) 装置②通电一段时间后石墨Ⅱ电极附近溶液红褐色加深

D) 若用装置③精炼铜，则 D 极为粗铜，C 极为纯铜，电解质溶液为 $CuSO_4$ 溶液

6. 以下现象与电化腐蚀无关的是（　　）。

A) 黄铜（铜锌合金）制作的铜锣不易产生铜绿　　B) 生铁比软铁芯（几乎是纯铁）容易生锈

C) 铁质器件附有铜质配件，在接触处易生铁锈　　D) 银制奖牌久置后表面变暗

二、填空

1. 原电池：_____能转化为_____能的装置。

2. 电解池：_____能转化为_____能的装置。

3. 盐桥起到了_____的作用。

4. 在同一测定装置、同一实验条件下，测得 $0.001 mol \cdot dm^{-3}$ KCl 溶液中 Cl^- 的迁移数为 $t(Cl^-)$，而测得 $0.001 mol \cdot dm^{-3}$ NaCl 溶液中 Cl^- 的迁移数为 $t'(Cl^-)$，因两溶液均为稀溶液，那么 $t(Cl^-)$ _____ $t'(Cl^-)$。

5. 电解原理在化学工业中有广泛应用。下图表示一个电解池，装有电解液 α，X，Y 是两块电极板，通过导线与直流电源相连。请根据下图回答问题。

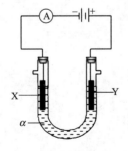

(1) 若 X，Y 都是惰性电极，α 是饱和 NaCl 溶液，实验开始时，同时在两边各滴入几滴酚酞试液，则：
①电解池中 X 极上的电极反应式为_____，在 X 极附近观察到的现象是_____；②Y 电极上的电极反应式为_____，检验该电极反应产物的方法是_____。

(2) 如要用电解方法精炼粗铜，电解液 α 选用 $CuSO_4$ 溶液，则：①X 电极的材料是_____，电极反应式是_____；②Y 电极的材料是_____，电极反应式是_____。（说明：杂质发生的电极反应不必写出。）

三、简答

1. 原电池的形成条件有哪些？

2. 电子手表、液晶显示的计算器或一个小型的助听器等所需电流都是微安或毫安级的，它们所用的电池体积很小，有"纽扣"电池之称。它们的电极材料是 Ag_2O 和 Zn，所以叫银-锌电池。请写出电极反应和电

池反应。

四、计算

1. 在 300K，100kPa 下，用惰性电极电解水以制备氢气。设所用直流电的电流为 5A，电流效率为 100%。如欲获得 $1m^3$ H_2 (g)，需通电多长时间？如欲获得 $1m^3$ O_2 (g) 需通电多长时间？已知在该温度下水的饱和蒸气压为 3565Pa，$n(H_2) = n(O_2) = 38.66$ mol。

2. 25℃ 时在一电导池中盛以 c 为 0.0025 mol·dm^{-3} 的 K_2SO_4 溶液，测得其电阻为 326.0 Ω。已知该电导池的电导池系数为 $22.81m^{-1}$。试求 0.0025 mol·dm^{-3} K_2SO_4 溶液的电导率和摩尔电导率。

3. 在 398K 时，浓度为 0.01 mol·dm^{-3} 的 HAc 溶液在某电导池中测得电阻为 2220 Ω。已知该电导池系数 $K_{cell} = 36.7m^{-1}$，试求该条件下 HAc 的解离度和解离常数。已知：$\Lambda_m^\infty(H^+) = 3.4982 \times 10^{-2}$ S·m^2·mol^{-1}，$\Lambda_m^\infty(Ac^-) = 0.409 \times 10^{-2}$ S·m^2·mol^{-1}。

附　录

 附录Ⅰ　希腊字母表

希腊字母大写	希腊字母小写	汉语拼音读法	汉字读法	希腊字母大写	希腊字母小写	汉语拼音读法	汉字读法
Α	α	alfa	阿尔法	Ν	ν	niu	纽
Β	β	bita	贝塔	Ξ	ξ	ksai	克西
Γ	γ	gama	伽马	Ο	ο	omicron	奥密克戎
Δ	δ	delta	德耳塔	Π	π	pai	派
Ε	ε	epsilon	艾普西隆	Ρ	ρ	rou	洛
Ζ	ζ	zita	截塔	Σ	σ	sigma	西格马
Η	η	yita	艾塔	Τ	τ	tao	陶
Θ	θ	sita	西塔	Υ	υ	yupsilon	宇普西隆
Ι	ι	yota	约塔	Φ	φ, ϕ	fai	斐
Κ	κ	kapa	卡帕	Χ	χ	chi	喜
Λ	λ	lamda	兰姆达	Ψ	ψ	psai	普西
Μ	μ	miu	米尤	Ω	ω	omiga	奥米伽

注：表中汉语拼音读法和汉字读法仅供参考。

 附录Ⅱ　常用的数学公式

一、常用微分公式

$$\frac{d(a)}{dx}=0$$

$$\frac{d(au)}{dx}=a\frac{du}{dx}$$

$$\frac{d(x^n)}{dx}=nx^{n-1}$$

$$\frac{d(a^x)}{dx}=a^x\ln a$$

$$\frac{d(\ln x)}{dx}=\frac{1}{x}$$

$$\frac{d(u^n)}{dx}=nu^{n-1}\frac{du}{dx}$$

$$\frac{d(e^x)}{dx}=e^x$$

$$\frac{d(e^u)}{dx}=e^u\frac{du}{dx}$$

$$\frac{d(uv)}{dx}=u\frac{dv}{dx}+v\frac{du}{dx}$$

$$\frac{d(u/v)}{dx}=\frac{v\dfrac{du}{dx}-u\dfrac{dv}{dx}}{v^2}$$

$$\frac{d(a^u)}{dx} = a^u \ln a \frac{du}{dx}$$

$$\frac{d(\sin x)}{dx} = \cos x$$

$$\frac{d(\lg x)}{dx} = \frac{1}{2.3026} \times \frac{1}{x}$$

$$\frac{d(\sin u)}{dx} = \cos u \times \frac{du}{dx}$$

$$\frac{d(\ln u)}{dx} = \frac{1}{u} \times \frac{du}{dx}$$

$$\frac{d(\cos x)}{dx} = -\sin x$$

$$\frac{d(\lg u)}{dx} = \frac{1}{2.3026u} \times \frac{du}{dx}$$

$$\frac{d(\cos u)}{dx} = -\sin u \times \frac{du}{dx}$$

$$\frac{d(u+v)}{dx} = \frac{du}{dx} + \frac{dv}{dx}$$

二、常用积分公式

$$\int dx = x + C$$

$$\int \ln x \, dx = x \ln x - x + C$$

$$\int x^n \, dx = \frac{x^{n+1}}{n+1} + C$$

$$\int au \, dx = a \int u \, dx$$

$$\int \frac{dx}{x} = \ln|x| + C$$

$$\int (u+v) \, dx = \int u \, dx + \int v \, dx$$

$$\int e^x \, dx = e^x + C$$

$$\int (ax+b)^n \, dx = \frac{(ax+b)^{n+1}}{a(n+1)} + C \quad (n \neq 1)$$

$$\int a^x \, dx = \frac{a^x}{\ln a} + C$$

$$\int \frac{dx}{ax+b} = \frac{\ln(ax+b)}{a} + C$$

$$\int \frac{x \, dx}{ax+b} = \frac{x}{a} - \frac{b}{a^2} \ln(ax+b) + C$$

$$\int \frac{x^2 \, dx}{ax+b} = \frac{1}{a^3} \left[\frac{(ax+b)^2}{2} - 2b(ax+b) + b^2 \ln(ax+b) \right] + C$$

$$\int e^{ax} x^n \, dx = \frac{n! \, e^{ax}}{a^{n+1}} \left[\frac{(ax)^n}{n!} - \frac{(ax)^{n-1}}{(n-1)!} + \frac{(ax)^{n-2}}{(n-2)!} + (-1)^r \frac{(ax)^{n-r}}{(n-r)!} + \cdots + (-1)^n \right] + C$$

附录 III 元素相对原子质量表

原子序数	元素符号	元素名称	相对原子质量	原子序数	元素符号	元素名称	相对原子质量
1	H	氢	1.007 94(7)	9	F	氟	18.998 403 2(5)
2	He	氦	4.002 602(2)	10	Ne	氖	20.179 7(6)
3	Li	锂	6.941(2)	11	Na	钠	22.989770(2)
4	Be	铍	9.012 182(3)	12	Mg	镁	24.305 0(6)
5	B	硼	10.811(7)	13	Al	铝	26.981 538(2)
6	C	碳	12.0107(8)	14	Si	硅	28.085 5(3)
7	N	氮	14.006 7(2)	15	P	磷	30.973761(2)
8	O	氧	15.999 4(3)	16	S	硫	32.065(5)

续表

原子序数	元素符号	元素名称	相对原子质量	原子序数	元素符号	元素名称	相对原子质量
17	Cl	氯	35.453(2)	61	Pm	钷	[144.91]
18	Ar	氩	39.948(1)	62	Sm	钐	150.36(3)
19	K	钾	39.0983(1)	63	Eu	铕	151.964(1)
20	Ca	钙	40.078(4)	64	Gd	钆	157.25(3)
21	Sc	钪	44.955910(8)	65	Tb	铽	158.92534(2)
22	Ti	钛	47.867(1)	66	Dy	镝	162.500(1)
23	V	钒	50.9415(1)	67	Ho	钬	164.93032(2)
24	Cr	铬	51.9961(6)	68	Er	铒	167.259(3)
25	Mn	锰	54.938049(9)	69	Tm	铥	168.93421(2)
26	Fe	铁	55.845(2)	70	Yb	镱	173.04(3)
27	Co	钴	58.933200(9)	71	Lu	镥	174.967(1)
28	Ni	镍	58.6934(2)	72	Hf	铪	178.49(2)
29	Cu	铜	63.546(3)	73	Ta	钽	180.9479(1)
30	Zn	锌	65.409(4)	74	W	钨	183.84(1)
31	Ga	镓	69.723(1)	75	Re	铼	186.207(1)
32	Ge	锗	72.64(1)	76	Os	锇	190.23(3)
33	As	砷	74.92160(2)	77	Ir	铱	192.217(3)
34	Se	硒	78.96(3)	78	Pt	铂	195.078(2)
35	Br	溴	79.904(1)	79	Au	金	196.96655(2)
36	Kr	氪	83.798(2)	80	Hg	汞	200.59(2)
37	Rb	铷	85.4678(3)	81	Tl	铊	204.3833(2)
38	Sr	锶	87.62(1)	82	Pb	铅	207.2(1)
39	Y	钇	88.90585(2)	83	Bi	铋	208.98038(2)
40	Zr	锆	91.224(2)	84	Po	钋	[208.98]
41	Nb	铌	92.90638(2)	85	At	砹	[209.99]
42	Mo	钼	95.94(2)	86	Rn	氡	[222.02]
43	Tc	锝	[97.907]	87	Fr	钫	[223.02]
44	Ru	钌	101.07(2)	88	Ra	镭	[226.03]
45	Rh	铑	102.90550(2)	89	Ac	锕	[227.03]
46	Pd	钯	106.42(1)	90	Th	钍	232.0381(1)
47	Ag	银	107.8682(2)	91	Pa	镤	231.03588(2)
48	Cd	镉	112.411(8)	92	U	铀	238.02891(3)
49	In	铟	114.818(3)	93	Np	镎	[237.05]
50	Sn	锡	118.710(7)	94	Pu	钚	[244.06]
51	Sb	锑	121.760(1)	95	Am	镅	[243.06]
52	Te	碲	127.60(3)	96	Cm	锔	[247.07]
53	I	碘	126.90447(3)	97	Bk	锫	[247.07]
54	Xe	氙	131.293(6)	98	Cf	锎	[251.08]
55	Cs	铯	132.90545(2)	99	Es	锿	[252.08]
56	Ba	钡	137.327(7)	100	Fm	镄	[257.10]
57	La	镧	138.9055(2)	101	Md	钔	[258.10]
58	Ce	铈	140.116(1)	102	No	锘	[259.10]
59	Pr	镨	140.90765(2)	103	Lr	铹	[260.11]
60	Nd	钕	144.24(3)				

注：1. $^{12}C=12$ 为标准，标注方括号的为放射性元素半衰期最长同位素的相对原子质量。

2. 相对原子质量末位数的不确定度加注在其后的括号内。

附录Ⅳ 部分物质的标准摩尔生成焓、标准摩尔生成吉布斯函数、标准摩尔熵及摩尔等压热容

（标准压力 $p^\ominus = 100\text{kPa}$，$T = 298.15\text{K}$）

物质	$\dfrac{\Delta_f H_m^\ominus}{\text{kJ}\cdot\text{mol}^{-1}}$	$\dfrac{\Delta_f G_m^\ominus}{\text{kJ}\cdot\text{mol}^{-1}}$	$\dfrac{S_m^\ominus}{\text{J}\cdot\text{mol}^{-1}\cdot\text{K}^{-1}}$	$\dfrac{C_{p,m}^\ominus}{\text{J}\cdot\text{mol}^{-1}\cdot\text{K}^{-1}}$
Ag(s)	0	0	42.55	25.351
AgCl(s)	−127.068	−109.789	96.2	50.79
Ag_2O(s)	−31.05	−11.20	121.3	65.86
Al(s)	0	0	28.33	24.35
Al_2O_3(α-刚玉)	−1675.7	−1582.3	50.92	79.04
Br_2(l)	0	0	152.231	75.689
Br_2(g)	30.907	3.110	245.463	36.02
HBr(g)	−36.40	−53.45	198.695	29.142
Ca(s)	0	0	41.42	25.31
CaC_2(s)	−59.8	−64.9	69.96	62.72
$CaCO_3$(方解石)	−1206.92	−1128.79	92.9	81.88
CaO(s)	−635.09	−604.03	39.75	42.80
$Ca(OH)_2$(s)	−986.09	898.49	83.39	87.49
C(石墨)	0	0	5.740	8.527
C(金刚石)	1.895	2.900	2.377	6.113
CO(g)	−110.525	−137.168	197.674	29.142
CO_2(g)	−393.509	−394.359	213.74	37.11
CS_2(l)	89.70	65.27	151.34	75.7
CS_2(g)	117.36	67.12	237.84	45.40
CCl_4(l)	−135.44	−65.21	216.40	131.75
CCl_4(g)	−102.9	−60.59	309.85	83.30
HCN(l)	108.87	124.97	112.84	70.63
HCN(g)	135.1	124.7	201.78	35.86
Cl_2(g)	0	0	223.066	33.907
Cl(g)	121.679	105.680	165.198	21.840
HCl(g)	−92.307	−95.229	186.908	29.12
Cu(s)	0	0	33.150	24.435
CuO(s)	−157.3	129.7	42.63	42.30
Cu_2O(s)	−168.6	146.0	93.14	63.64
F_2(g)	0	0	202.78	31.30
HF(g)	−271.1	−273.2	173.779	29.133
Fe(g)	0	0	27.28	25.10
$FeCl_2$(s)	−341.79	−302.30	117.95	76.65

续表

物质	$\dfrac{\Delta_f H_m^\ominus}{\text{kJ}\cdot\text{mol}^{-1}}$	$\dfrac{\Delta_f G_m^\ominus}{\text{kJ}\cdot\text{mol}^{-1}}$	$\dfrac{S_m^\ominus}{\text{J}\cdot\text{mol}^{-1}\cdot\text{K}^{-1}}$	$\dfrac{C_{p,m}^\ominus}{\text{J}\cdot\text{mol}^{-1}\cdot\text{K}^{-1}}$
$FeCl_3(s)$	−399.49	−334.00	142.3	96.65
Fe_2O_3(赤铁矿)	−824.2	−742.2	87.40	103.85
Fe_3O_4(磁铁矿)	−1118.4	−1015.4	146.4	143.43
$FeSO_4(s)$	−928.4	−820.8	107.5	100.58
$H_2(g)$	0	0	130.684	28.824
$H(g)$	217.965	203.247	114.713	20.784
$H_2O(l)$	−285.830	−237.129	69.91	75.291
$H_2O(g)$	−241.818	−228.572	188.825	33.577
$I_2(s)$	0	0	116.135	54.438
$I_2(g)$	62.438	19.327	260.69	36.90
$I(g)$	106.838	70.250	180.791	20.786
$HI(g)$	26.48	1.70	206.594	29.158
$Mg(s)$	0	0	32.68	24.89
$MgCl_2(s)$	641.32	−591.79	89.62	71.38
$MgO(s)$	601.70	−569.43	26.94	37.15
$Mg(OH)_2(s)$	−924.54	−833.51	63.18	77.03
$Na(s)$	0	0	51.21	28.24
$Na_2CO_3(s)$	−1130.68	−1044.64	134.98	112.30
$NaHCO_3(s)$	−950.81	−851.0	101.7	87.61
$NaCl(s)$	−411.153	−384.138	72.13	50.50
$NaNO_3(s)$	−467.85	−367.00	116.52	92.88
$NaOH(s)$	−425.609	−379.494	64.455	59.54
$Na_2SO_4(s)$	−1387.08	−1270.16	149.58	128.20
$N_2(g)$	0	0	191.61	29.125
$NH_3(g)$	−46.11	−16.45	192.45	35.06
$NO(g)$	90.25	86.55	210.761	29.844
$NO_2(g)$	33.18	51.31	240.06	37.20
$N_2O(g)$	82.05	104.20	219.85	38.45
$N_2O_3(g)$	83.72	139.46	312.28	65.61
$N_2O_4(g)$	9.16	97.89	304.29	77.28
$N_2O_5(g)$	11.3	115.1	355.7	84.5
$HNO_3(l)$	−174.10	−80.71	155.60	109.87
$HNO_3(g)$	−135.06	−74.72	266.38	53.35
$NH_4NO_3(s)$	−365.56	−183.87	151.08	139.3
$O_2(g)$	0	0	205.138	29.355
$O(g)$	249.170	231.731	161.055	21.912
$O_3(g)$	142.7	163.2	238.93	39.20
$P(\alpha\text{-白磷})$	0	0	41.09	23.840

续表

物质	$\Delta_f H_m^\ominus$ / kJ·mol^{-1}	$\Delta_f G_m^\ominus$ / kJ·mol^{-1}	$S_m^\ominus$ / J·mol^{-1}·K^{-1}	$C_{p,m}^\ominus$ / J·mol^{-1}·K^{-1}
P(红磷,三斜晶系)	17.6	−12.1	22.80	21.21
P$_4$(g)	58.91	24.44	279.98	67.15
PCl$_3$(g)	−287.0	−267.8	311.78	71.84
PCl$_5$(g)	−374.9	305.0	364.68	112.80
H$_3$PO$_4$(s)	−1279.0	−1119.1	110.50	106.06
S(正交晶系)	0	0	31.80	22.64
S(g)	278.805	238.250	167.821	23.673
S$_8$(g)	102.30	49.63	430.98	156.44
H$_2$S(g)	−20.63	−33.56	205.79	34.23
SO$_2$(g)	−296.830	−300.194	248.22	39.87
SO$_3$(g)	−395.72	−371.06	256.76	50.67
H$_2$SO$_4$(l)	−813.989	−690.003	156.904	138.91
Si(s)	0	0	18.83	20.00
SiCl$_4$(l)	−687.0	−619.84	239.7	145.31
SiCl$_4$(g)	−657.01	616.98	330.73	90.25
SiH$_4$(g)	34.3	56.9	204.62	42.84
SiO$_2$(α-石英)	910.94	−856.64	41.84	44.43
SiO$_2$(s,无定形)	903.49	−850.70	46.9	44.4
Zn(s)	0	0	41.63	25.40
ZnCO$_3$(s)	−812.78	−731.52	82.4	79.71
ZnCl$_2$(s)	−415.05	−369.398	111.46	71.34
ZnO(s)	−348.28	−318.30	43.64	40.25
CH$_4$(g) 甲烷	−74.81	50.72	186.264	35.309
C$_2$H$_6$(g) 乙烷	−84.68	−32.82	229.60	52.63
C$_2$H$_4$(g) 乙烯	52.26	68.15	219.56	43.56
C$_2$H$_2$(g) 乙炔	226.73	209.20	200.94	43.93
CH$_3$OH(l) 甲醇	238.66	−166.27	126.8	81.6
CH$_3$OH(g) 甲醇	−200.66	−161.96	239.81	43.89
C$_2$H$_5$OH(l) 乙醇	−277.69	−174.78	160.7	111.46
C$_2$H$_5$OH(g) 乙醇	−235.10	−168.49	282.70	65.44
(CH$_2$OH)$_2$(l) 乙二醇	−454.80	−323.08	166.9	149.8
(CH$_3$)$_2$O(g) 二甲醚	−184.05	−112.59	266.38	64.39
HCHO(g) 甲醛	−108.57	−102.53	218.77	35.40
CH$_3$CHO(g) 乙醛	−166.19	−128.86	250.3	57.3
HCOOH(l) 甲酸	−424.72	−361.35	128.95	99.04
CH$_3$COOH(l) 乙酸	−484.5	−389.9	159.8	124.3
CH$_3$COOH(g) 乙酸	−432.25	−374.0	282.5	66.5
(CH$_2$)$_2$O(l) 环氧乙烷	−77.82	−11.76	153.85	87.95

续表

物质	$\dfrac{\Delta_f H_m^\ominus}{kJ \cdot mol^{-1}}$	$\dfrac{\Delta_f G_m^\ominus}{kJ \cdot mol^{-1}}$	$\dfrac{S_m^\ominus}{J \cdot mol^{-1} \cdot K^{-1}}$	$\dfrac{C_{p,m}^\ominus}{J \cdot mol^{-1} \cdot K^{-1}}$
$(CH_2)_2O(g)$ 环氧乙烷	52.63	−13.01	242.53	47.91
$CHCl_3(l)$ 氯仿	134.47	−73.66	201.7	113.8
$CHCl_3(g)$ 氯仿	−103.14	−70.34	295.71	65.69
$C_2H_5Cl(l)$ 氯乙烷	−136.52	−59.31	190.79	104.35
$C_2H_5Cl(g)$ 氯乙烷	−112.17	−60.39	276.00	62.8
$C_2H_5Br(l)$ 溴乙烷	−92.01	−27.70	198.7	100.8
$C_2H_5Br(g)$ 溴乙烷	−64.52	−26.48	286.71	64.52
$CH_2CHCl(g)$ 氯乙烯	35.6	51.9	263.99	53.72
$CH_3COCl(l)$ 氯乙酰	−273.80	−207.99	200.8	117
$CH_3COCl(g)$ 氯乙酰	−243.51	−205.80	295.1	67.8
$CH_3NH_2(g)$ 甲胺	−22.97	32.16	243.41	53.1
$(NH_2)_2CO(s)$ 尿素	−333.51	−197.33	104.60	93.14

附录Ⅴ 部分有机化合物的标准摩尔燃烧焓

(标准压力 $p^\ominus = 100kPa$,298.15K)

物质	$\dfrac{-\Delta_c H_m^\ominus}{kJ \cdot mol^{-1}}$	物质	$\dfrac{-\Delta_c H_m^\ominus}{kJ \cdot mol^{-1}}$
$CH_4(g)$ 甲烷	890.31	$C_2H_5OH(l)$ 乙醇	1366.8
$C_2H_6(g)$ 乙烷	1559.8	$C_3H_7OH(l)$ 正丙醇	2019.8
$C_3H_8(g)$ 丙烷	2219.9	$C_4H_9OH(l)$ 正丁醇	2675.8
$C_5H_{12}(l)$ 正戊烷	3509.5	$CH_3OC_2H_5(g)$ 甲乙醚	2107.4
$C_5H_{12}(l)$ 正戊烷	3536.1	$(C_2H_5)_2O(l)$ 二乙醚	2751.1
$C_6H_{14}(l)$ 正己烷	4163.1	$HCHO(g)$ 甲醛	570.78
$C_2H_4(g)$ 乙烯	1411.0	$CH_3CHO(l)$ 乙醛	1166.4
$C_2H_2(g)$ 乙炔	1299.6	$C_2H_5CHO(l)$ 丙醛	1816.3
$C_3H_6(g)$ 环丙烷	2091.5	$(CH_3)_2CO(l)$ 丙酮	1790.4
$C_4H_8(l)$ 环丁烷	2720.5	$CH_3COC_2H_5(l)$ 甲乙酮	2444.2
$C_5H_{10}(l)$ 环戊烷	3290.9	$HCOOH(l)$ 甲酸	254.6
$C_6H_{12}(l)$ 环己烷	3919.9	$CH_3COOH(l)$ 乙酸	874.54
$C_6H_6(l)$ 苯	3267.5	$C_2H_5COOH(l)$ 丙酸	1527.3
$C_{10}H_8(s)$ 萘	5153.9	$C_3H_7COOH(l)$ 正丁酸	2183.5
$CH_3OH(l)$ 甲醇	726.51	$CH_2(COOH)_2(s)$ 丙二酸	861.15

续表

物质	$\dfrac{-\Delta_c H_m^{\ominus}}{\text{kJ} \cdot \text{mol}^{-1}}$	物质	$\dfrac{-\Delta_c H_m^{\ominus}}{\text{kJ} \cdot \text{mol}^{-1}}$
$(CH_2COOH)_2(s)$ 丁二酸	1491.0	$C_6H_4(COOH)_2(s)$ 邻苯二甲酸	3223.5
$(CH_3CO)_2O(l)$ 乙酸酐	1806.2	$C_6H_5COOCH_3(l)$ 苯甲酸甲酯	3957.6
$HCOOCH_3(l)$ 甲酸甲酯	979.5	$C_{12}H_{22}O_{11}(s)$ 蔗糖	5640.9
$C_6H_5OH(s)$ 苯酚	3053.5	$CH_3NH_2(l)$ 甲胺	1060.6
$C_6H_5CHO(l)$ 苯甲醛	3527.9	$C_2H_5NH_2(l)$ 乙胺	1713.3
$C_6H_5COCH_3(l)$ 苯乙酮	4148.9	$(NH_2)_2CO(s)$ 尿素	631.66
$C_2H_5COOH(s)$ 苯甲酸	3226.9	$C_5H_5N(l)$ 吡啶	2782.4

注：化合物中各元素氧化的产物为：C⟶CO_2(g), H⟶H_2O(l), N⟶N_2(g), S⟶SO_2(稀的水溶液)。

附录Ⅵ 水在不同温度下的饱和蒸气压

$t/℃$	p/mmHg	p/Pa	$t/℃$	p/mmHg	p/Pa
0	4.597	610.5	21	18.650	2466.5
1	4.926	656.7	22	19.827	2643.4
2	5.294	705.8	23	21.068	2808.8
3	5.585	757.9	24	22.377	2983.3
4	6.101	813.4	25	23.756	3167.2
5	6.543	872.3	26	25.209	3360.9
6	7.013	935.0	27	26.738	3564.9
7	7.513	1001.6	28	28.349	3779.5
8	8.045	1072.6	29	30.043	4005.2
9	8.609	1147.8	30	31.824	4242.8
10	9.209	1227.8	31	33.595	4492.3
11	9.844	1312.4	32	35.663	4754.7
12	10.518	1402.3	33	37.729	5030.1
13	11.231	1497.3	34	39.898	5319.3
14	11.987	1598.1	35	42.175	5622.9
15	12.788	1704.9	40	55.324	7375.9
16	13.634	1817.7	45	71.88	9583.2
17	14.630	1937.2	50	92.51	12334
18	15.477	2063.4	60	149.38	19916
19	16.477	2196.7	80	355.1	47343
20	17.535	2337.8	100	760	101325

附录 Ⅶ 水溶液中一些电极的标准电极电势

(标准压力 $p^{\ominus}=100\text{kPa}$，298.15K，氢标还原)

电极还原反应	$\varphi^{\ominus}/\text{V}$	电极还原反应	$\varphi^{\ominus}/\text{V}$
$H_4XeO_6+2H^++2e^-\longrightarrow XeO_3+3H_2O$	+3.0	$Fe^{3+}+e^-\longrightarrow Fe^{2+}$	+0.77
$F_2+2e^-\longrightarrow 2F^-$	+2.87	$BrO^-+H_2O+2e^-\longrightarrow Br^-+2OH^-$	+0.76
$O_3+2H^++2e^-\longrightarrow O_2+H_2O$	+2.07	$Hg_2SO_4+2e^-\longrightarrow 2Hg+SO_4^{2-}$	+0.62
$S_2O_8^{2-}+2e^-\longrightarrow 2SO_4^{2-}$	+2.05	$MnO_4^{2-}+2H_2O+2e^-\longrightarrow MnO_2+4OH^-$	+0.60
$Ag^{2+}+e^-\longrightarrow Ag^+$	+1.98	$MnO_4^-+e^-\longrightarrow MnO_4^{2-}$	+0.56
$Co^{3+}+e^-\longrightarrow Co^{2+}$	+1.81	$I_2+2e^-\longrightarrow 2I^-$	+0.54
$H_2O_2+2H^++2e^-\longrightarrow 2H_2O$	+1.78	$Cu^++e^-\longrightarrow Cu$	+0.52
$Au^++e^-\longrightarrow Au$	+1.69	$I_3^-+2e^-\longrightarrow 3I^-$	+0.53
$Pb^{4+}+2e^-\longrightarrow Pb^{2+}$	+1.67	$NiOOH+H_2O+e^-\longrightarrow Ni(OH)_2+OH^-$	+0.49
$2HClO+2H^++2e^-\longrightarrow Cl_2+2H_2O$	+1.63	$Ag_2CrO_4+2e^-\longrightarrow 2Ag+CrO_4^{2-}$	+0.45
$Ce^{4+}+e^-\longrightarrow Ce^{3+}$	+1.61	$O_2+2H_2O+4e^-\longrightarrow 4OH^-$	+0.40
$2HBrO+2H^++2e^-\longrightarrow Br_2+2H_2O$	+1.60	$ClO_4^-+H_2O+2e^-\longrightarrow ClO_3^-+2OH^-$	+0.36
$MnO_4^-+8H^++5e^-\longrightarrow Mn^{2+}+4H_2O$	+1.51	$[Fe(CN)_6]^{3-}+e^-\longrightarrow [Fe(CN)_6]^{4-}$	+0.36
$Mn^{3+}+e^-\longrightarrow Mn^{2+}$	+1.51	$Cu^{2+}+2e^-\longrightarrow Cu$	+0.34
$Au^{3+}+3e^-\longrightarrow Au$	+1.40	$Hg_2Cl_2+2e^-\longrightarrow 2Hg+2Cl^-$	+0.27
$Cl_2+2e^-\longrightarrow 2Cl^-$	+1.36	$AgCl+e^-\longrightarrow Ag+Cl^-$	+0.22
$Cr_2O_7^{2-}+14H^++6e^-\longrightarrow 2Cr^{3+}+7H_2O$	+1.33	$Bi^{3+}+3e^-\longrightarrow Bi$	+0.20
$O_3+H_2O+2e^-\longrightarrow O_2+2OH^-$	+1.24	$Cu^{2+}+e^-\longrightarrow Cu^+$	+0.16
$O_2+4H^++4e^-\longrightarrow 2H_2O$	+1.23	$Sn^{4+}+2e^-\longrightarrow Sn^{2+}$	+0.15
$ClO_4^-+2H^++2e^-\longrightarrow ClO_3^-+H_2O$	+1.23	$AgBr+e^-\longrightarrow Ag+Br^-$	+0.07
$MnO_2+4H^++2e^-\longrightarrow Mn^{2+}+2H_2O$	+1.23	$Ti^{4+}+e^-\longrightarrow Ti^{3+}$	0.00
$Br_2+2e^-\longrightarrow 2Br^-$	+1.09	$2H^++2e^-\longrightarrow H_2$	0
$Pu^{4+}+e^-\longrightarrow Pu^{3+}$	+0.97	$Fe^{3+}+3e^-\longrightarrow Fe$	−0.04
$NO_3^-+4H^++3e^-\longrightarrow NO+2H_2O$	+0.96	$O_2+H_2O+2e^-\longrightarrow HO_2^-+OH^-$	−0.08
$2Hg^{2+}+2e^-\longrightarrow Hg_2^{2+}$	+0.92	$Pb^{2+}+2e^-\longrightarrow Pb$	−0.13
$ClO^-+H_2O+2e^-\longrightarrow Cl^-+2OH^-$	+0.89	$In^++e^-\longrightarrow In$	−0.14
$Hg^{2+}+2e^-\longrightarrow Hg$	+0.86	$Sn^{2+}+2e^-\longrightarrow Sn$	−0.14
$NO_3^-+2H^++e^-\longrightarrow NO_2+H_2O$	+0.80	$AgI+e^-\longrightarrow Ag+I^-$	−0.15
$Ag^++e^-\longrightarrow Ag$	+0.80	$Ni^{2+}+2e^-\longrightarrow Ni$	−0.23
$Hg_2^{2+}+2e^-\longrightarrow 2Hg$	+0.79	$Co^{2+}+2e^-\longrightarrow Co$	−0.28

续表

电极还原反应	$\varphi^{\ominus}/V$	电极还原反应	$\varphi^{\ominus}/V$
$In^{3+}+3e^{-}\longrightarrow In$	−0.34	$Mn^{2+}+2e^{-}\longrightarrow Mn$	−1.18
$Tl^{+}+e^{-}\longrightarrow Tl$	−0.34	$V^{2+}+2e^{-}\longrightarrow V$	−1.19
$PbSO_4+2e^{-}\longrightarrow Pb+SO_4^{2-}$	−0.36	$Ti^{2+}+2e^{-}\longrightarrow Ti$	−1.63
$Ti^{3+}+e^{-}\longrightarrow Ti^{2+}$	−0.37	$Al^{3+}+3e^{-}\longrightarrow Al$	−1.66
$Cd^{2+}+2e^{-}\longrightarrow Cd$	−0.40	$U^{3+}+3e^{-}\longrightarrow U$	−1.79
$In^{2+}+e^{-}\longrightarrow In^{+}$	−0.40	$Mg^{2+}+2e^{-}\longrightarrow Mg$	−2.36
$Cr^{3+}+e^{-}\longrightarrow Cr^{2+}$	−0.41	$Ce^{3+}+3e^{-}\longrightarrow Ce$	−2.48
$Fe^{2+}+2e^{-}\longrightarrow Fe$	−0.44	$La^{3+}+3e^{-}\longrightarrow La$	−2.52
$In^{3+}+2e^{-}\longrightarrow In^{+}$	−0.44	$Na^{+}+e^{-}\longrightarrow Na$	−2.71
$S+2e^{-}\longrightarrow S^{2-}$	−0.48	$Ca^{2+}+2e^{-}\longrightarrow Ca$	−2.87
$In^{3+}+e^{-}\longrightarrow In^{2+}$	−0.49	$Sr^{2+}+2e^{-}\longrightarrow Sr$	−2.89
$U^{4+}+e^{-}\longrightarrow U^{3+}$	−0.61	$Ba^{2+}+2e^{-}\longrightarrow Ba$	−2.91
$Cr^{3+}+3e^{-}\longrightarrow Cr$	−0.74	$Ra^{2+}+2e^{-}\longrightarrow Ra$	−2.92
$Zn^{2+}+2e^{-}\longrightarrow Zn$	−0.76	$Cs^{+}+e^{-}\longrightarrow Cs$	−2.92
$Cd(OH)_2+2e^{-}\longrightarrow Cd+2OH^{-}$	−0.81	$Rb^{+}+e^{-}\longrightarrow Rb$	−2.93
$2H_2O+2e^{-}\longrightarrow H_2+2OH^{-}$	−0.83	$K^{+}+e^{-}\longrightarrow K$	−2.93
$Cr^{2+}+2e^{-}\longrightarrow Cr$	−0.91	$Li^{+}+e^{-}\longrightarrow Li$	−3.05

附录Ⅷ 物理化学主要研究方法

由于学科本身的特殊性，物理化学具备属于自己的具有学科特征的理论研究方法，这就是热力学方法、量子力学方法、统计热力学方法。可以把它们归纳为以下几种方法。

1. 宏观方法

热力学方法属于宏观方法。热力学是以由大量粒子组成的宏观系统作为研究对象，以经验概括出的热力学第一、第二定律为理论基础，引出或定义了热力学能、焓、熵、亥姆霍兹函数、吉布斯函数，再加上 p,V,T 这些可由实验直接测定的宏观量作为系统的宏观性质，利用这些宏观性质，经过归纳与演绎推理，得到一系列热力学公式或结论，用以解决物质变化过程的能量平衡、相平衡和反应平衡等问题。这一方法的特点是不涉及物质系统内部粒子的微观结构，只涉及物质系统变化前后状态的宏观性质。实践证明，这种宏观的热力学方法是十分可靠的，至今未发现过实践中与热力学理论所得结论相反的情况。

2. 微观方法

量子力学方法属于微观方法。量子力学是以个别的电子、原子核组成的微观系统作为研究对象，考察的是个别微观粒子的运动状态，即微观粒子在空间某体积微元中出现的概率和所允许的运动能级。将量子力学方法应用于化学领域，得到了物质的宏观性质与其微观结构关系的清晰图像。

3. 微观方法与宏观方法间的桥梁

统计热力学方法属于从微观到宏观的方法。统计热力学方法是量子力学方法与热力学方法（即微观方法与宏观方法）之间架起的一座金桥，把二者有效地联系在一起。它补充了热力学方法的不足，填平了从微观到宏观之间难以逾越的鸿沟。

化学动力学所用的方法则是宏观方法与微观方法的交叉、综合运用，用宏观方法构成了宏观动力学，采用微观方法则构成微观动力学。对于化工类、轻工类、冶金类各专业的学生，学习物理化学时要求掌握热力学方法，理解统计热力学方法，了解量子力学方法。对于上述方法的要求，可根据实际情况适当的取舍。

部分习题参考答案

习题一参考答案

一、选择

1. D； 2. B； 3. A； 4. A； 5. C； 6. C； 7. B； 8. D； 9. B； 10. D； 11. B；
12. D； 13. C； 14. B； 15. B； 16. D。

二、填空

1. $W = \sum \delta W = -\int_{V_1}^{V_2} p_{su} dV$。

2. $H \xlongequal{def} U + pV$。

3. (1) $\Delta S < 0$，(2) $\Delta S > 0$，(3) $\Delta S > 0$。

4. $\dfrac{7}{2}R$，$\dfrac{7}{5}$。

5. =，<。

6. 敞开系统，封闭系统，隔离系统。

7. $dU = TdS - pdV$，$dH = TdS + Vdp$，$dA = -SdT - pdV$，$dG = -SdT + Vdp$。

三、判断

1. √； 2. √； 3. √； 4. √； 5. ×； 6. √； 7. ×； 8. √； 9. ×； 10. ×； 11. ×；
12. ×。

四、计算

1. $\Delta U = 0$，$\Delta H = 0$，$W = 11.49$ kJ，$Q = -11.49$ kJ。
2. -100.96 kJ·mol^{-1}，4.88×10^{17}。
3. -110.15 kJ·mol^{-1}。
4. -75.34 J·K^{-1}。

习题二参考答案

一、选择

1. A； 2. B； 3. D； 4. B； 5. C。

二、填空

1. 暂时中毒，永久中毒，暂时，再生。

2. $t_{1/2} = \dfrac{1}{k_A c_{A,0}}$ （或填成正比）。

3. 只要加入少量就能显著加快反应速率，而其本身反应后没有被消耗的物质。
4. （1）催化剂参与化学反应，为反应开辟了一条活化能 E_a 降低的新途径，与原途径同时进行；（2）催化剂不能改变化学反应的平衡规律；（3）催化剂具有明显的选择性，只加速某一个或几个反应。
5. 主催化剂，助催化剂，载体。

三、判断

1. ×； 2. √； 3. √； 4. ×； 5. ×； 6. ×。

四、计算

1. （1）$5.07\times10^{-3}\mathrm{d}^{-1}$；（2）39.77%；（3）454d。
2. （1）$\Delta T_1=8.88\mathrm{K}$，$\Delta T_2=2.90\mathrm{K}$，$\Delta T_3=1.44\mathrm{K}$，$\Delta T_1'=56.61\mathrm{K}$，$\Delta T_2'=17.87\mathrm{K}$，$\Delta T_3'=8.82\mathrm{K}$。

习题三参考答案

一、选择

1. B； 2. B； 3. C； 4. A； 5. C； 6. B； 7. B； 8. D。

二、填空

1. 在等温等压下，液态混合物中任意组分B在全部组成范围内都遵守拉乌尔定律，则该液态混合物称为理想液态混合物。
2. 在等温等压下，溶剂和溶质分别服从拉乌尔定律和亨利定律的无限稀薄溶液称为理想稀薄溶液。
3. 在等温等压下的稀薄溶液中，溶剂的蒸气压等于同温同压下纯溶剂的蒸气压乘以溶液中溶剂的摩尔分数 x_A。这就是拉乌尔定律。用公式可以表示为 $p_A=p_A^*x_A$。
4. 在等温等压下的稀薄溶液中，挥发性溶质B在平衡气相中的分压力与该溶质B在溶液中的摩尔分数成正比。这就是亨利定律。用公式可以表示为 $p_B=k_{x,B}x_B$。
5. 2。
6. 系统中物理性质及化学性质均匀的部分。
7. 溶剂性质。
8. 2，1。
9. 2，3，0。

三、判断

1. √； 2. ×； 3. √； 4. √； 5. √； 6. √。

四、计算

1. （1）1，2，1；（2）2，2，2；（3）1，2，1。
2. （1）0.01767；（2）4.398%；（3）$0.947\mathrm{mol\cdot L^{-1}}$；（4）$0.9985\mathrm{mol\cdot kg^{-1}}$。
3. 2.48kPa，0.62kPa，1.86kPa。
4. 131Pa。
5. $2.81\times10^9\mathrm{Pa}$，$5.07\times10^7\mathrm{Pa\cdot kg\cdot mol^{-1}}$。
6. （1）98.54kPa，0.7476；（2）80.40kPa，0.3197；（3）0.4613，0.6825，$n_L=3.022\mathrm{mol}$，$n_G=1.709\mathrm{mol}$。

习题四参考答案

一、选择

1. A； 2. C； 3. A； 4. C； 5. D； 6. B； 7. B。

二、填空

1. 分子间力,单层或多层。
2. 过饱和蒸气,过热液体,过冷液体,过饱和溶液。
3. 曲面的球心。
4. 吸附力不同。
5. 1~1000nm（或 $10^{-9} \sim 10^{-6}$ m）,溶胶,缔合胶束溶液,高分子溶液。
6. 水包油型,油包水型,O/W,W/O。
7. 表面活性剂,蛋白质,固体粉末。

三、判断

1. √； 2. ×； 3. ×； 4. ×； 5. √； 6. ×； 7. ×； 8. √。

四、计算

1. (1) $5.45 \times 10^{-4} Pa^{-1}$； (2) $73.6 dm^3 \cdot kg^{-1}$。
2. 82.81kPa。

习题五参考答案

一、选择

1. C； 2. D； 3. A； 4. D； 5. C； 6. D。

二、填空

1. 化学能,电能。
2. 电能,化学能。
3. 使整个装置构成通路。
4. 不等于。
5. (1) ①$2H^+ + 2e^- == H_2 \uparrow$；放出气体,溶液变红。②$2Cl^- - 2e^- == Cl_2 \uparrow$；把湿润的碘化钾淀粉试纸放在 Y 电极附近,试纸变蓝色。

   (2) ①纯铜,$Cu^{2+} + 2e^- == Cu$；②粗铜,$Cu - 2e^- == Cu^{2+}$。

三、简答

1. ①活动性不同的两电极（连接）；②电解质溶液（插入其中并与电极自发反应）；③电极形成闭合电路；④能自发地发生氧化还原反应。

2. 电极反应和电池反应是

   负极　　$Zn + 2OH^- - 2e^- == Zn(OH)_2$

   正极　　$Ag_2O + H_2O + 2e^- == 2Ag + 2OH^-$

   总反应　$Zn + Ag_2O + H_2O == Zn(OH)_2 + 2Ag$

四、计算

1. 414.5h, 829h。
2. $0.06997 S \cdot m^{-1}$, $0.02799 S \cdot m^2 \cdot mol^{-1}$。
3. 0.0422, 1.86×10^{-5}。

参 考 文 献

[1] 高职高专化学教材编写组.物理化学 [M].第 2 版.北京：高等教育出版社，2008.
[2] 傅玉普.多媒体 CAI 物理化学 [M].第 3 版.大连：大连理工大学出版社，2002.
[3] 胡英.物理化学 [M].第 4 版.北京：高等教育出版社，1999.
[4] 天津大学物理化学教研室.物理化学 [M].第 4 版.北京：高等教育出版社，2001.
[5] 傅献彩等.物理化学 [M].第 5 版.北京：高等教育出版社，2005.
[6] 程侣柏等.精细化工产品的合成及应用 [M].第 2 版.大连：大连理工大学出版社，1992.
[7] 王建梅，旷英姿.无机化学 [M].第 2 版.北京：化学工业出版社，2009.
[8] 赵德丰等.精细化学品合成化学与应用 [M].北京：化学工业出版社，2001.
[9] 苏德森，王思玲.物理药剂学 [M].北京：化学工业出版社，2004.
[10] 刘旦初.多相催化原理 [M].上海：复旦大学出版社，1997.
[11] 武汉大学化学与环境科学学院.物理化学实验 [M].武汉：武汉大学出版社，2000.
[12] 杨百勤.物理化学实验 [M].北京：化学工业出版社，2001.
[13] 田宜灵.物理化学实验 [M].北京：化学工业出版社，2001.
[14] 肖衍繁，李文斌，李志伟.物理化学解题指南 [M].北京：高等教育出版社，2003.